ECOLE NATIONALE SUPERIEURE DE GEOLOGIE

COMPRENDRE L'AVENIR

LES GEOSCIENCES AU SERVICE DE L'HOMME

Préface de Jean Dercourt
Secrétaire Perpétuel de l'Académie des Sciences

Ouvrage collectif sous la direction de Jean-Paul Tisot

planèteterre®
Géosciences au service de l'Humanité

EDITIONS HIRLE

Préface

Jean Dercourt

Le volume que vous avez en main bouleverse la présentation usuelle des géosciences. Celles-ci sont ici focalisées sur les métiers et leurs fondements scientifiques et techniques ; elles sont exposées avec rigueur en évitant le jargon terminologique dont nous raffolons habituellement.

Outre la géologie, toutes les disciplines (mathématique, physique, mécanique, informatique, astronomie, chimie, biologie…) participent pour une partie de leur activité à l'étude de la planète Terre.

De remarquables figures et photographies présentent sites, matériel, réalisations et, fait rare, des hommes et des femmes en action.

L'objectif de cet ouvrage, coordonné par Jean-Paul Tisot, est de montrer que la planète évolue et évoluera. Les géosciences contribueront à rendre la vie des êtres humains plus facile. Le livre est tout entier dirigé vers les modalités d'action et de progrès que les géosciences devront accomplir pour prendre en compte les deux principaux paramètres qui influent sur cette évolution.

D'une part, l'accroissement de population humaine ; de 6 milliards actuels, elle passera, en 2050, à 9 milliards selon les estimations raisonnables des démographes. Plusieurs prévisions fournissent des valeurs numériques plus importantes encore. Tous les hommes et femmes ayant actuellement moins de trente ans pourraient connaître une telle population. Les géosciences doivent préparer la planète à les accueillir.

D'autre part, les variations climatiques : les climats sont très différenciés géographiquement mais principalement régis par la relation Terre-Soleil relevant de la mécanique du système solaire et des nombreux transferts thermiques entre continents, océans et atmosphère. Par ailleurs, l'activité humaine modifie la composition de l'atmosphère et la végétation continentale.

Préparation à l'accroissement démographique

Toutes les prévisions sont des scénarios comparant l'état de la planète en 2050 avec l'état actuel ; or celui-ci est loin d'être parfait. En effet, sur les six milliards d'habitants actuels, 700 millions vivent dans des conditions de survie inacceptables. De même, depuis quelques décennies, les milieux de vie sont profondément altérés par les activités humaines.

L'objectif n'est pas de faire perdurer cet état de fait mais de le modifier profondément d'autant que 3 milliards d'hommes nouveaux vont devoir s'installer d'ici 45 ans.

L'ouvrage présente les apports des géosciences dans les principales activités qui peuvent aider à l'accueil de cette nouvelle population. Ce sont successivement :

- les matières premières, les étapes de leur connaissance scientifique et technique, leur exploitation, leur commercialisation, l'état de leurs réserves ;
- les matières énergétiques, leur découverte, leur formation, leur exploitation ;
- la géotechnique et les grands ouvrages qui modifient et adaptent le paysage aux besoins de l'homme. Ce sont les ouvrages d'art qui permettent l'accessibilité et le transport des matières premières minérales et énergétiques ;
- les eaux souterraines, formation et exploitation.

Ces quatre chapitres conduisent à une présentation des méthodes de protection de l'environnement modifié tant par l'action des hommes que par les phénomènes naturels.

Influence anthropique sur le climat

Dans cet ouvrage, la présentation de l'influence climatique sur la planète est précédée d'un chapitre concernant le système solaire intitulé "géologie extraterrestre". Il présente la constitution et la dynamique de toutes les planètes en insistant sur les relations Soleil-Terre et Terre-Lune. Les explorations par l'homme dans l'espace sont exposées avec enthousiasme.

Ces connaissances permettent de présenter une évolution du climat terrestre au cours des temps géologiques et historiques. Pour ces derniers, la distinction a pu être établie entre les causes naturelles (forçages astronomiques) et celles, très récentes, dues aux actions humaines comme l'émission de l'ozone, du CO_2, du méthane…

En cette année mondiale de la planète Terre, l'accent est mis dans cet ouvrage, sur les interférences de l'homme avec son environnement en lui permettant d'améliorer ses conditions de vie non seulement là où elles sont satisfaisantes mais aussi de les rendre accessibles à l'ensemble d'une humanité en rapide extension démographique.

Les géosciences s'assignent comme objectif d'être au service de l'humanité.

Jean Dercourt
Secrétaire Perpétuel
de l'Académie des Sciences

Antelope Canyon Arizona.
Bassin de la rivière du Colorado.
Roches sédimentaires.

Avant-propos

Jean-Paul Tisot

La géologie au service des hommes

Ce livre est né lors d'une réunion de l'association des anciens élèves de l'Ecole Nationale Supérieure de Géologie, en juin 2006. Cette réunion concernait les actions à mener à l'occasion du centenaire de notre école, au cours de l'année 2008. Plusieurs sortes d'actions furent envisagées, et parmi elles, la rédaction d'un ouvrage.

Il fallait en fixer le contenu. Rapidement, nous sommes arrivés à une proposition relative à nos métiers, en regard des demandes de la société et des enjeux de ce nouveau siècle. Le premier titre évoqué fut "la géologie au service des hommes", en hommage à Marcel Roubault, notre ancien directeur durant plus de 25 années (1938-1973). Et ceci pour deux raisons : tout d'abord, il avait choisi cette belle formule pour être gravée sur son épée d'académicien, et de plus, dans les dernières années de son existence, s'interrogeant sur le devenir de notre planète, il avait envisagé la rédaction d'un livre ayant ce titre. Malheureusement, son décès mit fin à cette idée.

Marcel Roubault, ancien directeur de l'ENSG durant plus de 25 années (1938-1973). Membre de l'Académie des Sciences.

Cependant, après réflexion, nous avons décidé de choisir le mot "géosciences", plus large que géologie, ce qui nous a conduits au titre actuel.

Quelques semaines plus tard, nous avons appris la décision de l'ONU de confier à l'UNESCO la mise en place d'une Année Internationale de la Planète Terre en 2008, sous le label "les géosciences au service de l'humanité". Nous avons considéré que notre choix était légitimé par celui de ces respectables instances.

J'ai accepté de coordonner la rédaction de ce livre. Il a fallu tout d'abord définir un contenu, c'est celui que vous allez découvrir. Dans un second temps, j'ai cherché des auteurs et j'ai le plaisir de dire que, sans difficulté et malgré leurs charges souvent lourdes, tous ont répondu présents, en raison non seulement de leur attachement à notre école, mais surtout parce qu'ils sont convaincus d'exercer des métiers passionnants et utiles. Tous pensent qu'il faut attirer vers ces métiers des jeunes animés par la passion d'observer, de comprendre et d'agir au service de l'humanité.

Géologie ? Sciences de la Terre ? Géosciences ?

Classiquement on appelle géologie la science qui a pour but de décrire les matériaux constituant le globe terrestre, ainsi que l'étude des transformations actuelles ou passées subies par la Terre. La géologie, au sens actuel du terme, a progressivement vu le jour au cours des siècles. Si nos lointains ancêtres du paléolithique ou du néolithique étaient sans aucun doute capables d'identifier telle ou telle roche pour ses aptitudes, ils n'étaient probablement pas intéressés par l'origine, l'évolution et le devenir de notre planète.

La prise de conscience que la Terre n'était pas le centre de l'univers, par exemple par Galilée, est pratiquement contemporaine des descriptions du Danois Stenon jetant les bases de la stratigraphie et de la tectonique. Tout cela se heurte aux traditions des religions du Livre, en particulier parce que les durées envisagées pour les phénomènes géologiques sont bien supérieures à celles que pouvaient concevoir les rédacteurs de notre Ancien Testament, par exemple.

Au cours du temps, la géologie va former avec d'autres disciplines, telles la géodésie, la géomorphologie, la géophysique, la géochimie, ... l'ensemble des sciences de la Terre. En fait, c'est l'interaction de la géologie avec d'autres sciences qui aboutit à l'individualisation de ces disciplines. Aujourd'hui, et sans doute sous l'influence anglo-saxonne, le terme le plus couramment employé est celui de géosciences et nous l'avons adopté pour cet ouvrage.

Quelques évolutions récentes

Notre objectif ici n'est pas de nous placer dans une perspective historique, certes enrichissante et passionnante, mais de regarder la situation actuelle. On peut simplement rappeler que le vingtième siècle que nous avons quitté, il y a quelques années seulement, a vu des bouleversements considérables dans nos concepts de base grâce à la théorie de la tectonique des plaques mise en forme à la fin des années soixante, venant confirmer les géniales intuitions d'Alfred Wegener. Cette théorie, riche d'enseignements fondamentaux sur l'évolution de notre planète, a aussi des conséquences très importantes dans les domaines appliqués qui sont au cœur de notre vie quotidienne, par exemple dans la compréhension des phénomènes sismiques, ou pour la localisation des bassins pétroliers ou de certains types de minerais.

Dans un autre ordre d'idées, et à peu près dans les mêmes années, nous avons assisté à une prise de conscience très forte des problèmes environnementaux. Le concept de développement durable a été formalisé en 1987 dans le rapport Bruntland. Nous, géologues, avons conscience que notre globe terrestre est petit et que certaines de ses ressources sont limitées et en quantité finie. Cela doit être désormais pris en compte, du mieux possible, tant dans la formation des jeunes que dans la conception de nouveaux projets. Plus récemment encore, nous avons pris conscience du fait que les activités humaines ont une influence directe sur le climat et ses changements.

Toutes ces évolutions s'inscrivent dans le cadre d'un monde changeant très rapidement. Monde qui voit l'apparition de nouvelles puissances, monde dans lequel les inégalités demeurent immenses, monde dont la croissance démographique est galopante, ce qui ne fait qu'amplifier les problèmes en exacerbant les demandes en termes de ressources (eau, énergie, matières premières), et en exerçant une pression accrue sur notre environnement (pollutions locales ou globales).

D'autres évolutions existent, cette fois dans le domaine scientifique. J'en citerai deux qui nous concernent directement. Il s'agit tout d'abord du formidable développement de la puissance de calcul des ordinateurs et de leur disponibilité locale qui a complètement changé la pratique des ingénieurs pour la conception des projets, et qui autorise maintenant une optimisation des solutions grâce à la modélisation, qui ne cesse de conquérir de nouveaux domaines. Un autre progrès considérable concerne la maîtrise des propriétés des matériaux très finement divisés (nanomatériaux) qui est accompagnée par des développements analytiques (réduction de plusieurs ordres de grandeur de la taille des échantillons) qui nous permettent de mieux étudier les géomatériaux.

Géosciences au service de l'homme

Il ne s'agit pas pour nous de développer des aspects classiques des géosciences relatifs à la connaissance ou la description de notre planète tels que stratigraphie, tectonique ou pétrographie, mais de présenter des aspects plus directement liés aux attentes de la société et qui font donc souvent référence aux applications.

- Trouver, exploiter et utiliser d'une manière optimale les matières premières minérales qui entrent dans tous les usages de la vie quotidienne.
- Répondre aux demandes croissantes en énergie pour les déplacements, le chauffage, la production agricole ou industrielle...
- Utiliser d'une façon optimisée l'espace de surface et l'espace souterrain pour nos aménagements, construire des ouvrages sûrs et pérennes.
- Apporter les ressources en eau tant en termes de quantité que de qualité pour répondre aux besoins de la vie et de la vie économique.
- Vivre dans un environnement qui nous convienne en le protégeant et, s'il est dégradé, mettre en œuvre des techniques de restauration.
- Surveiller les changements climatiques prévisibles, les comparer aux évolutions géologiques antérieures et chercher des solutions pour, si possible, limiter ces changements et pour nous y préparer.
- Continuer à répondre aux besoins de connaissances, en faisant progresser la science et en cherchant de nouvelles frontières.

Notre ambition est de faire découvrir de quelle manière la maîtrise et l'utilisation raisonnées des géosciences par des femmes et des hommes possédant une formation de qualité peuvent contribuer à répondre à ces demandes. Mais ceci doit se placer dans une démarche raisonnée et respectueuse de l'éthique des ingénieurs et des scientifiques par rapport à leurs responsabilités dans la société.

Jean-Paul Tisot

Les auteurs

PIERRE BLAZY
Ingénieur ENSG* (1954)
Ancien directeur de l'ENSG
JEAN-CLAUDE SAMAMA
Ingénieur ENSG (1959)
Ancien directeur de l'ENSG
Professeur émérite

JEAN-JACQUES BITEAU
Ingénieur ENSG (1977)
Expert auprès du Directeur
Géosciences - Total
JEAN-MARIE MASSET
Ingénieur ENSG (1971)
Directeur Géosciences à la direction
Exploration-Production - Total
PIERRE-RENÉ BAUQUIS

JEAN-LOUIS GIAFFERI
Ingénieur ENSG (1970)
Ancien directeur du service géologique
et géotechnique - EDF
ALAIN MARCHAND
Ingénieur ENSG (1972)
Directeur commercial -
Soletanche-Bachy

JEAN-CLAUDE ANDREINI
Ingénieur ENSG (1973)
Président-directeur général de Burgéap
THIERRY POINTET
Ingénieur ENSG (1969)
Expert au département Eau - BRGM

JEAN-FRANÇOIS BÉRAUD
Ingénieur ENSG (1966)
Expert Eau / Environnement - ex Burgéap
JACQUES RICOUR
Ingénieur ENSG (1970)
Directeur commercial - Antéa

**ENSG : Ecole Nationale Supérieure de Géologie*

JEAN-MAURICE CASES
Ingénieur ENSG (1960)
Ancien directeur de recherche - CNRS
JEAN-ERIC POIRIER
Ingénieur ENSG (1976)
Directeur scientifique - Colas

JEAN-LAURENT MALLET,
Ingénieur ENSG (1968)
Créateur du projet Gocad et
Professeur à l'ENSG

MARC CHAUSSIDON
Ingénieur ENSG (1985)
Directeur de recherche - CRPG
BERNARD MARTY
Professeur à l'ENSG
Directeur du Centre de Recherches
Pétrographiques et Géochimiques
(CRPG)

EDOUARD BARD
Ingénieur ENSG (1985)
Chaire "Évolution du climat et de
l'océan", Collège de France

Coordination générale de l'ouvrage
JEAN-PAUL TISOT
Ingénieur ENSG (1966)
Professeur à l'ENSG -
Ancien directeur de l'ENSG

Comité éditorial & maquette
PIERRE-RENÉ BAUQUIS
Ingénieur ENSG (1964)
Ancien conseiller auprès du président
du groupe Total
RONALD HIRLÉ
SANDRINE WOELFFEL
EMMANUEL GAUTHIER

Sommaire

Extraction de minerai d'or dans le Dakota du sud.

Les matières premières minérales

Pierre Blazy & Jean-Claude Samama

De façon très précoce, les fondements de la vie des premiers hommes ont été la chasse et la cueillette. Différents sites leur ont permis de trouver les roches indispensables à la fabrication des outils pour la chasse. Ce furent d'abord les plages de galets en bordure de rivière, de lac et de mer. On trouve aussi de nombreuses pièces façonnées sur des galets "choppers", bifaces, éclats, au Paléolithique archaïque (2 500 000 à 1 400 000 ans) et en Paléolithique inférieur par les hommes acheuléens (1 400 000 à 200 000 ans).

Cependant, dès le Paléolithique inférieur, les hommes recherchèrent les falaises rocheuses qu'ils exploitèrent comme de véritables carrières. Les roches étaient récoltées à dix, parfois vingt-cinq kilomètres du lieu de taille. Rares ont été les populations qui se sont procuré des matériaux à cinquante et cent kilomètres, accomplissant un dégrossissage du matériau sur place, le finissage ayant lieu à proximité du campement. Le repérage de la roche choisie indique une étape intellectuelle importante et suppose déjà une répartition du travail. C'est ainsi que l'extraction de rognons de silex, le débitage d'éclats de basalte, ou de rhyolithe, des blocs de quartz ou d'obsidienne sont devenus une activité indispensable pour l'Homo erectus qui n'était pas encore Homo sapiens.

Dès le Paléolithique moyen (200 000 à 40 000 ans) apparaissent des exploitations à partir de petits puits ; plus tard, les exploitations se sont transformées soit en tranchées pour atteindre une couche sous un recouvrement, soit en véritable puits de mine prenant la forme d'un champignon renversé [(1)]. Notons que la détection de matériaux cachés relève d'une réelle dialectique géologique. Certains chasseurs-cueilleurs du Paléolithique ont été de vrais géologues par leur déduction et leur recherche.

Dès l'Acheuléen et à plus forte raison au Moustérien, on remarque une croissance du tranchant de l'outil rapportée au poids. Cette tendance s'affirme au Paléolithique supérieur entre 40 000 ans et 12 000 ans (Aurignacien, Solutrien et Magdalénien) pour s'épanouir au Mésolithique et particulièrement à l'Azilien en Europe et entre le huitième et le cinquième millénaire au Capsien du Maghreb. La néolithisation du Mésolithique a été caractérisée entre autres par l'utilisation de roches dures supportant le polissage et de matières premières classiques utilisées en poterie telles que des argiles plastiques et le kaolin irremplaçables depuis plus de 3 000 ans. Se surimposant au Néolithique, apparaît le Chalcolithique avec l'utilisation conjointe des roches, du cuivre et de ses alliages.

(1) De nos jours, on assiste à ce genre d'activité dans "certains pays" pour l'extraction des métaux précieux ou des pierres précieuses.

La naissance et le développement de la métallurgie ont conditionné l'évolution des sociétés humaines depuis le Néolithique.

La malachite : les femmes de l'ancienne Egypte utilisaient volontiers cette pierre comme fard pour les cils et les cheveux.
Les dames de la haute société avaient dans leur cassette à bijoux un pot contenant de la crème de beauté faite à base de malachite finement pilée mélangée à de la graisse.

Matières premières et histoire

On adopte fréquemment le découpage traditionnel entre préhistoire, protohistoire et histoire. Ce découpage est factice car il n'y a pas de succession mais interpénétration de ces périodes, avec des retards ou des avancées suivant les zones géographiques, les cultures, le passage de la chasse et de la cueillette à l'économie agricole. La naissance et le développement de la métallurgie ont conditionné l'évolution des sociétés humaines depuis le Néolithique. L'histoire de l'humanité depuis cinq millénaires montre que la complexité de l'existence entraîne, quand elle n'en résulte pas, l'usage des métaux. Jusqu'à l'aube du XIXème siècle, ce sont en priorité les métaux "vils" tels que le cuivre, l'étain, le fer, le plomb et dans une moindre mesure l'antimoine, l'arsenic et le mercure dont l'homme s'est le plus souvent servi pour ses armes et ses industries. Trois quarts des métaux connus actuellement n'ont été découverts que depuis le début du XXème siècle. Ce n'est que plus récemment que sont apparues les utilisations d'éléments tels que l'uranium, le titane, le vanadium, le chrome, le béryllium, le rhénium, les terres rares, etc., la recherche des minerais en contenant et les métallurgies correspondantes. Dès l'antiquité, la rareté relative des métaux, jointe aux difficultés d'extraction des minerais et du métal, a favorisé la possibilité d'accumuler la richesse, car un objet métallique déchu ou même cassé peut être remis en forme après une refonte ou un martelage. Le recyclage a donc débuté très précocement ; il avait déjà débuté au Paléolithique avec la taille d'objets cassés ou la reprise de rejets de fabrication.

Les grandes innovations techniques qui ont été à l'origine de la civilisation moderne sont basées sur la découverte des gisements métalliques et les méthodes métallurgiques d'extraction du métal. On peut citer les principales d'entre elles :

- Au VIème millénaire avant l'ère chrétienne, le cuivre métal est obtenu à partir de minerais de cuivre oxydés (Egypte).
- Au IVème millénaire, on découvre la propriété de l'arsenic qui durcit le cuivre ainsi que la fabrication du bronze, alliage de cuivre et d'étain. Les foyers de civilisation importent les matières premières.
- Au IIème millénaire, on obtient du fer à partir d'hématite à basse température.
- Au Ier millénaire, on extrait l'argent par amalgamation.

Le médecin Imhotep avait constaté que cette pierre était salutaire pour les yeux. On croyait également que le cuivre contenu dans la pierre avait le pouvoir de guérir le choléra, l'asthme et les maux de dents.

• Vers 500 de l'ère chrétienne, on invente le bas-fourneau ; vers 1500, on s'aperçoit que l'on peut obtenir du zinc par solubilisation des minerais.

• Au XVIIIème et XIXème siècles, démarrent la métallurgie de la fonte de fer utilisant du coke, les procédés de fabrication de l'acier, la cyanuration des métaux précieux, la métallurgie de l'aluminium basée sur l'électrolyse en bain fondu.

• Au XXème siècle, on constate un développement sans précédent de l'exploration et de l'exploitation en grand des gisements métalliques. Les procédés métallurgiques s'affinent et se multiplient car on recherche de plus en plus des propriétés étroites, physiques et chimiques, plus que le métal lui-même.

L'électrométallurgie des métaux de base (Cu, Zn,...) connaît un formidable essor, la métallurgie de l'uranium, la séparation des isotopes radioactifs deviennent une pratique courante. De nouvelles substances sont recherchées soit sous forme de gisements qui leur sont spécifiques, soit à partir de gisements où elles existent en association avec d'autres métaux (gisements polymétalliques). Il faut citer le béryllium, le niobium, le tantale, l'indium, le germanium, le gallium, etc. Des méthodes hydrométallurgiques se développent soit sous pression atmosphérique, soit sous pression d'oxygène en autoclave.

Des pyrométallurgies nouvelles se multiplient : métallurgie à l'oxygène, en four électrique, en poche, bombardement électronique, fusion par zone, fusion sous vide, plasmas thermiques, etc.

La chimie des solvants et des résines que l'on peut qualifier de chimie fine s'associe à la métallurgie classique pour obtenir un métal de plus en plus pur : certaines utilisations exigent une pureté 6N (99,9999%) alors que le minerai ne contient que quelques dixièmes de pour-cent voire quelques dizaines de ppm du métal recherché.

Trois quarts des métaux connus actuellement n'ont été découverts que depuis le début du XXème siècle et ce n'est que plus récemment que sont apparues les utilisations d'éléments tels que l'uranium, le titane, le vanadium, le chrome, le béryllium, le rhénium, les terres rares, etc.

Mai 1964, Bingham Canyon Utah, USA Sondage rotary sur un gisement de cuivre porphyrique.

Du sous-sol au minerai : une chaîne de risques techniques et financiers

Les gisements de métaux, même de très grande taille, ne sont que des objets minuscules rapportés à l'échelle de l'écorce terrestre : sans une méthodologie stricte s'appuyant à la fois sur une panoplie d'outils de prospection performants, sur une bonne évaluation de la probabilité de découverte et sur une mise en œuvre rationnelle du budget de prospection, le risque de ne pas trouver un gisement économique est élevé.

Les programmes de prospection s'attaquent dans leur grande majorité à des surfaces de plusieurs centaines à plusieurs milliers de km^2, attractives soit en raison de la présence de gisements déjà reconnus dans la région (concept de province métallifère), soit en raison d'un contexte géologique identifié comme favorable à la présence de gisements (concept de type de gisement).

La province métallifère est une aire géographique à l'intérieur de laquelle de nombreux indices minéralisés et gisements sont déjà recensés ; la probabilité de trouver un nouveau gisement est plus élevée à l'intérieur d'une province qu'à l'extérieur mais corrélativement cela implique que les terrains de la province aient déjà été prospectés et que, s'il existe encore des gisements à découvrir, c'est qu'ils ont échappé aux prospections antérieures et qu'ils sont par conséquent plus difficiles à déceler.

Le concept de type de gisement résulte du regroupement des gisements connus dans le monde en types en prenant en compte l'ensemble de leurs paramètres descriptifs et, en particulier, les paramètres de leur milieu géologique. A partir de la connaissance de ces types de gisement et d'une connaissance géologique, même imparfaite, d'une nouvelle zone, il est possible de présumer du type de gisement possible et de la probabilité de découverte (gîtologie prévisionnelle).

A partir de ces analyses, l'ingénieur de prospection va sélectionner les outils physiques (géophysique), chimiques (géochimie), géologiques (cartographie, télédétection…) qui sont adaptés aux objectifs ; les outils ne sont pas les mêmes pour la recherche de gisements de diamant en roche et la recherche de gisements de sulfures disséminés de métaux de base et ce, en fonction de facteurs variés allant jusqu'à la prise en compte du climat, du relief…

La stratégie consiste toujours à utiliser des techniques extensives peu chères sur les grandes surfaces de départ pour se concentrer progressivement sur des surfaces de plus en plus petites sur lesquelles on est conduit à dépenser de plus en plus par km^2 : ce seront la définition de zones très favorables, l'accrochage de cibles bien définies, leur développement, les travaux détaillés (tranchées, sondages) puis l'estimation des réserves et des teneurs, la faisabilité et le projet d'exploitation. Cette chaîne d'opérations est longue à mettre en œuvre, souvent plus de dix ans, et bien entendu, exige des financements importants. Toutefois, il est très fréquent qu'un programme ne concerne qu'une partie de cette chaîne, soit que le titre minier et les travaux correspondants soient revendus à un autre opérateur, soit que les données de départ soient déjà très élaborées (prospection autour d'une mine fermée ou en activité).

Philip Gautier
(ENSG, 1975)
Sofremines, PDG depuis 1998

Les stages effectués pendant ma scolarité m'ont amené à découvrir, l'exploitation minière (or en Afrique du Sud, nickel pour la SLN). Mes premiers pas dans le domaine de l'uranium m'ont conduit au Gabon puis au Niger et m'ont permis de découvrir des initiatives de développement durable (environnemental, sociétal ou culturel) liées à la mise en valeur des ressources naturelles. La fin du boom de l'uranium m'a valu, en 1979, de rejoindre Sofremines, société française de conseil et d'ingénierie spécialisée en mines et valorisation des minerais. La vocation internationale de Sofremines (plus de 95% à l'export) depuis plus de cinquante ans est confortée, pour répondre aux défis du marché minier mondial, par son approche qui concilie éthique professionnelle et pragmatisme industriel, maîtrise des innovations et respect de l'environnement et qui fait du transfert de technologie et de la qualité une exigence au quotidien.

Travaux d'extraction dans une mine à ciel ouvert au XIXème siècle aux USA.

Mine de la Escondida
Désert d'Atacama, Chili

Vues satellitaires (Nasa-Aster) de la mine de cuivre, d'or et d'argent, à ciel ouvert située à 3 050 mètres d'altitude. Le site de production recouvre une surface de 23 km x 30 km. Cet ensemble minier est en activité depuis 1990. Sa capacité de production est de 127 000 tonnes de minerai par jour. En 1999 le production totalisait 827 000 tonnes de cuivre, 4,2 tonnes d'or et 10 tonnes d'argent.

Vue de la fosse principale.

Matières premières et exploration minière moderne

Les industries extractives ont été les premières à favoriser les échanges commerciaux entre les sociétés humaines. En effet, les ressources en matières premières sont très inégales au niveau des civilisations et des états comme nous l'avons vu dans le bref historique précédent. Qu'il s'agisse des métaux précieux, des métaux de base ou des substances utiles, la soif de ces substances est loin d'être ralentie et même une forte augmentation de recyclage est très insuffisante pour que les populations des pays en développement atteignent le niveau de consommation des pays développés. On constate dans la course à la maîtrise des approvisionnements que les lieux de production des métaux de base et ferreux sont transférés vers les pays en développement dont la consommation va en croissant. L'impact de la Chine et de l'Inde avec leur 2,5 milliards d'habitants au total a pour effet de durcir les compétitions avec la société occidentale : CRVD-INCO (Brésil) pour le fer, Codelco (Chili) pour le cuivre, Norilsk (Russie) pour le nickel et le platine, Rasky Aluming et Sual (Russie) pour l'aluminium, Randgold et Anglogold (Afrique du Sud) pour les métaux précieux, etc. Des mutations dans la recherche des métaux sont nécessaires à la suite des préoccupations environnementales : c'est ainsi qu'apparaissent d'énormes besoins en métaux protecteurs comme le zinc et le chrome, ou les platinoïdes pour la destruction des polluants des gaz de combustion dans les pots d'échappement des véhicules automobiles, etc.

L'exploration minière est donc amenée à fortement se diversifier, rechercher des domaines nouveaux, intégrer les données de l'exploitation et de la valorisation.

L'exploration moderne implique plusieurs démarches :

- Rechercher des gisements dont le modèle est connu à la lumière des connaissances acquises par le passé. Le résultat de cette démarche a été couronné de succès dans la découverte du gisement cuivre, or, uranium d'Olympic Dam (Australie), facilitée par les données existantes sur les gisements de fer oxydé, la découverte du gisement de platine du Lac des Isles (Canada) constitué par du platine "hydrothermal", les découvertes des porphyres à or, des gisements de zinc oxydé, etc.
- Comprendre autant que faire se peut la genèse des gisements et des phénomènes concentrateurs depuis la source jusqu'au dépôt en incluant les phénomènes de transport dans l'écorce terrestre. Cette compréhension est en mesure d'augmenter l'efficacité des techniques exploratoires classiques.
- Opérer à l'échelle régionale en se basant sur les puissantes technologies de géophysiques et en introduisant dans cette démarche le numérique dans le traitement. Les nouvelles technologies électromagnétiques et gravimétriques permettent de mieux caractériser les roches en profondeur que par le passé.
- Utiliser les techniques multispectrales dans les déserts ou dans les zones nordiques, la sélection de phases pour analyses géochimiques de minéraux.
- Constituer la synthèse numérique des données géologiques, géophysiques et géochimiques pour mieux connaître le milieu géologique sur les premiers kilomètres de l'écorce terrestre.

Matières premières et exploitation minière moderne

Près des trois quarts des exploitations minières modernes sont réalisées en carrière, cependant, des mines profondes existent et leur problème consiste à maîtriser les coûts qui croissent avec la profondeur.

5 kilomètres

L'or a engendré nombre de conquêtes, d'aventures, de légendes et d'illusions (Jason et les Argonautes en Colchide, recherche de l'Eldorado en Amérique Latine, ruées vers l'or à partir de 1850 en Californie, Alaska...).

• Les mines souterraines : les sondages indiquent que les futurs gisements seront de plus en plus profonds. Il en résultera des distances de plus en plus grandes pour transporter le minerai à l'usine de concentration située la plupart du temps en surface.

On assiste à une combinaison des moyens de transport constituée par le camionnage au fond et l'extraction par puits. Ces derniers sont de plus en plus remplacés par des descenderies de plusieurs kilomètres souvent hélicoïdales où circulent des camions de 60 tonnes de capacité et des chargeuses automatisées.

Parmi les avantages de la mine profonde, on notera que son impact sur l'environnement est moindre que celui des exploitations à ciel ouvert et qu'elles n'entraînent pas de nuisances pour les populations situées à proximité (bruit, poussières). Toutefois, certaines méthodes d'abattage en masse (block caving), bien qu'elles présentent un prix de revient attractif, doivent être limitées afin d'éviter les dégâts en surface.

• Les mines à ciel ouvert : elles sont exploitées en gradins et les matériaux de recouvrement et le minerai sont évacués par d'énormes engins, les "dumpers", de plusieurs centaines de tonnes de capacité (Carter, 2005, 260 tonnes à la mine de cuivre de Morenci aux Etats-Unis), chargés par des pelles électriques dont la capacité est de l'ordre de 100 à 130 tonnes (Fiscor, 2005).

Les quantités transportées annuellement dans les grosses exploitations sont de plusieurs centaines de millions de tonnes par an, les volées des mines représentant des centaines de milliers de tonnes abattues en une seule fois. La surface des exploitations peut atteindre et même dépasser 30 km², si l'on tient compte non seulement de l'excavation mais encore de la décharge à faible distance des matériaux stériles. La profondeur de l'excavation est généralement de l'ordre de plusieurs centaines de mètres en cours d'exploitation du gisement. Le positionnement des engins à l'intérieur de l'exploitation utilise les signaux GPS afin de situer la position exacte à quelques décimètres près. Afin de faciliter le transport du minerai à l'usine de traitement située à plusieurs kilomètres de l'exploitation, on charge la matière sur des bandes transporteuses.

Parmi les matières premières minérales, l'or tient une place singulière dans l'histoire depuis plus de quatre millénaires.

L'or tient une place singulière dans l'histoire

L'attraction de l'homme pour ce métal n'a guère faibli au cours du temps : élément de décoration au départ, puis monnaie à partir du VIème siècle avant J.-C. en Lydie et en Ionie, puis dans la période moderne, régime de l'étalon-or et garantie des monnaies.
L'or a engendré nombre de conquêtes, d'aventures, de légendes et d'illusions. L'exemple le plus frappant est celui des Grandes Découvertes des XVème et XVIème siècles avec le pillage de l'or et la recherche éperdue de l'Eldorado. Les trésors de Montezuma, pillés par Cortès et la rançon d'Atahualpa obtenue par Pizarre ont eu un impact extraordinaire sur l'économie espagnole et sur l'imaginaire. Mais les galions regorgeant d'or sont plus des images que des réalités : les butins ramenés du Nouveau Monde sont estimés à 180/200 tonnes d'or soit approximativement 10 m³ ! Ils ont eu à l'évidence un impact considérable mais temporaire sur l'économie espagnole ; ils ne représentent toutefois que peu dans notre contexte moderne : stock des Banques Centrales dépassant 30 000 tonnes et production mondiale annuelle d'environ 2 300 tonnes.
L'imaginaire a joué un rôle primordial : comment résister à l'image de l'El Dorado, l'homme doré, le roi qui enduisait son corps de poudre d'or, presque un vulgaire et commun produit de maquillage ! C'était toutefois ignorer que tout cet or résultait de productions très modestes qui avaient été accumulées au cours des temps : les déceptions et les échecs dans la recherche des "fabuleux gisements" en ont été la conséquence !

Pour ce faire, il est nécessaire que le minerai soit concassé dans la carrière même. Une installation semi-mobile est équipée d'un concasseur giratoire où est déversé le minerai par dumpers et d'une trémie de stockage de 10 à 20 000 tonnes de capacité qui alimente une bande transporteuse. L'ampleur des moyens d'exploitation fait que le coût de la tonne extraite est incomparablement moins élevé que celui obtenu dans une exploitation souterraine.

Matières premières et minéralurgie

La minéralurgie met en œuvre une série de techniques qui visent à séparer après broyage les substances présentant une valeur économique des matériaux constituant la gangue. Selon les débits de matières à traiter, on doit faire appel à des techniques différentes bien que la plupart traitent le minerai sous forme de "pulpe", mélange d'eau et de minerai.

Pour les petites mines, ce sont des techniques basées sur la gravité et l'électromagnétisme auxquelles on fait appel pour obtenir le concentré des minéraux ayant une valeur économique.

Pour les moyennes exploitations, seules les techniques gravitaires, pouvant traiter des tonnages conséquents tels que les milieux denses, ou autres appareils de gravité à haut débit, font l'objet de développements industriels. Les techniques de flottation qui séparent les phases minérales en fonction de leurs propriétés superficielles sont largement répandues pour obtenir un concentré.

Pour les exploitations importantes qui peuvent traiter 30 à 40 000 tonnes de minerai par jour, les techniques de broyage autogène et de broyage par boulets en un seul appareil sont capables de réduire les coûts de traitement occasionnés par la masse de matière à traiter pour en fin de compte récupérer les éléments de valeurs représentant

La pyrite est un sulfure de fer. (Fe S2) C'est un des minéraux les plus abondants du globe. Elle ressemble à l'or, autrefois on l'appelait "l'or des fous". Couleur : Jaune parfois avec des reflets multicolores. La couleur de sa trace est noir verdâtre alors que celle de l'or est jaune. Elle est plus dure que l'or. Le poids spécifique de la pyrite est plus faible que celui de l'or : pour un volume d'un litre d'eau, on a 5 kg de pyrite et 19,3 kg d'or.

Minéralurgie et métallurgie

Pour obtenir une tonne de fonte ou d'acier, il faut extraire 2 tonnes de minerai de fer ; pour obtenir un kg d'or, il faut extraire entre 200 et 1 000 t de roche. Le minerai est constitué de minéraux stériles et de minéraux utiles (éléments récupérables). Il existe deux grands types de matières minérales : les minéraux industriels utilisables après concentration et purification (talc, phosphate, potasse, kaolin, craie, etc.) et les minerais. contenant les éléments métalliques à récupérer sur lesquels s'exercent diverses méthodes de métallurgie extractive. La minéralurgie est un ensemble de techniques qui vise à séparer les minéraux de la gangue des minéraux économiques formant un concentré marchand destiné à la métallurgie qui extraira le métal brut. Celui-ci devra être ensuite raffiné pour ôter les impuretés restantes.

quelques pour-cent en poids de l'alimentation. Sur le minerai broyé, la méthode de séparation par voie physique la plus employée est la flottation, directe si l'on flotte les éléments de valeur, indirecte si l'on flotte les minéraux de la gangue. Pour répondre à la nécessité de traiter des volumes énormes, la capacité des cellules de flottation n'a cessé de croître depuis 30 ans, passant d'une capacité unitaire de quelques m^3 à une centaine. La séparation magnétique à basse et à haute intensité est surtout appliquée aux minerais de fer et aux sables de plage. L'épaississage des stériles avant leur épandage est réalisé après celui de la pulpe sortant de l'étape de flottation dans des épaississeurs de 50 à 200 mètres de diamètre, l'eau récupérée étant recyclée dans l'usine de concentration. L'investissement nécessaire pour une usine de concentration est considérable et plus de 50% de celui-ci est représenté par l'investissement des matériels de broyage, l'investissement de la flottation ne représentant que 10 à 15% du total. Le restant de l'investissement est dû à la filtration des concentrés, la classification de la pulpe, le transport par pompage, etc.

Pour les exploitations importantes, la régulation et le contrôle automatique sont actuellement des techniques très répandues ; elles sont surtout appliquées aux opérations de broyage qui représentent la majorité des coûts opératoires. Le contrôle analytique en ligne des concentrés et des stériles par fluorescence X s'effectue dans les grandes installations pour pouvoir asservir les paramètres du traitement aux teneurs de l'alimentation des concentrés et des stériles, en tenant compte du temps de séjour de la matière aux différentes étapes du traitement. Les grandes usines de traitement sont automatisées afin d'optimiser la production et répondre aux stratégies industrielles.

Matières premières et métallurgie extractive

Le XXème siècle a vu le bouleversement des méthodes métallurgiques classiques tant pour les minerais de fer que pour les minerais métalliques non ferreux. Ces bouleversements n'ont pu être réalisés qu'à la suite de création de grosses sociétés pouvant supporter le coût élevé de la recherche technologique.

La création de la métallurgie sur l'eau pour la fonte et pour l'acier à partir de

Ermeline Adrien
(ENSG, 2001)
Eramet

Après avoir suivi l'option mines, mon stage de 3ème année a débouché sur une embauche comme minéralurgiste au Centre de Recherches du groupe Eramet, en région parisienne. J'y ai étudié pendant un an en laboratoire le procédé d'une future laverie de minerai de nickel calédoniens avant de m'envoler pour la Nouvelle-Calédonie en 2002, toujours pour Eramet. Sur place, j'ai intégré le département d'études techniques de la Société Le Nickel (SLN), notamment pour optimiser ce procédé à l'échelle pilote. Aujourd'hui chef du service Etudes Minéralurgiques à la SLN, je participe avec enthousiasme au démarrage au jour le jour de l'installation industrielle de la laverie de Tiébaghi, à 400 km au nord de Nouméa. C'est la concrétisation de ces années d'études.

La lixiviation en tas

Cette méthode concerne les minerais pauvres mis en tas de plusieurs milliers de tonnes préalablement concassés. Elle consiste à mettre en solution le minéral ou métal que l'on souhaite récupérer à l'aide d'un produit chimique adapté percolant dans le tas jusqu'à la base imperméable. La solution récupérée est recyclée et ainsi s'enrichit peu à peu ; les opérations durent généralement plusieurs mois

minerais situés à grande distance des implantations métallurgiques a nécessité le transport de minerais de fer ou de concentrés aussi riches que possible. Les usines de concentration ont eu pour tâche de rejeter les éléments de gangue. Il a fallu adapter le transport des différents produits par des minéraliers spécialisés. Pour alimenter un haut-fourneau, on agglomère les particules pour obtenir par cuisson des boulettes poreuses ou un produit sintérisé suffisamment résistants pour fournir une charge de haut-fourneau perméable au gaz réducteur. Ces innovations ont entraîné une mise au mille de coke fortement diminuée, une quantité plus faible de laitier et une diminution des frais de transport par élimination des éléments de gangue.

Une deuxième innovation a été la métallurgie à l'oxygène comme moyen d'épuration de l'acier contenant du carbone, du silicium, du phosphore, etc.

Une troisième innovation a été la métallurgie en poche, ou par des fils fourrés de métal actif comme le calcium, ou par injection de granulés du même métal. Il a été possible de complexer les impuretés restantes jusqu'à obtenir un acier titrant quelques ppm d'impuretés. D'autres innovations technologiques ont permis de rationaliser la production telles que la coulée continue.

De profondes mutations en pyrométallurgie ont transformé les méthodes classiques du traitement et d'obtention du métal. Citons par exemple l'Impérial Smelting qui peut être alimenté par des concentrés mixtes de sulfures de zinc et de plomb et, de ce fait, conduit à éviter en minéralurgie une flottation différentielle des sulfures correspondants en développant seulement une flottation globale.

Citons aussi le procédé de fusion flash des sulfures de cuivre remplaçant les anciennes techniques de fusion en four à réverbère, et dont le principal avantage consiste à utiliser le soufre des concentrés comme combustible et à fournir des gaz enrichis en SO_2 convenant à la fabrication de l'acide sulfurique, de sorte que les métallurgistes du cuivre sont devenus des producteurs d'acide.

L'hydrométallurgie qui consiste à mettre en solution les métaux pour ensuite les extraire de leur solution aqueuse est appliquée en grande échelle pour les minerais de cuivre, d'uranium, d'or et probablement dans un avenir proche du minerai de nickel oxydé. La lixiviation est réalisée sur des tas qui peuvent représenter 10 à 20 millions de tonnes de minerai. Pour les minerais de cuivre, la mise en solution par l'acide sulfurique est aisée lorsque la minéralisation

Le XXème siècle a vu le bouleversement des méthodes métallurgiques classiques tant pour les minerais de fer que pour les minerais métalliques non ferreux.

Méthodes de la minéralurgie

Elles ont pour but en premier lieu la libération des minéraux de valeur par fragmentation grossière (concassage) suivie par une fragmentation fine (broyage) afin de les dégager de la gangue.
Les principales techniques séparatives sont les suivantes :
- *techniques gravitaires qui séparent les minéraux lourds des minéraux légers ;*
- *techniques électromagnétiques qui séparent les minéraux selon leur contraste de susceptibilités magnétiques ou leur ferromagnétisme ;*
- *techniques de flottation qui consistent à conférer des propriétés hydrophobes à certains minéraux par adsorption des réactifs tensioactifs alors que les minéraux de la gangue sont hydrophiles par leur nature propre ou à la suite d'adsorption de mouillants sur leur surface. Mélangés avec de l'eau, à l'intérieur de laquelle on disperse de fines bulles d'air, les minéraux hydrophobes se rassemblent dans une écume dont la stabilité est assurée par des moussants et qui est récupérée par débordement, hors de l'appareil (cellule à turbine ou colonne).*

est constituée par des minéraux oxydés de cuivre (cuprite, tenorite, malachite, azurite) mais elle devient plus difficile pour la mise en solution des sulfurés de cuivre et surtout de la chalcopyrite. Dans ce dernier cas, on adopte une méthode de mise en solution par des micro-organismes, les thiobacillaires qui désagrègent les minéraux sulfurés et génèrent de l'acide sulfurique : les tas de minerais sont arrosés par une solution acide au départ car les thiobacillaires, dont on ensemence le tas, sont actifs à un pH acide voisin de 2. Sur les liqueurs issues de la lixiviation en tas, on extrait le cuivre par des solvants organiques. A partir de la phase organique chargée, on réextrait le cuivre par une solution acide aqueuse, le solvant régénéré étant recyclé. On extrait enfin le cuivre en solution par électrolyse directe. Bien que la lixiviation en tas et le procédé SX/EW (solvant-électrolyse) permettent des gains très substantiels par rapport aux méthodes pyrométallurgiques, l'importance des tas, l'impact des liqueurs acides sur l'environnement et l'empoisonnement des nappes phréatiques après que les tas aient été abandonnés, les risques dus au gel ou à l'incendie, posent encore des problèmes plus ou moins bien résolus.

Une méthode semblable est mise en œuvre pour le traitement hydrométallurgique des minerais d'uranium.

La lixiviation est réalisée comme précédemment par une solution sulfurique. Les liqueurs d'attaque passent dans des mélangeurs décanteurs ou des colonnes pulsées où est introduit le solvant.

La réextraction de l'uranium par une solution aqueuse, est ensuite traitée par précipitation par la soude ou l'ammoniaque pour donner le yellow-cake, constitué par l'uranate précipité. Lorsque des teneurs du minerai sont très faibles et que les liqueurs sont peu chargées (< 500 mg/L), on remplace le solvant par des résines échangeuses. Les inconvénients signalés précédemment

Le traitement du minerai de chrome

Il permet l'obtention des produits à partir desquels seront élaborés le chrome métal soit par électrolyse, soit par aluminothermie.
Le minerai de chrome le plus abondant est la chromite.
L'usage principal du chrome métal de haute pureté se trouve être l'élaboration des super-alliages base nickel et cobalt intervenant dans des pièces critiques de l'aéronautique.

L'hydrométallurgie consiste à mettre en solution les métaux pour ensuite les extraire de leur solution aqueuse

Josselin Lamotte
(ENSG, 1999)
Sofremines, Ingénieur process

Mon activité professionnelle a débuté en 1999 au sein du groupe Imerys où j'étais chargé de la recherche et de l'évaluation de nouveaux gisements européens de matières premières pour le carrelage.
Je me suis ensuite orienté vers le traitement des minerais en rejoignant Sofremines en tant qu'ingénieur "process". L'ingénierie minière et de valorisation des minerais offre la possibilité de travailler aux quatre coins du globe sur des sujets variés qui vont de la due diligence à la réalisation d'études de faisabilité bancables jusqu'à l'ingénierie et au management de la construction d'unités industrielles. La connaissance des technologies utilisées en traitement de minerais nous permet également d'aborder le domaine de la valorisation des déchets minéraux.

Méthodes de la métallurgie extractive

Elle a pour but de conduire à un métal brut ou un matériau brut à partir des concentrés ou à partir de minerai brut (uranium par exemple). Il existe trois méthodes principales en métallurgie :
- *la pyrométallurgie, qui consiste à fondre les concentrés de sulfures métalliques après une oxydation suivie d'une réduction à l'intérieur de four de fusion. On obtient ainsi un métal brut qui doit être raffiné ;*
- *l'hydrométallurgie qui met en solution sélectivement à partir de minerai brut ou de concentré les éléments récupérés. Le métal est récupéré généralement par solvants ou par résines échangeuses qui sont régénérées avant d'être recyclées. Le métal, après sa réextraction dans la solution de régénération, est obtenu sous forme de précipité ou sous forme de métal par électrolyse directe ou de sels solubles ;*
- *l'électrométallurgie s'applique aux traitements d'oxydes réfractaires ou de sels solubles, telle que l'alumine ou le chlorure de sodium, pour extraire le métal par électrolyse thermique en sel fondu ;*
- *la biohydrométallurgie récemment mise en œuvre en hydrométallurgie du cuivre et de l'or, consiste à mettre en solution ces éléments directement par percolation d'une solution d'attaque dans d'énormes tas de minerais après qu'une action microbienne ait désagrégé les minéraux porteurs du cuivre ou de l'or facilitant la mise en solution de ces éléments.*

pour le cuivre sont aggravés par le fait qu'il s'agit de substances radioactives.

La lixiviation en tas est appliquée aussi aux minerais d'or. Généralement l'or est dispersé sous forme d'inclusions microniques d'or métal dans les sulfures et sulfoarseniures (pyrite et arsenopyrite). Pour que la solution d'attaque constituée par du cyanure de sodium vienne au contact des particules d'or, il est obligatoire de broyer finement le minerai, puis d'agglomérer le broyat sous forme de boulettes à l'aide d'une faible quantité de ciment. Les boulettes sont rassemblées en tas et lixiviées au cyanure à un pH basique > 10. La liqueur sortante est traitée suivant sa teneur en or, soit par cémentation sur poudre de zinc, soit par adsorption sur charbon actif pour les liqueurs faiblement concentrées provenant de minerais pauvres. Une autre méthode consiste à lixivier à partir des tas de minerai les sulfures porteurs par des thiobacillaires. La désagrégation des sulfures libère l'or contenu qui est lixivié par une liqueur basique de cyanure, après que le tas ait été soigneusement lavé pour ôter toute acidité qui provoquerait un dégagement d'acide cyanhydrique mortel. La réextraction de l'or s'opère comme précédemment.

Les méthodes précédentes ont pour principal avantage le fait qu'elles ne nécessitent pas un traitement minéralurgique préalable, comme c'est le cas en pyrométallurgie des non-ferreux qui reçoit des concentrés. En conséquence, pour un complexe mine-métallurgie qui nécessite une étape de concentration préalable, il est possible de traiter directement les minerais sortant de mine. L'investissement pour le procédé lui-même est inférieur à l'investissement pyrométallurgique.

Enfin, l'hydrométallurgie combinée à la pyrométallurgie est une nécessité pour obtenir les métaux stratégiques tels que l'indium et le germanium liés à la sphalérite, le gallium lié aux bauxites, le rhénium lié à la molybdénite, le sélénium et le tellure liés aux minéraux du cuivre.

Commerce mondial et matières premières

D'après le FMI (2006), la place occupée par les matières premières hors énergie dans le commerce international est deux fois plus grande que celle des produits énergétiques : environ 14% contre 7% dans la période 2002-2004. La plupart des pays en déve-

Un Européen consomme durant son existence :

560 tonnes de sable et de graviers
109 tonnes de pétrole
14 tonnes de fer
13 tonnes de sel
12 tonnes d'argiles réfractaires
1,6 tonnes d'aluminium
0,68 tonnes de cuivre
0,36 tonnes de plomb

La quantité de ressources non renouvelables diminuent selon des scénarios différents d'une substance à une autre. Les efforts tendant à éviter les situations de blocage d'approvisionnement sont annihilés par l'augmentation de la population, l'accession à la consommation de masse des pays émergents, la demande des pays industrialisés et enfin les limites imposées par l'économie, les techniques d'extraction, les dépenses énergétiques et les limites du recyclage (utilisation dispersive de certains métaux, complexité générale des produits manufacturés).

loppement sont de plus en plus dépendants des exportations des ressources minérales hors énergie. Trente-six d'entre eux ont un ratio des exportations de matières premières hors énergie rapporté au PIB qui est supérieur à 10% et quatre-vingt-douze un ratio qui dépasse 5%. Depuis 2002, l'indice spécifique du FMI des métaux en 2006 est de 180% à l'indice du pétrole (+157%). Les variations annuelles de consommation des métaux ont fortement augmenté depuis 1993 comme le montre les statistiques pour l'aluminium et le cuivre.

Il est peu probable que l'on assistera à un retournement de tendance, du fait d'une moindre demande de la part de la Chine, véritable responsable de l'expansion vertigineuse des marchés. Elle a contribué à hauteur d'environ la moitié de la croissance nette mondiale des métaux de base aluminium-cuivre. La demande globale de ces non-ferreux croîtra au-delà de 2010 car une demande renforcée par celle de l'Inde et du Brésil est facilement prévisible.

Pour satisfaire à cette croissance, ces dix dernières années ont été marquées dans le monde minier et métallurgique par la reconstitution de pôles multinationaux et par la structuration "capitaliste" des industries russes et chinoises. Seuls les groupes d'importance mondiale peuvent réaliser des investissements très lourds et la croissance actuelle semble ne pas devoir être enrayée par le poids des investissements. Cependant, il existe un goulet d'étranglement évident : la reprise qui a démarré en 2002-2003 suite aux achats chinois est soumise à court terme à un plafonnement de l'offre car jusqu'à cette date, les métaux avaient "mauvaise presse", car soumis à des fluctuations préjudiciables. Le marché des métaux étant fait et défait par les investisseurs non commerciaux, les défaillances étaient courantes. Il en résulte que les relais manquent pour assurer les besoins à l'aide de nouveaux gisements. Or, entre la découverte d'un gisement et sa mise en pleine production, il faut compter entre 8 à 10 ans.

La quantité de ressources non renouvelables diminuent selon des scénarios différents d'une substance à une autre. Les efforts tendant à éviter les situations de blocage d'approvisionnement sont annihilés par l'augmentation de la population, l'accession à la consommation de masse des pays émergents, la demande des pays industrialisés en produits de plus en plus diversifiés et à fort taux de renouvellement et enfin, les limites imposées par l'économie, les techniques d'extraction, les dépenses énergétiques et les limites du recyclage (utilisation dispersive de certains métaux, complexité générale des produits manufacturés).

Le développement durable est aujourd'hui un thème au cœur des préoccupations des états et des collectivités locales.
Le recyclage des matières premières joue un rôle de plus en plus important pour donner un sens concret à ce concept.

Les matières premières énergétiques

Jean-Jacques Biteau & Jean-Marie Masset
Pierre-René Bauquis

Parmi les matières premières énergétiques, on distingue successivement : les matières premières fossiles d'origine organique, les matières premières nucléaires, en particulier la filière uranium. En ce qui concerne les hydrocarbures, ceux-ci existent sous les trois états de la matière :

- solides : charbons et bitumes ;
- liquides : pétroles et condensats ;
- gazeux : gaz naturel.

Par le jeu de transformations physico-chimiques, on peut passer de l'un à l'autre de ces états.

La caractéristique fondamentale de ces matières fossiles, gazeuses, liquides ou solides, est leur formation à partir d'un "stock" fini de résidus d'êtres vivants, d'origine animale et surtout végétale, ayant subi une évolution ultérieure au cours des temps géologiques après leur dépôt. Il s'agit d'une cuisson au sens propre du terme, appelée aussi métamorphisme organique ou diagénèse thermique. Cette cuisson de la matière organique se produit sous l'effet combiné de l'enfouissement progressif entraîné par la subsidence et l'accumulation des sédiments postérieurement à son dépôt et de l'augmentation corrélative de la température (plus on est profond, plus on est chaud !).

L'existence du gaz naturel, du pétrole et du charbon est connue depuis des millénaires, mais leur exploitation systématique est apparue de façon bien plus récente que celle des matières premières minérales qui ont été décrites dans le chapitre précédent.

Des bitumes et huiles très lourdes, issus d'indices figés in situ ou de suintements de surface, sont connus en Mésopotamie 5 000 ans avant J.-C. Ils servaient à cette époque à calfater les bateaux, également à enduire, à joindre des murs et à sceller les pavés des routes. Bitumes et gaz étaient considérés dans l'antiquité comme des dons des divinités (on peut citer le culte de Zarathoustra par exemple). Ils étaient interprétés (notamment les gaz qui s'enflamment spontanément) comme des révélations du pouvoir de ces dieux. La médecine s'est emparée plus tard des hydrocarbures pour en faire des médicaments prescrits pour soigner bon nombre d'affections humaines.

Le charbon, affleurant en surface, était connu des Chinois qui l'ont exploité depuis plus de 3 000 ans. Tout comme les propriétés combustibles des charbons ont été très tôt employées pour la métallurgie ou tout simplement pour le chauffage

Archimède
-287 av. J.-C. / -212 av. J.-C. : Physicien, mathématicien et ingénieur.

Avec l'invention de la lampe à pétrole, les hydrocarbures se substituent aux huiles animales et végétales pour l'éclairage.

domestique, par exemple en Chine cinq siècles avant notre ère, celles des hydrocarbures ont été utilisées dès l'Antiquité pour faire des armes (par exemple les célèbres feux grégeois, mélanges d'huile ou de bitume enflammés).

Le charbon : principales étapes de la révolution industrielle

Au XIXème siècle, le développement de la machine à vapeur, puis du chemin de fer, consacrent l'âge d'or du charbon. La machine à vapeur est une invention qui date en fait du XVIIème siècle ; en 1698, Thomas Savery dépose un brevet pour une pompe fonctionnant à la vapeur. C'est avec les travaux de Denis Papin que le procédé est perfectionné et qu'un modèle est commercialisé dès 1712 pour être utilisé dans les mines de charbon en Angleterre.

L'écossais James Watt crée en 1765 une chambre de condensation pour la vapeur, séparée par une valve. En 1781 il crée le cylindre à double action où la vapeur entraîne un piston. Il faut attendre 1803 pour voir la mise au point par Arthur Woolf et Edmund Cartwright de machines à haute pression qui vont permettre plus tard la construction des locomotives à charbon. Au cours du XIXème siècle, sont créées des machines à plusieurs cylindres de taille croissante, où la vapeur se détend progressivement.

Les extractions minières se développent à une échelle sans précédent en Europe et aux Etats-Unis. Cette "révolution industrielle" génère aussi de profondes mutations dont toute l'histoire du XIXème siècle est imprégnée tant au niveau économique que social et politique.

Avec l'invention de la lampe à pétrole, les hydrocarbures se substituent aux huiles animales et végétales pour l'éclairage. Au milieu du siècle, la ville de Bucarest était entièrement éclairée au pétrole extrait de la bordure des Carpathes. Les procédés de distillation des pétroles, précurseurs du raffinage, apparaissent pendant cette ère industrielle associée au règne du charbon.

Le pétrole : l'histoire a retenu un nom et une date pour sa découverte

A la même période, l'histoire de l'extraction et de la recherche du pétrole ne peut éviter la mention du Colonel Drake qui fore le premier "puits de pétrole" à Titusville, en 1859, en Pennsylvanie.

Grâce à un outil de forage fonctionnant à l'aide d'une machine à vapeur (et au charbon...), Drake choisit de forer des zones possédant des indices pétroliers visibles ("seepages" en anglais) dans des ruisseaux, ou "creeks", correspondant à des points bas topographiques accessibles. Sa démarche prendra le nom de "Creekology".

Il réalise ses ouvrages de forage en méconnaissant complètement la théorie anticlinale et le concept de piège pétrolier, c'est-à-dire l'existence de zones, dans lesquelles le pétrole a pu s'accumuler grâce à la présence simultanée de deux éléments :

- un réservoir (couche poreuse et perméable, sorte d'éponge qui renferme les hydrocarbures),
- une couverture (couche de terrain sus-jacente, imperméable, capable de piéger les hydrocarbures en les préservant d'une fuite ultérieure vers la surface du sol ou le fond de la mer).

Les indices de surface correspondent à des fuites dans une couverture qui n'est pas complètement étanche.

Les hydrocarbures étant en général plus légers que l'eau, se déplacent verticalement par contraste de densité, migrent vers les points hauts et s'accumulent dans les pièges pétroliers, par le jeu de la poussée d'Archimède : l'application de ce principe né dans l'antiquité tout comme l'utilisation du pétrole finit par rejoindre la recherche et l'exploitation industrielle de celui-ci.

Ce principe n'était d'ailleurs pas du tout maîtrisé par Drake et ses contemporains qui ne contrebalançaient pas les excès de pression des formations traversées à l'aide d'un fluide alourdi (la boue de forage) mais se basaient au contraire sur l'éruptivité des hydrocarbures pour rendre visibles leurs succès. Ils rejoignent d'une certaine manière le désormais moderne concept d' "underbalanced drilling" permettant de forer et de tester en même temps, en laissant "venir" les hydrocarbures : c'est le concept de la respiration du puits.

La théorie anticlinale

Celle-ci avait pourtant été avancée dès 1836 par l'américain S.P. Hildreth. Elle a été clairement formulée en 1860 par H.D. Rogers, au moment où Drake avait déjà foré ses premiers puits. Ce premier associe les sources de pétroles et de bitumes à la présence de flexures anticlinales.

C'est en migrant sous l'effet de la poussée d'Archimède que le pétrole et le gaz s'accumulent dans des réservoirs au-dessus de l'eau de gisement ; leurs mouvements (migration) sont freinés et bloqués par des couches imperméables (les couvertures).

L'invention du forage est bien le facteur déclenchant de la recherche systématique des hydrocarbures. Il est intéressant de constater d'ailleurs que de nos jours subsistent des installations moins sophistiquées que ne l'étaient celles de Drake, au temps des pionniers du pétrole.

L'histoire a retenu un nom et une date pour la découverte du pétrole : le colonel Drake, Titusville en Pennsylvanie, 1859. Ce forage effectué par le colonel Drake, avec les fonds de la Seneca Oil Co., à Titusville, une bourgade minuscule de Pennsylvanie, atteignit le pétrole à une profondeur de 23 m environ et produisit 8 à 10 barils (1 baril = 159 litres) par jour.

Le hasard

Le "chapeau texan" que l'on jette "au bonheur la chance" pour désigner l'implantation du puits pétrolier… joue à cette époque, malgré tout, un rôle prépondérant dans les découvertes pétrolières et les forages de reconnaissance, dits stratigraphiques, participent à cet effort, en relais de l'exploration des anticlinaux et des indices pétroliers de surface.

Pechelbronn (en Alsace)

A tort l'historiographie fait commencer l'histoire du pétrole en 1859, alors que l'exploitation des mines de sable pétroliers alsaciens remontent au Moyen Age et leurs concessions furent confirmées en 1745 par le roi Louis XV.

L'invention du moteur à explosion

A la fin du XIXème siècle, en même temps qu'est inventé le moteur à explosion, de nouvelles utilisations du pétrole, comme carburant bien évidemment, et aussi comme moyen de chauffage puis en pétrochimie, viennent s'ajouter à son usage de moyen d'éclairage, qui était devenu traditionnel depuis le XIXème siècle. C'est en effet en 1862 que Alphonse Beau de Rochas présente le principe du moteur thermique ou moteur à combustion interne dont un premier prototype est présenté la même année par Etienne Lenoir.
En 1885, l'allemand Karl Benz commercialise la première voiture automobile mise au point par Daimler.
C'est le début de la "révolution mobile" qui entraîne une consommation sans cesse accrue de pétrole.
Dès lors, les recherches d'hydrocarbures s'accélèrent en même temps que les techniques évoluent vers les méthodes et les outils de l'exploration et de la production moderne.

Rudolf Diesel (1858-1913)

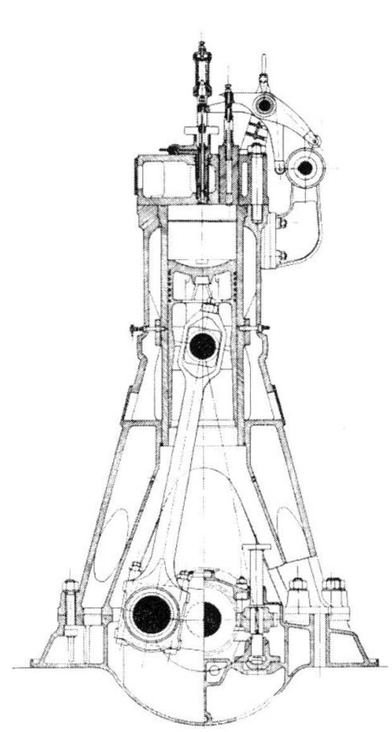

Le moteur Diesel est un moteur à combustion interne

Ces outils et méthodes ont accompagné le "boom" de l'ère du Pétrole au cours du XXème siècle, alors que le charbon a vu son utilisation diminuer relativement après la seconde Guerre mondiale. Le gaz devient avec le gazole un moyen de chauffage qui se substitue rapidement au charbon dans les années 1950-1960, en Europe.

Les progrès des géosciences et leurs applications pétrolières

En 1885, Israel Charles White associe à la présence de pétrole l'existence de matière organique, la présence de réservoirs ou couches magasins et de pièges anticlinaux.

En 1898, Royal Dutch Shell crée le premier service géologique centralisé d'une compagnie pétrolière.

Un peu plus tard en 1900, Patillo Higgins, au Texas, implante le puits de Spindletop sur une légère éminence de surface présentant un indice de gaz (bullage) ; il lance ainsi la chasse aux structures salifères. En effet ce puits est situé sur le "caprock", c'est-à-dire le sommet, souvent réservoir (brèches carbonatées) d'un dôme de sel. A cette époque commence à se répandre l'utilisation de la boue comme fluide pour refroidir l'outil de forage et faire remonter les déblais en surface. Le puits débite le 10 janvier 1901 au rythme de 100 000 barils d'huile par jour à partir d'un niveau réservoir rencontré à 310 mètres. Le nombre de puits se multipliant sur ce type de concept, les géologues de l'USGS (United States Geological Survey) commencent à réaliser des cartes géologiques à partir des données de subsurface.

En 1930, le géologue Dad Joiner invente le concept dit de biseau stratigraphique en recherchant des sables crétacés et fait forer la découverte d'East Texas qui s'avérera atteindre plus de 5 milliards de barils d'huile récupérable.

Par cette découverte, l'exploration-production américaine quitte temporairement sa "niche" traditionnelle des anticlinaux salifères. Elle y est revenue désormais, en domaine marin côtier et en grands fonds, dans le Golfe du Mexique.

En parallèle à la compréhension des processus géologiques du piégeage des hydrocarbures, vont se développer la géophysique et les diagraphies (ou "logs" en anglais), enregistrements de mesures physiques caractéristiques des roches traversées par les forages et des fluides associés). Ces techniques permettent d'évaluer le sous-sol, avant de faire des forages ou à partir de ceux-ci.

En 1912, le Français Conrad Schlumberger met en œuvre la technique de la polarisation, qui consiste à faire des mesures physiques, en faisant passer un potentiel électrique entre deux bornes à la surface du sol et à interpréter entre deux autres bornes les valeurs de la résistivité électrique.

Cette résistivité est directement liée à la conductivité des terrains sous-jacents, celle-ci dépendant de leurs lithologies et des fluides qu'elles contiennent.

A la même époque, la gravimétrie fondée sur des mesures effectuées à la balance de torsion est appliquée pour la recherche de dômes de sel, en Transylvanie.

En 1913, le canadien Reginald Fessenden invente la sismique réflexion, basée sur l'existence d'un couple émetteur-récepteur de signaux acoustiques (explosions, vibrations) se propageant dans le sous-sol terrestre. A partir de 1923, la géophysique commence à être mise en œuvre industriellement pour les compagnies pétrolières.

Pompage à Pechelbronn au début du XXème siècle.

En une vingtaine d'années, Conrad Schlumberger, aidé par son frère Marcel, conduit une invention au stade de l'application industrielle hautement rentable.

Conrad Schlumberger

Marcel Schlumberger

Avant le procédé diagraphique Schlumberger, la seule méthode de repérage consistait à prélever des carottes en cours de forage. La méthode était coûteuse et aléatoire

Les deux frères Schlumberger fondent en 1926 la Société de Prospection Electrique (SPE), l'ancêtre de l'actuel Groupe Schlumberger, plus grande compagnie mondiale de services pétroliers.

Une année plus tard, Conrad Schlumberger invente le premier outil de "logging" de puits et le teste à Pechelbronn, en Alsace.

Balbutiante au début des années vingt, la sismique se répand au niveau industriel, à partir de 1929, principalement la technique dite de réfraction qui permet de cartographier des dômes de sel et les pièges pétroliers associés, en Allemagne, aux Etats-Unis (Gulf Coast) ainsi qu'en Union Soviétique où les frères Schlumberger appliquent leurs techniques de "logging".

Ils fondent en 1931 la Compagnie Générale de Géophysique (CGG).

Aux Etats-Unis, la Geophysical Service inc (GSI) débute ses activités en 1930.

La méthode tellurique, développée en 1938, permet d'enregistrer les variations de potentiel électrique entre les extrémités de deux cables parallèles.

Le hasard (le "chapeau texan" que l'on jette "au bonheur la chance" pour désigner l'implantation du puits pétrolier…) joue à cette époque, malgré tout, un rôle prépondérant dans les découvertes pétrolières et les forages de reconnaissance systématique, dits stratigraphiques, participent à cet effort, en relais de l'exploration des anticlinaux et des indices pétroliers de surface.

Dans le domaine du forage, la méthode dite "rotary" qui consiste à faire tourner un trépan disposé à l'extrémité de tiges mises bout à bout est inventée et développée par Howard Hughes Sr en 1909. Elle prend le relais et améliore les performances de la technique de forage au câble ou de battage, qui devient obsolète pour les forages pétroliers classiques dans les années trente.

La géologie de subsurface se met en place avec les techniques de corrélations diagraphiques ("logging") des formations géologiques auxquelles viennent se joindre les études lithologiques et micropaléontologiques (datations).

A partir des années quarante, l'approche paléogéographique permet, avec l'aide des microfaunes et des descriptions de lithofaciès, de reconstituer les paysages géologiques et de cartographier ce qu'on appelle des "trends" de lithofaciès et donc des directions d'extension des réservoirs.

Le rôle des discordances ("unconformities") et des changements de faciès comme éléments de piégeage potentiel avait été déjà souligné aux Etats Unis au milieu des années 1930 (Levorsen).

Entre 1940 et 1953, l'américain King Hubbert développe la théorie des potentiels hydrauliques et du mouvement des nappes

Trépan à molettes (tricône)

Le trépan est un outil qui travaille dans de dures conditions. Sous un poids de plusieurs tonnes, il tourne à des vitesses variant de quelques dizaines à 300 tours/minutes. Il est soumis à de fortes températures (plus de 100°C) et à de fortes pressions.

Trépan, tiges de forage et instruments de repêchage.

souterraines (hydrodynamisme), fondement de l'hydrogéologie moderne appliquée au pétrole.

Dans les années 1950, la sismique réflexion (voir la partie de ce chapitre portant sur les applications des Géosciences à la recherche des hydrocarbures (pétroles et gaz)) s'améliore grâce aux progrès de l'électronique, rendant possibles des enregistrements numériques et de l'informatique permettant de traiter de plus en plus de données de terrain.

Les sources d'ondes sismiques se diversifient dans les années 1960 avec l'invention par Conoco du procédé Vibroseis et avec l'arrivée de camions vibrateurs (munis d'une plaque appliquée sur le sol et lui transmettant ses vibrations à la demande). Cette nouvelle méthode permet de s'affranchir des explosifs enterrés, traditionnellement utilisés jusqu'alors.

En sismique marine, dans les années 1970-1980, l'amélioration des sources, en particulier l'avènement des canons à air, amène aussi des progrès dans la résolution et l'imagerie sismique.

Durant la période 1950-1970, les études de laboratoire sont expérimentées, mises au point et passent au stade industriel :

- en particulier le Rock Eval et l'étude du carbone organique total (COT) pour la géochimie organique (Fina et IFP), dans les années 1970, conduit à quantifier le potentiel des roches mères ;
- les méthodes d'études des extraits pétroliers en géochimie organique permettent de relier l'hydrocarbure à sa roche mère, on parle de "filiation entre roche mère et huile" ;
- la thermodynamique (PVT) ;
- la radiométrie et toutes les méthodes de géochimie minérale (la diffraction X qui permet à partir de l'étude des rayons X d'accéder aux minéralogies des argiles en particulier, les études d'inclusions fluides pour dater par exemple les circulations

King Hubbert

Il prédit que la production de pétrole d'une région pétrolière, du début de son exploitation à son épuisement, ressemblerait à une courbe en forme de cloche (proche de la courbe de Gauss) atteignant son maximum lorsque la moitié de la réserve a été extraite, puis retombant.

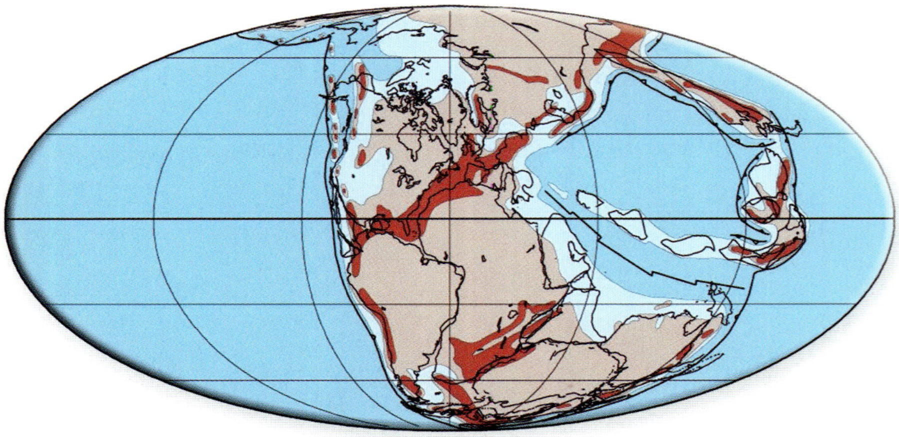

La théorie de la dérive des continents.

de fluides dans un bassin sédimentaire, les analyses de traces de fission (pour dater des phases de remontée structurale), les études d'isotopie (comparaison des rapports entre différents isotopes qui permettent par exemple de faire des études de chronologie des ciments des réservoirs...) ;

• les études de carottes (échantillons pétrographiques, scanners du type médical) ;

• la modélisation expérimentale, puis analogique de la maturation des roches mères (la cuisson !), initiant les méthodes de modélisation de bassin...

Développement industriel de la sismique, dérive des continents et impact de la théorie de la tectonique des plaques

Le passé plus récent et le présent : la sismique réflexion prend désormais une part prépondérante dans les géosciences pétrolières, avec un pouvoir de définition de plus en plus précis. Cette amélioration de la résolution fait que cette technique géophysique a maintenant largement dépassé son utilisation initiale d'outil de définition structurale des pièges pétroliers.

La sismique, grâce à l'exploitation des amplitudes et des fréquences des ondes sismiques, donne accès à l'interprétation de la présence d'hydrocarbures dans le sous-sol, au travers de modifications de la réponse sismique par rapport aux réservoirs imprégnés d'eau. Elle permet aussi d'interpréter le contenu lithologique des niveaux réservoirs et couvertures en se servant des réponses en amplitudes sismiques calées par des forages, et de décrire les géométries internes des corps sédimentaires, (voir plus bas dans la partie dédiée aux métiers de la géophysique l'explication de ces applications).

Il n'est pas possible de passer sous silence l'impact de la théorie de la tectonique des plaques, développée dans les années 1960.

Cette théorie, dont le précurseur, l'allemand Alfred Wegener, avait été assez peu écouté en 1915 avec sa "dérive des continents" un peu intuitive, s'est ensuite perfectionnée pour convaincre tous les géoscientistes d'aujourd'hui, sous la houlette des Américains Harry Hammond Hess et Robert Dietz, de l'Anglais Dan Mackenzie et du Français Xavier Le Pichon, parmi d'autres.

Il apparaît aujourd'hui que cette théorie de la tectonique des plaques et de la dérive des continents est bien un élément intégrateur de tous les progrès des géosciences, au service du pétrole, entre autres. Ce concept éclaire les bassins pétroliers mondiaux d'une nouvelle vision géodynamique et d'une perception différente de leur paléogéographie.

Les progrès de la géologie pétrolière sont également associés à ceux de la sédimentologie, en particulier les concepts et les nomenclatures de dépôts turbiditiques, la stratigraphie séquentielle, la charte des événements eustatiques mondiaux (fluctuations du niveau marin), sous l'impulsion de Peter Vail aux Etats-Unis.

La notion de Système Pétrolier

Dans les années 1980, le Français Alain Perrodon et l'Américain Gerard Demaison introduisent le concept de "Generative Basin", ainsi que celui de "Système Pétrolier ou Petroleum System", en utilisant les progrès de la géochimie organique et de la connaissance de la cinétique des réactions conduisant à la cuisson et à la formation des hydrocarbures, développés par l'IFP (Institut Français du Pétrole) et l'Ecole de géochimie organique française, sous l'impulsion de Bernard Tissot et de Jean Espitalié parmi d'autres.

Depuis les années 1970, le développement de modèles mathématiques et physiques ouvre la voie à la simulation dynamique du comportement des pièges pétroliers :

• pour mieux produire les gisements découverts ;

• pour prédire en exploration l'efficacité du remplissage en hydrocarbures des objets forables ;

• et pour simuler le comportement pétrolier des bassins ;

Alfred Wegener

Né à Berlin en 1880, il fait ses études aux universités d'Heidelberg, d'Innsbruck et de Berlin et obtient un doctorat en astronomie.
En 1906 il participe à une expédition danoise en recherche météorologique dans le nord-est du Grœnland. Une deuxième expédition au Grœnland a lieu en 1912. Il part avec J.P. Koch, un Danois, pour entreprendre et réussir la plus longue traversée de la calotte glaciaire.
C'est en 1915 qu'il publie sa théorie de la dérive des continents qui rencontre beaucoup d'opposition. En 1924, on lui offre la chaire de météorologie et de géophysique de l'université de Graz, en Autriche. Il meurt au cours d'une troisième expédition au Grœnland en 1930.

Enfin il faut souligner les progrès du forage pétrolier dans les trente dernières années :

• en matière de forages directionnels, de trajectoires horizontales, de "slims holes" (forage à diamètre réduit), de puits multidrains ;

• de fracturation induite, pour les tests de production ("frac" en anglais, utilisée pour générer des connectivités dans certaines couches compactes et peu productives) ;

• et aussi d' "underbalanced drilling"... sans clore non plus complètement la liste.

Les applications des géosciences à la recherche des hydrocarbures

Il faut retenir principalement que les hydrocarbures sont constitués d'assemblages plus ou moins complexes d'atomes de carbone et d'hydrogène issus d'un stock fini de résidus d'êtres vivants d'origine animale et végétale.

Génèse et conservation du pétrole

De façon un peu simpliste, nous avons expliqué en préambule que les hydrocarbures provenaient de la lente "cuisson" d'un sédiment riche en matière organique ou kérogène (protopétrole). Cette cuisson s'effectue durant des millions d'années. Parfois la conservation du pétrole ou du gaz obtenu peut quant à elle parvenir à s'étaler sur plusieurs centaines de millions d'années.

La première condition nécessaire pour obtenir du pétrole (mais non suffisante pour les cinq raisons exposées plus bas) est bien d'avoir affaire à un bassin sédimentaire, réceptacle des matières organiques issues du vivant, à l'origine des roches mères et donc "source" des hydrocarbures.

Cinq conditions supplémentaires vont être exigées pour faire d'un bassin sédimentaire une zone ou province pétrolière, pour utiliser le langage pétrolier habituel :

• la présence de kérogène, dans un intervalle roche mère bien défini ;

• sa cuisson minimale au cours des temps géologiques (qu'on appelle maturation) ;

• la migration des hydrocarbures fournis par le kérogène, sous l'action de la poussée d'Archimède, et en fonction des perméabilités des roches traversées ;

• la possibilité de leur piégeage, elle-même liée à la présence d'un réservoir et d'une couverture et aussi à la condition expresse que le piège existe (soit formé) au moment de la phase de remplissage (appelée aussi phase de chargement des hydrocarbures) ;

• la conservation ultérieure des hydrocarbures dans le gisement ainsi créé.

Définition des kérogènes

Les kérogènes correspondent à des sous-produits de la transformation de la biomasse continentale ou marine. Seulement de l'ordre de 1% de cette biomasse est préservée de l'altération dans les sédiments lors de leur dépôt. La conservation de la matière organique est plus importante dans les milieux anoxiques (pauvres en oxygène et à faible concentration bactérienne, les bactéries ayant pour effet de détruire la matière organique). Parfois la dégradation bactérienne peut avoir malgré tout un effet positif et permettre de générer des gaz biogéniques (essentiellement du méthane) sans passer par la chaîne complexe et longue de maturation aboutissant aux hydrocarbures.

La matière organique est constituée d'organismes cellulaires végétaux ou animaux, indissociables de l'évolution de la vie sur la planète Terre. A l'échelle des temps géologiques, on observe une grande différenciation de la composition de ces matières organiques, jalonnée par l'évolution des êtres vivants, les acmés (le maximum de développement) des espèces, par exemple l'apparition des algues au Protérozoïque, celle des plantes terrestres au Silurien (440 MA)

La matière organique se trouve originellement interstratifiée, disséminée ou concentrée dans la sédimentation sous forme de kérogène, constitué d'éléments unitaires appelés les macéraux :
liptinite (alguaire), exinite (plantes herbacées), vitrinite (fragments ligneux), inertinite (résidu organique opaque), qui définissent des assemblages complexes associés à des potentiels pétroliers propres.
Le terme de lignée est souvent appliqué pour simplifier cette approche : type I lacustre, type II marin, type III continental.
Le kérogène est ultérieurement enfoui et compacté par le poids des sédiments sus-jacents. La transformation (cuisson du kérogène) produit le pétrole, soluble par extraction à partir de solvants organiques et des résidus insolubles qui sont en même temps conservés dans les strates.

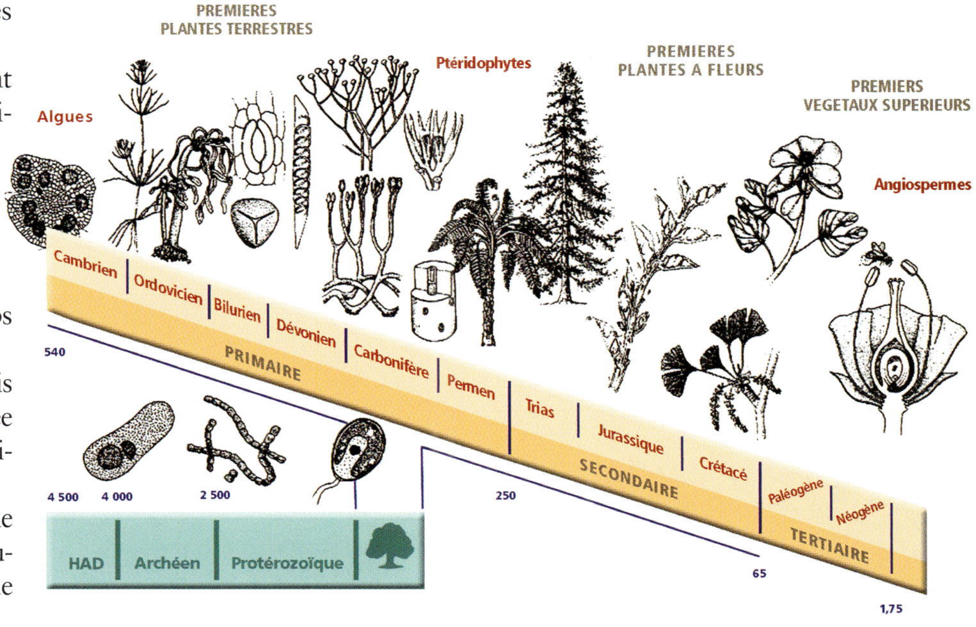

Matières organiques et âges géologiques

Exemple d'alternances de silts et grès (réservoirs ou drains utiles pour la migration) et de niveaux plus riches en matière organique (SR), Bolivie, (Document Total). Les couches les plus sombres correspondent à des niveaux renfermant des kérogènes (SR).

Le kérogène est la substance intermédiaire entre la matière organique et les combustibles fossiles. Charbon, gaz et pétrole, se sont formés à partir d'organismes vivants (algues, plancton, végétaux continentaux...).

ou enfin celle des Angiospermes (Végétaux supérieurs) à la fin du Crétacé (65 MA). Contrairement aux charbons résultant du métamorphisme organique de matériels essentiellement ligneux (bois), les hydrocarbures sont issus des différentes variétés de matières organiques et se différencient pour cela en plusieurs familles ou lignées.

Plus de 95% de la matière organique ainsi préservée est déposée en milieu subaquatique (en condition marine, lacustre, deltaïque, de lagon, ou fluviatile) et provient essentiellement de végétaux (planctons, algues, tissus végétaux, bois, résines) sous forme de fragments de parois cellulaires.

Elle est liée à l'action de la photosynthèse et participe au cycle du carbone ; les hydrocarbures sont donc un concentré d'énergie solaire. Cette concentration implique le dioxyde de carbone, l'oxygène et les chaînes hydrocarbonées.

La matière organique se trouve ainsi originellement dans la sédimentation sous forme de kérogène, de façon interstratifiée, disséminée ou concentrée. Le kérogène est ultérieurement enfoui et compacté par le poids des sédiments sus-jacents.

La maturation des kérogènes

Au cours du temps, le kérogène, à condition qu'il ait été déposé dans le bassin et aussi qu'il ait été suffisamment cuit, se transforme graduellement en hydrocarbures.

Ceux-ci sont expulsés de la roche mère (c'est la phase appelée migration primaire) et se déplacent sous l'action de la poussée d'Archimède (phase appelée migration secondaire) vers la surface terrestre où ils peuvent former une lente pollution, décelable ou non, à terre ou dans les océans, et parfois même subir une dégradation complète et définitive sous l'action de bactéries ; on décrit ici la boucle complète comprenant la vie et la mort du système pétrolier.

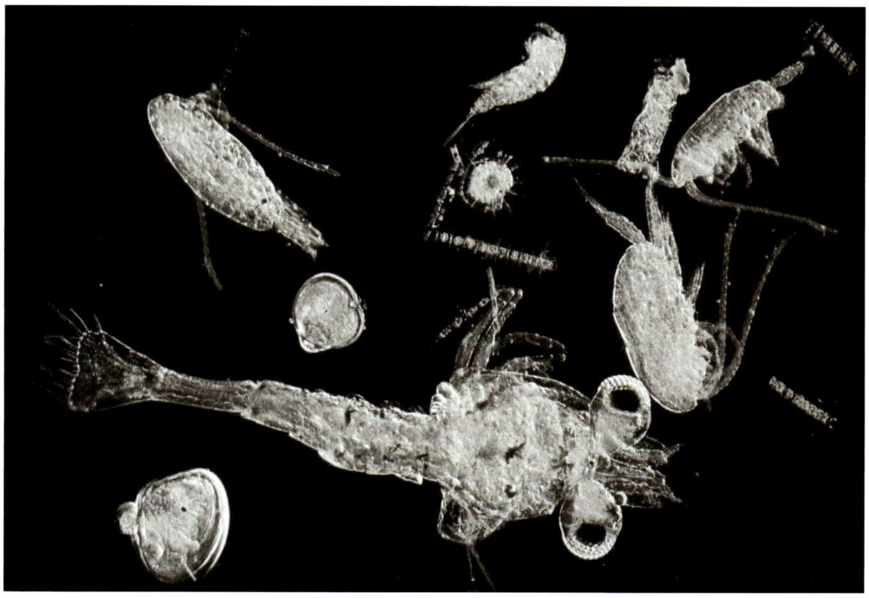

Ils peuvent aussi, et c'est là la clé pour le géologue pétrolier, se piéger durablement, pendant des millions d'années, voire des centaines de millions d'années, dès lors qu'ils rencontrent une couche imperméable capable de les retenir dans un drain ou réservoir, au sein d'un piège.

L'évolution des kérogènes au cours de leur enfouissement (la maturation) fait intervenir des phénomènes physico-chimiques complexes liés à la compaction des sédiments, au régime thermique régional, à la cinétique des réactions chimiques intervenant dans les roches mères, et à l'expulsion de leurs hydrocarbures : c'est le concept de chaîne pétrolière ou géopétrolière qui décrit tous les processus apparus depuis ce que l'on appelle la cuisine à hydrocarbures jusqu'au piège pétrolier.

Avec l'accroissement de l'enfouissement et donc de la température atteinte par le kérogène, les produits expulsés deviennent plus légers et leur contenu en gaz augmente. Leur teneur relative en carbone diminue alors que leur pourcentage d'hydrogène augmente corrélativement. C'est ce que les pétroliers appellent familièrement le passage de la cuisine à huile à la cuisine à gaz.

Les conditions de pression qui règnent dans le réseau poreux des réservoirs, ainsi que les pressions de pores des couvertures et des roches mères règlent les équilibres de phase des produits hydrocarbonés au cours de leur évolution et de leur migration (c'est la vision thermodynamique du processus).

Ces équilibres contribuent à la présence relative de liquides, de gaz ou bien de fluides à l'état dit critique, en cas de très fortes pressions.

Cette chaîne pétrolière peut aller jusqu'à la destruction complète des hydrocarbures :

• soit parce qu'ils sont altérés par des bactéries à faible température (moins de 80°C), processus appelé biodégradation. Les bactéries se sont particulièrement adaptées à chaque situation de l'histoire des kérogènes et des hydrocarbures, situation oxygénée ou non, basse ou plus haute température ; parfois le gaz est un sous-produit de cette biodégradation ;

• soit quand ils sont trop fortement chauffés. C'est le processus appelé "cracking" secondaire, celui-ci s'effectue d'abord sur la fraction d'huile pour la transformer en gaz. Le kérogène ou le pétrole peuvent être complètement transformés et il ne reste alors qu'un produit résiduel solide appelé le coke.

• soit lorsqu'ils s'échappent à l'occasion d'une phase de déformation structurale qui modifie la géométrie du piège et parfois sa capacité de rétention.

La rétention peut être remise en cause quand les couvertures se fracturent lors de la phase de structuration, ou en raison de la fuite des hydrocarbures du piège pétrolier après le passage en phase vapeur des liquides, lors d'une remontée structurale des réservoirs en liaison avec la baisse corrélative des pressions.

Le concept de Système Pétrolier

Un Système Pétrolier correspond à la "séquence dynamique des processus géologiques qui, à partir d'une roche mère (le système générateur) et de couples réservoirs-couvertures donnés (les thèmes pétroliers), et partageant un même "système de plomberie" (les chemins de migration), conduit à la formation d'une famille génétiquement liée d'accumulations d'hydrocarbures".

Cette définition englobe aussi le concept de rendement du Système Pétrolier.

Celui-ci dépend étroitement de la richesse du système générateur, de sa capacité à livrer des hydrocarbures à partir d'un seuil où l'accumulation des molécules de pétrole sature le réseau poreux et permet leur expulsion (il faut atteindre ce que l'on appelle une maturité minimale de la roche mère, pour laquelle le réseau poreux de la roche mère devient donc saturé en hydrocarbures ; c'est un seuil en général situé à une température d'environ 120°C pour les hydrocarbures liquides).

Le rendement dépend aussi de l'efficacité des migrations (déplacement des hydrocarbures dans les drains du sous-sol), liée elle-même à la proximité entre la roche mère et le thème pétrolier, les systèmes où roche mère et couples réservoirs-couvertures sont imbriqués étant les plus efficaces, à l'opposé des systèmes où ils sont très fortement séparés. Ce rendement est aussi bien évidemment très contraint par la rétention des couches couvertures.

En règle générale les rendements globaux des Systèmes Pétroliers sont faibles, de l'ordre de quelques pour-cent, car à toutes les étapes de la chaîne pétrolière il y a des pertes relatives, dans la roche mère tout d'abord, dans les drains ensuite et dans le piège pétrolier pour terminer.

On comprend donc bien ainsi que le pétrole soit une matière précieuse résultant d'une succession de processus à faibles rendements :

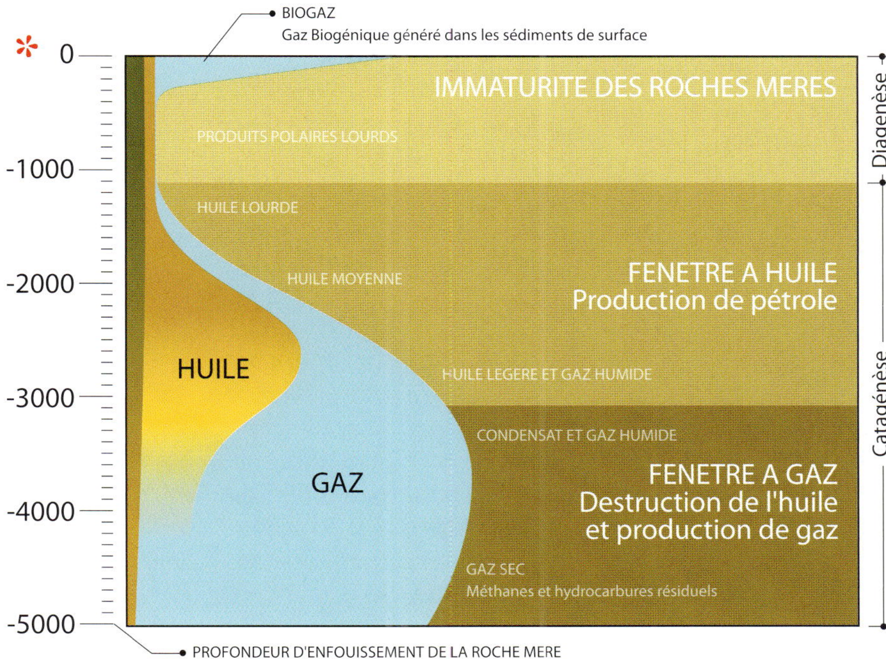

La génération des hydrocarbures à partir des roches mères : des cuisines géologiques

**Echelle de profondeur pouvant varier selon les régimes thermiques et paléo-thermiques.*

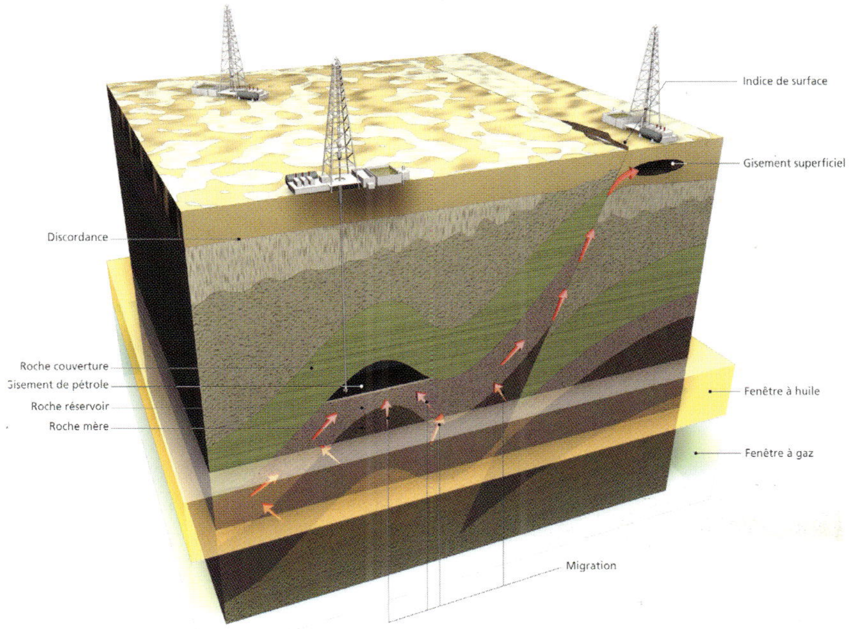

Système Pétrolier et gisements

L'imbrication des métiers des géosciences est telle dans les techniques et les méthodes de l'exploration et production modernes qu'il est bien difficile de les énumérer et de les décrire indépendamment les uns des autres

• On part d'une concentration d'énergie solaire en biomasses dont le rendement est de l'ordre de 1% ;

• Une petite fraction de ces biomasses à nouveau de l'ordre de 1% va être préservée sous forme de kérogène ;

• Seulement quelques pour-cent, soit quelques millionièmes de l'énergie solaire initiale, va être conservée sous forme de gisements d'hydrocarbures dont seulement une partie (en moyenne 35%) sera récupérée par l'exploitation humaine.

Les métiers des géosciences appliqués à l'exploration et à la production pétrolière

Les géosciences interviennent dans quasiment tous les domaines de la prospection (l'exploration) pétrolière, pour accéder à la connaissance des systèmes pétroliers dont l'aboutissement est la découverte d'un gisement. Elles participent à l'appréciation, la mise en production et l'exploitation de ces gisements. C'est ainsi que les géoscientistes travaillent en étroite collaboration, au sein de métiers variés, clé du succès aujourd'hui pour évaluer, explorer, développer, produire et abandonner en fin de vie un gisement.

Trois métiers clés

Ces métiers se classent en trois grandes disciplines formant les 3G : géologie pétrolière, géophysique, gisement ou ingénierie réservoir. Bien évidemment tous ces métiers collaborent de façon très proche avec les métiers de la production pour travailler à développer et valoriser les gisements découverts.

Le passé des géosciences appliquées au pétrole

Comme cela a été expliqué dans l'historique qui a précédé ce sous-chapitre, la prospection, initiée au XIXème siècle et pratiquée telle que jusqu'au milieu du XXème siècle, était principalement fondée sur une corrélation de bon sens entre des indices de surface et des anticlinaux affleurants.

Cette pratique s'est peu à peu nourrie d'avancées en géologie et en compréhension pétrolière. La révolution des géo-

Exemple d'étude structurale sur affleurement (Pays Basque)

Depuis toujours, les géologues conçoivent, dans leur esprit, les environnements géologiques en trois dimensions. Ces modèles de la Terre sont des images mentales du sous-sol formées à l'aide des données et interprétations disponibles et des raisonnements informés plutôt que par des prédictions quantitatives et mesurables de la géologie de la région.

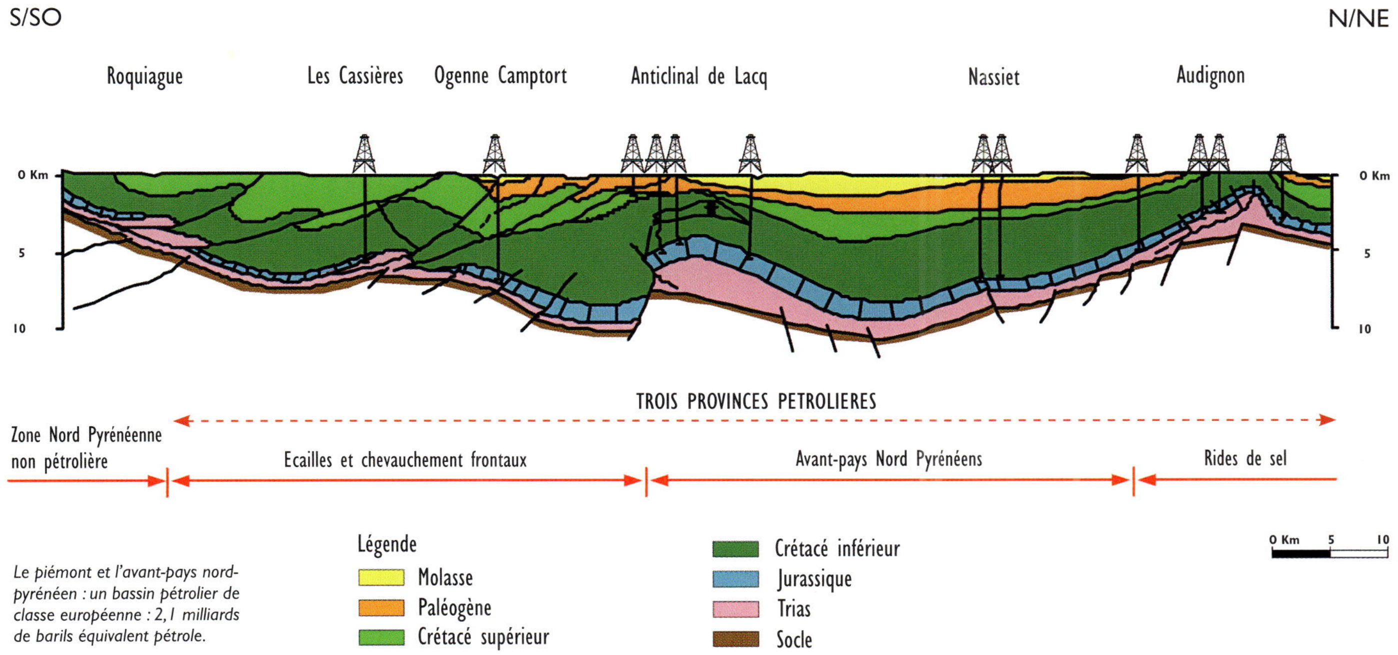

Le piémont et l'avant-pays nord-pyrénéen : un bassin pétrolier de classe européenne : 2,1 milliards de barils équivalent pétrole.

sciences pétrolières est surtout venue des progrès technologiques de la géophysique (de la sismique en particulier) et des diagraphies. Les concepts patiemment élaborés en géologie sédimentaire et structurale, en thermodynamique et en physicochimie ont suivi et progressé, avec l'aide de la recherche technologique et d'un certain empirisme.

Le présent : la recherche et la gestion des gisements

Les geoscientistes s'appuient aujourd'hui sur une panoplie variée de techniques scientifiques très pointues et imbriquées, en géologie, en géophysique, en physique et en chimie. Celles-ci ne cessent d'évoluer et sont mises en œuvre par des spécialistes et des généralistes dont la carrière professionnelle est bâtie sur la pratique variée et enrichissante de ces disciplines.

Le futur : maintenir le raisonnement pétrolier

Il ne faut surtout pas imaginer que la progression attendue des outils et techniques "high tech" en géologie, géophysique et réservoir, ainsi que l'inflation marquée et continue du nombre des données analytiques, puissent faire oublier ou diluer le raisonnement pétrolier. Celui-ci se doit de demeurer pragmatique et aussi fondamentalement naturaliste.

La façon d'évaluer les risques et incertitudes reste une préoccupation majeure à tous les niveaux de la chaîne géopétrolière : système générateur, migration des hydrocarbures et son calendrier au regard de la formation des pièges, qualité et type de réservoirs et quantification des paramètres pétrophysiques, géométrie du piège, type de couverture et qualité de sa rétention.

Les concepts et techniques de la géologie pétrolière, qui s'appliquent aujourd'hui à tous les stades de la chaîne géopétrolière, doivent demeurer également une préoccupation majeure pour les ingénieurs des géosciences, avec la finalité de définir et de décrire des pièges pétroliers dans un cadre régional bien maîtrisé et de bien évaluer les caractéristiques des réservoirs et l'architecture interne des gisements de pétrole.

• La démarche de description de la chaîne géopétrolière est par définition scientifique et vise à rechercher le modèle géologique le plus cohérent possible pour le bassin sédimentaire étudié en prenant en compte l'ensemble des données de celui-ci, à toutes les échelles possibles.

C'est un travail intégrateur, multidisciplinaire, qui mobilise des techniques complémentaires en géologie de synthèse, en biostratigraphie, en sédimentologie, en géologie structurale, en géochimie organique, en thermodynamique, en hydrogéologie, en modélisation numérique, en géochimie minérale, toutes associées en permanence aux applications fournies par la géophysique.

Définition du cadre régional d'un bassin sédimentaire, construction d'une coupe géologique présentant le style des pièges pétroliers du bassin étudié (Aquitaine).

Frédéric Reynaud
(ENSG, 1979) : Total, Géologue régional Asie

Depuis 1981, ma carrière m'a permis de travailler sur différentes techniques de la géologie pétrolière qu'elle soit destinée à explorer nos permis ou à évaluer de nouveaux domaines miniers : géologie de sonde (Amazonie), évaluation de prospects et implantation de puits, synthèse de bassin (Gabon, bassin bas Congo). Cet acquis m'a ensuite permis d'encadrer des équipes Géosciences (Qatar, Syrie, Gabon, Trinidad, Barbade) ou de pouvoir sélectionner comme je tente de le faire actuellement les meilleures opportunités domaniales en Asie, pour aboutir à la prise de nouveaux permis.
Je viens tout juste de partir comme responsable Exploration de Total en Australie.

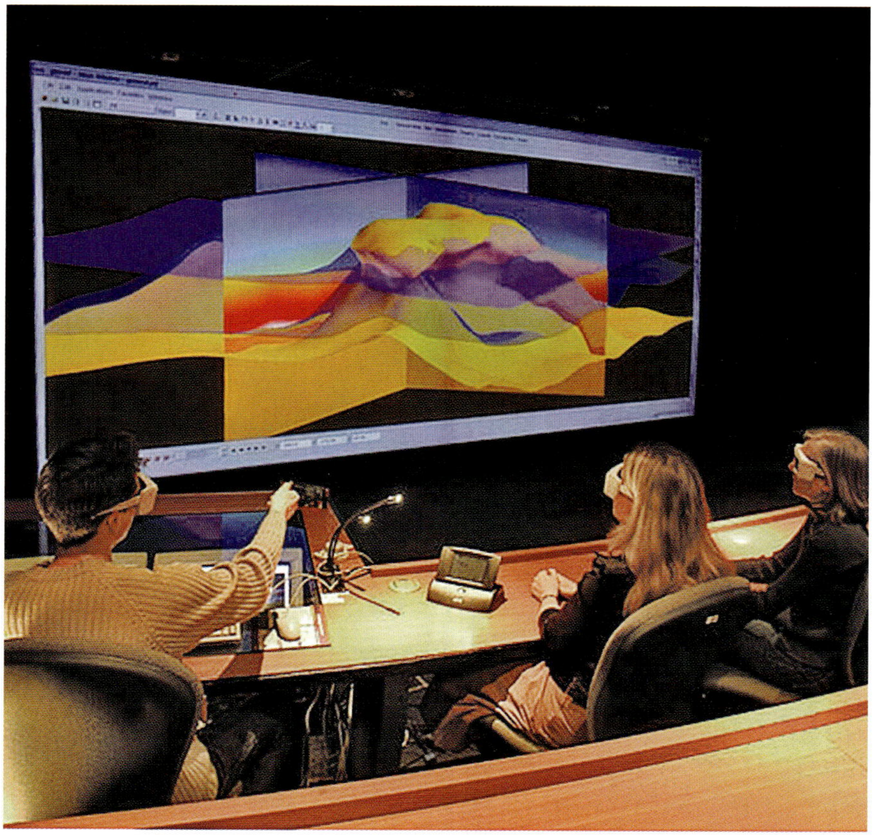

La géologie de synthèse

En exploration pétrolière pour aller du général au particulier, les géologues généralistes ou géologues de synthèse décrivent tout d'abord le cadre régional et les systèmes pétroliers. Les raisonnements mis en œuvre sont faits d'itérations conceptuelles à différentes échelles.

Ces raisonnements et cette démarche de synthèse font appel à des analogues de systèmes sédimentaires connus et sont contraints par la géodynamique interne et externe des bassins. L'évolution de ces derniers au cours des temps géologiques est traitée à l'aide de modèles cinématiques de l'évolution des plaques continentales.

Cette démarche d'interprétation, d'abord structurale, fondamentalement analytique, repose en domaine terrestre sur les données des affleurements géologiques et sur la télédétection (étude des affleurements à partir de photographies aériennes et, le plus souvent actuellement, de vues satellitaires), des campagnes sismiques ainsi que des sondages pétroliers ou des "core drills" de reconnaissance, s'ils existent. En "offshore" seule la sismique, les forages et localement des carottages de surface à but purement pétrolier (pour traquer des indices et déterminer les régimes thermiques) ou scientifique sont utilisables par les géoscientistes.

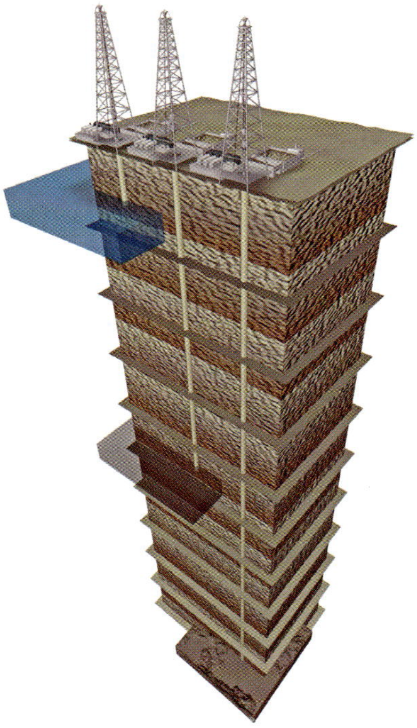

Les terrains traversés par les forages et ceux des affleurements doivent tout d'abord être datés par des biostratigraphes et leurs limites être correctement replacées dans le cadre des données sismiques.

• Les formations géologiques (les terrains) traversées par les forages et celles des affleurements doivent tout d'abord être datées par des biostratigraphes et leurs limites être correctement replacées dans le cadre des données sismiques et des autres méthodes géophysiques (gravimétrie et magnétisme) disponibles. Les biostratigraphes utilisent une batterie de techniques variées telles que la micropaléontologie (étude des foraminifères), la palynologie (étude des pollens) et même des corrélations isotopiques, avec parfois une très haute résolution compte tenu des problèmes posés et du besoin de corrélations stratographiques détaillées.

C'est à ce premier niveau d'ancrage régional que les géologues de synthèse travaillent de concert avec les géophysiciens, pour reconstituer l'histoire et l'architecture du bassin sédimentaire étudié (sa structure et l'âge de ses strates : le contenant du bassin), puis pour en définir la typologie structurale et le style des pièges potentiellement explorables.

Le cadre régional étant bien appréhendé, le géologue et le géophysicien se mettent en quête des gisements potentiels, que l'on appelle des "prospects". Pour cela ils tentent de comprendre et de décrire le contenu sédimentaire du bassin qui comprend des lithologies plus ou moins poreuses et des fluides, eaux et hydrocarbures, etc.

De la synthèse aux techniques plus spécialisées

Dans ce but, ils intègrent les résultats de techniques plus spécialisées, qu'ils se doivent d'assimiler et de synthétiser de la façon la plus cohérente possible, pour décrire toutes les composantes du système pétrolier : techniques d'acquisition des données de forage, sédimentologie, géologie structurale, géologie de réservoir...

Souvent motivés par une forte passion professionnelle, ils vont ainsi créer leur synthèse (recoller tous les morceaux du "puzzle" géologique et pétrolier) et dessiner au sens propre la compréhension du bassin et de son potentiel d'exploration. Ceci passe par un inventaire de ses thèmes pétroliers, par un classement de ses prospects à différents stades de définition, par une appréhension des risques attachés à leur exploration.

Au final, ils construisent des cartes synthétiques des thèmes d'exploration et des systèmes pétroliers qu'ils ont évalués.

L'acquisition et la collecte des données géologiques et géophysiques sont un préalable fondamental à l'élaboration de ces synthèses régionales.

La géologie de subsurface

• Très en amont de la chaîne d'interprétation, la géologie de subsurface ou d'opération consiste à réaliser la surveillance géologique des sondages et la supervision des acquisitions de données géologiques et pétrolières (diagraphies différées ou instantanées pendant le forage), description des déblais et des carottes, mesures de pression en collaboration avec les ingénieurs réservoir...

Ce travail, à la source des données, est réalisé en collaboration avec les ingénieurs de forage, avant, pendant et après la réalisation de l'ouvrage puits. De même qu'il est amené à faire des prévisions lithologiques, le géologue d'opération doit aussi prévoir les risques de surpression en utilisant des analogues, les données que lui fournit le géologue de bassin ou les données de compaction issues des vitesses sismiques. Ceci contribue à assurer la sécurité du forage en réduisant les risques d'éruption.

L'étude des sédiments

• Les couples réservoirs-couvertures (appelés aussi thèmes pétroliers ou "plays" en anglais) sont étudiés en sédimentologie. Pour cela les géoscientistes mobilisent les techniques de diagraphies ou "logs" des puits, la sismique et, bien entendu, les carottes de forages décrites et éventuellement passées au "scanner". Ces données, en particulier les mesures pétrophysiques, c'est-à-dire la porosité (ou espace intergranulaire), la perméabilité (connection ou non des pores), la saturation en hydrocarbures (rapport entre les teneurs respectives en hydrocarbure(s) et en eau de gisement) sont ensuite intégrées, qualifiées et quantifiées par les généralistes pétroliers.

L'étude de la tectonique

• Au-delà de l'analyse régionale, les techniques de la géologie structurale s'appliquent à la géométrie interne des objets pétroliers et à leur fracturation à plusieurs échelles, celle du prospect ou du gisement, celle du puits et celle de la carotte.

Elles s'appuient bien évidemment sur les données des puits (étude des pendages ou pendagemétrie, étude des fractures et microfractures avec des "logs" d'imagerie), les travaux de terrain et la télédétection.

Des modélisations analogiques permettent de reproduire expérimentalement les mécanismes structuraux, en utilisant des matériaux possédant tout comme les roches des comportements rhéologiques variables.

L'étude des roches mères

• Le système générateur des hydrocarbures est étudié grâce aux techniques de géochimie organique, qui consistent en plusieurs types d'analyse ; en premier lieu la richesse et la capacité générative des roches mères (c'est l'estimation de ce qu'elles peuvent potentiellement produire comme hydrocarbures).

En général, on accède à cette évaluation du système générateur à l'aide d'une pyrolyse industrielle en laboratoire (la technique du Rock Eval), effectuée sur un broyat de roche (on reproduit le "coup de chauffe" de plusieurs millions d'années en quelques minutes).

Les méthodes analytiques mises en œuvre au laboratoire ou parfois sur le site de forage (COT-Rock Eval) permettent d'approcher le type de matière organique ; lacustre, algaire, marin, continental, tous types ou lignées, dont la richesse et la cinétique contraintes par l'origine de la matière organique expliquent souvent la richesse ou non d'une province pétrolière.

Olivier Peyret
(ENSG, 1979)
Schlumberger, Technology Center Clamart

Depuis 1979, l'année de ma sortie de l'école, ma carrière m'a conduit autour du monde dans des postes aussi variés que multiples.
Après la coopération au Gabon et au Mali en prospection d'uranium chez Cogema, j'ai rejoint Schlumberger Logging et Sismique : dépaysement assuré en Indonésie, Brunei, Australie, USA et Moyen-Orient mais aussi environnement idéal pour mettre en pratique les qualités d'ingénieur naturaliste inculquées à l'ENSG.
Après des expériences variées en Opérations, Marketing, R&D et Management, me voici 20 ans plus tard vice-président d'une ligne de produits, basé à Paris.

Modélisation analogique de tectonique gravitaire sur du sel avec des phases de glissement extension et compression.

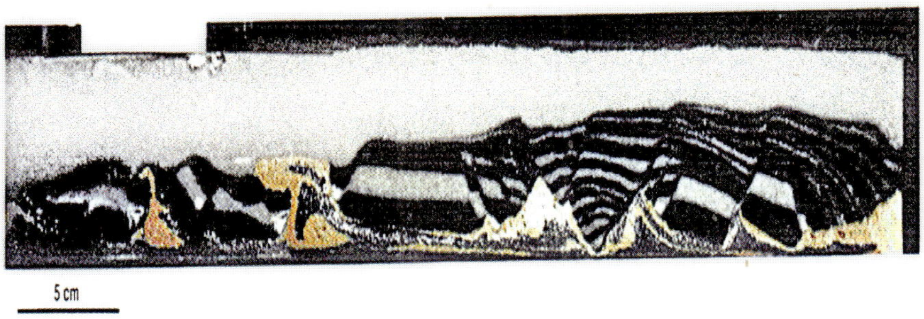

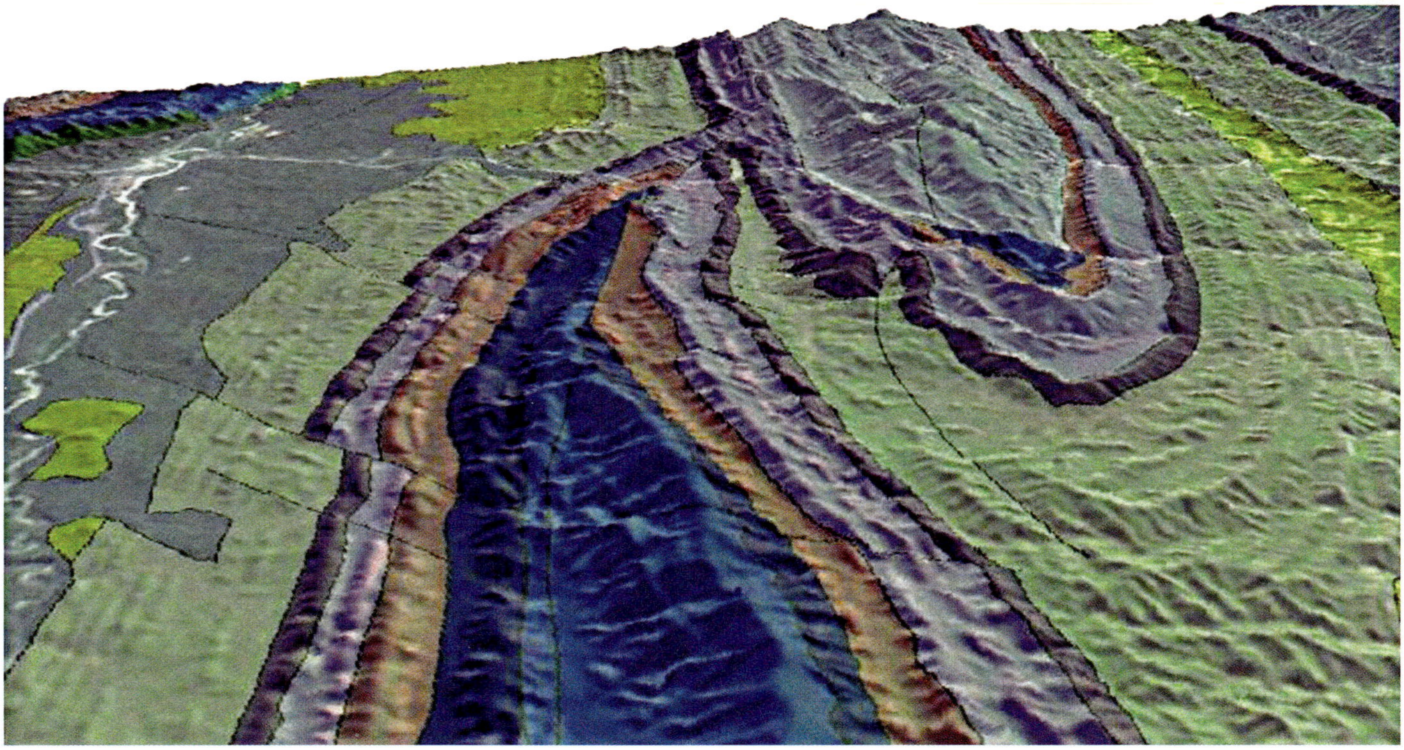

Modèle numérique de terrain issu d'une interprétation satellitaire, vue en relief de la topographie et de la carte géologique.

Selon le type de matière organique, les géochimistes peuvent prédire leur propension à produire plutôt des liquides ou des gaz. La matière organique algaire, dont le rapport hydrogène sur carbone est le plus élevé, délivre plus d'huile ("oil prone") par rapport aux fragments ligneux ou cellulosiques, dits "gas prone", c'est-à-dire qui génèrent plus de gaz.

Les géochimistes organiciens effectuent également, après échantillonnage de carottes ou de déblais de forage, des analyses de la maturité du système générateur par le résultat de méthodes optiques (comme en cuisine : le plus mature est le plus noirci ou le plus réflecteur) ou bien de techniques liées à la fluorescence (mesure du spectre d'émission de fluorescence par les particules organiques).

La maturité permet par ailleurs de classer les roches mères et les bassins en pétroliers ou stériles : un bassin stérile n'a pas de système générateur ou bien celui-ci n'a pas subi d'enfouissement suffisant pour permettre aux roches mères de "maturer" et donc de produire des hydrocarbures.

Enfin les hydrocarbures sont également analysés chimiquement et en chromatographie gazeuse pour en déterminer les caractéristiques chimiques qui conditionnent leur valorisation économique (pétroles légers ou lourds par exemple) et aussi pour les relier génétiquement à leur système générateur par comparaison des liquides avec les extraits obtenus dans les roches mères.

L'isotopie du carbone est aussi devenue à la fois un outil de filiation et de datation indirecte.

En exploration en domaine "frontier", comme on dit souvent en anglais, les géochimistes analysent et étudient soigneusement les indices de surface, directs à terre ou avec des techniques de carottage des fonds marins ou bien aussi avec des méthodes "radar optique", à la surface de la mer.

Anne-Claire Lorage
(ENSG, 2006) : Total Géologue Australie

J'ai intégré Total en tant que géologue généraliste au sein de l'équipe Australie dans la Division "Projets Nouveaux". Mon travail est focalisé notamment sur l'interprétation de logs et la réalisation de modèles géologiques régionaux de la côte nord-ouest de l'Australie. En tant que jeune embauchée je partage mon temps entre le travail au sein de l'équipe Australie et des formations nécessaires pour l'appréhension des nombreuses facettes du métier de géologue d'exploration.

Les études thermodynamiques

• Elles sont également menées pour évaluer les propriétés des fluides pétroliers quand ceux-ci sont échantillonnés lors de tests en surface ou au fond du puits. Elles permettent par des méthodes de "flash" thermodynamique de séparer les molécules de gaz et d'huile et de définir les équilibres de phases entre fractions liquides et gazeuses dans les réservoirs, de calculer les densité et viscosité ainsi que de quantifier les différents composants des hydrocarbures. Leur connaissance est en effet importante pour comprendre et piloter les productions au cours du temps, pour maintenir les pressions de gisement en injectant de l'eau ou du gaz, mais aussi simuler indirectement, ce qui se produit dès la roche mère en modélisations pétrolières. Ce sont les techniques dites d'analyse PVT (pression-volume-température).

L'hydrogéologie pétrolière

• Elle permet de décrire les mouvements des eaux et des hydrocarbures dans un Bassin sédimentaire donné, en intégrant les pressions de pores dans les réservoirs et les couvertures. Les valeurs de pression sont mesurées dans les forages lors de tests de production. Cette approche inclut aussi des raisonnements sur les écoulements des fluides, l'hydrodynamisme (mouvements ou flux des eaux dans le bassin, depuis les affleurements (centripète) ou depuis le cœur du bassin (centrifuge), dans le cas où existent des hautes pressions) et les caractéristiques de rétention des couvertures pétrolières abordées par des mesures de fracturation hydraulique induite ("leak off tests") et par des mesures de pression capillaire.

C'est en combinant la synthèse de toutes ces techniques, sans nécessairement les mettre toutes en œuvre de façon exhaustive mais en les sélectionnant avec pertinence, ainsi que celles de la géophysique décrites ci-après, qu'il est possible de définir des pièges pétroliers, c'est dire un milieu poreux fermé et scellé par une couche imperméable ou couverture :

• plis ou anticlinaux simples, devenus denrées rares de nos jours car pour la plupart déjà reconnus ;

• anticlinaux/panneaux faillés ou fermés (scellés) parfois par du sel ;

• biseaux stratigraphiques complexes.

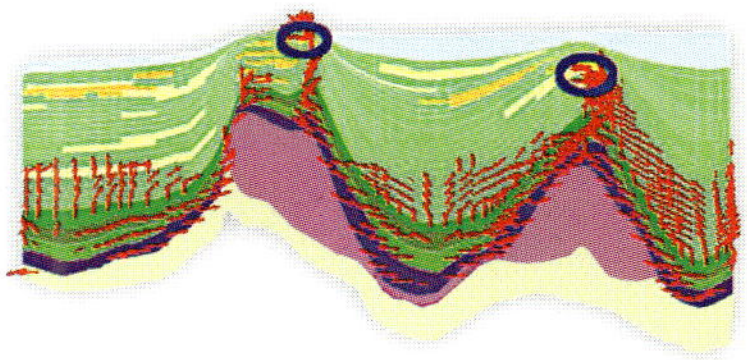

Modélisation pétrolière 2 dimensions, les flèches rouges indiquent le cheminement des hydrocarbures (c'est le processus de la migration des hydrocarbures qui est ainsi reproduit).
Le sel est en mauve, les sables en jaune clair et les argiles en vert.

Pièges structuraux

Anticlinal

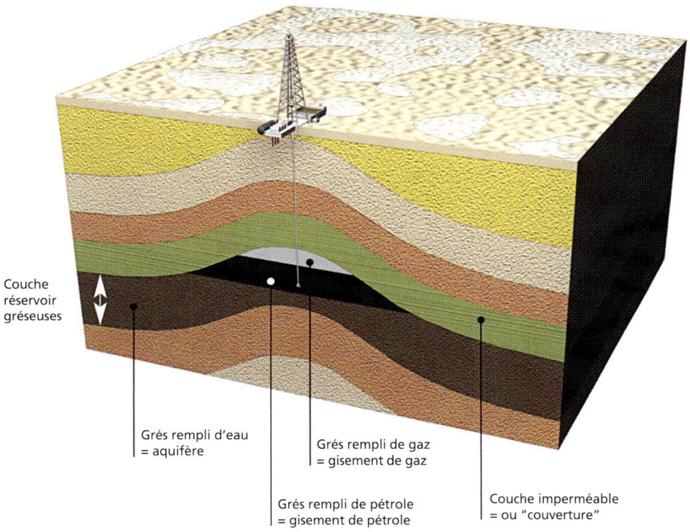

Réservoir fermé par faille

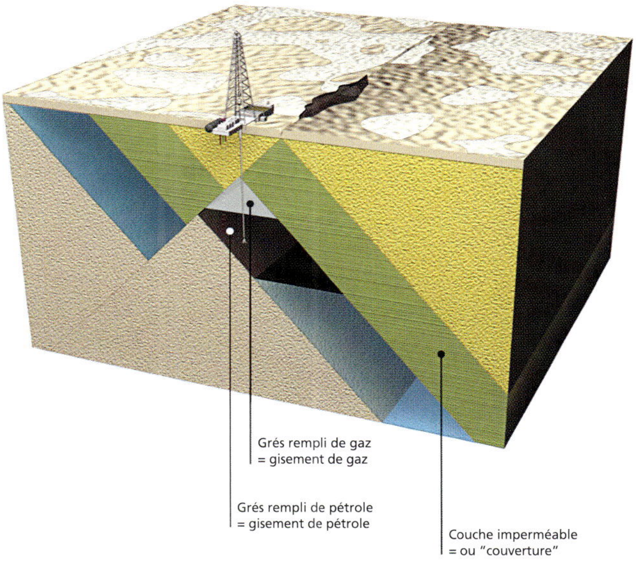

Pièges à composante stratigraphique

Chenal sableux

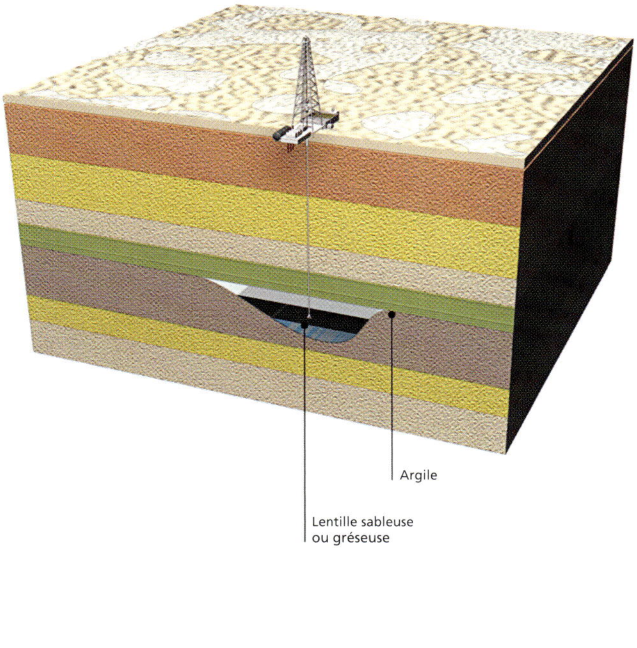

Réservoir récifal

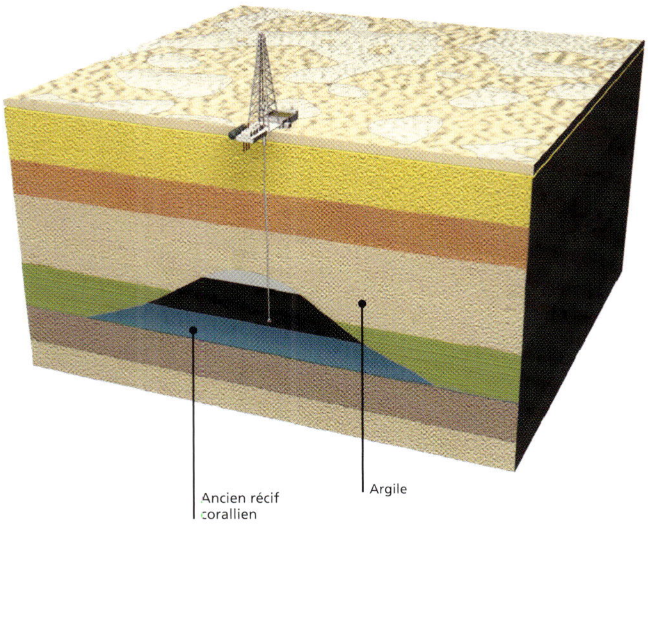

Marie-Pascale Perruchot
(ENSG, 1995) : Total
Membre de l'équipe projet chargée du développement du gisement de Dalia (Angola)

Après l'ENSG, j'ai intégré le groupe Total en 1997 pour débuter en tant que géologue de sonde effectuant plusieurs missions aux Pays-Bas et en Afrique. De retour à Pau, j'ai travaillé pour la filiale libyenne à la définition d'un programme de forage, l'acquisition de données et l'interprétation des résultats. J'ai rejoint la géologie de réservoir à l'issue d'une formation de 3 mois et je participe aujourd'hui à ma troisième étude sur place en Angola. Je suis en liaison constante avec les géophysiciens et les ingénieurs réservoirs. Cette intégration des compétences permet à chacun de mieux se comprendre.

L'évaluation des volumes de pétrole

C'est, sur le théâtre des opérations, le travail quotidien des explorateurs généralistes (en général une équipe appelée aussi un binôme géologue et géophysicien), basés dans les filiales des compagnies pétrolières, de s'appliquer à cette démarche descriptive et d'évaluer des volumes d'hydrocarbures théoriquement explorables ainsi que les risques inhérents aux pièges décrits : fonctionnement d'un système pétrolier, présence d'un réservoir productible, d'une géométrie permettant d'atteindre le prospect et d'une couverture apte à avoir retenu des hydrocarbures. Aux volumes en place, évalués par combinaison des surfaces et des colonnes théoriques d'hydrocarbures, sont associés des cœfficients de récupération et donc des définitions de réserves récupérables pour lesquels intervient alors l'ingénieur réservoir (réserves "prouvées", " prouvées plus probables" et "prouvées plus probables plus possibles").

Pour tenter d'évaluer le remplissage en hydrocarbures des pièges, plusieurs méthodes s'offrent ensuite aux "géoscientistes" :

- des raisonnements par analogie ; c'est le concept du "trend", inventé par les Anglo-saxons au XIXème siècle et dans la première partie du XXème, permettant d'enchaîner les succès en suivant une direction donnée ;
- des règles dites du pouce, empiriques ;
- des diagnostics (par analogie avec la médecine), qui se basent sur l'accumulation de faisceaux de convergences ;
- et aussi, le cas échéant, des modélisations du système pétrolier, qui permettent de simuler numériquement la génèse, la migration, la saturation des hydrocarbures dans les réservoirs en intégrant tous les concepts précédents et en se calant en général sur des modèles physiques d'écoulements.

Ces modèles en une, deux ou trois dimensions, de plus en plus sophistiqués, nécessitent de puissantes ressources informatiques qui permettent en peu de temps de travailler à l'échelle globale d'un bassin sédimentaire. Ces modélisations contribuent aussi, par l'inventaire complet des données qu'elles incorporent, à dresser une sorte de "check list" sédimentaire et pétrolière, en principe cohérente, du bassin considéré.

Exemple d'une campagne sismique en piémont montagneux. (Document Total)

La transformation des réservoirs au cours des temps géologiques

La diagénèse des réservoirs, leur composition et la nature de leur porosité et de leur perméabilité résiduelles sont abordées par des techniques de géochimie minérale : diffraction RX, isotopie, spectrographie de masse, microscopie électronique à balayage, etc. Ces techniques sont essentielles pour caractériser lithologiquement le réservoir pétrolier, sa matrice, l'histoire de sa compaction et de sa cimentation au cours du temps.

Les techniques de géologie de réservoir

Elles sont évidemment par définition beaucoup plus ciblées et font la jonction avec les méthodes de l'ingénierie réservoir, qui sont discutées plus tard, après les techniques de géophysique.

Le géologue de réservoir construit les modèles géologiques en liaison avec les géophysiciens, les sédimentologues, les pétrophysiciens et les ingénieurs réservoirs, afin d'optimiser la représentation des hétérogénéités géologiques qui ont un impact sur les écoulements dynamiques des hydrocarbures et des eaux de gisement. Il met à jour les modèles en intégrant les nouvelles données (résultats de puits, historiques de production, sismique quatre dimensions (répétitive)). Il conçoit l'implantation des puits de développement et leur trajectoire en étroite collaboration avec les ingénieurs réservoirs, les concepteurs des installations de production et les exploitants.

La géophysique pétrolière

La géophysique dite "interne" par opposition à l'étude de l'atmosphère planétaire (externe), met en œuvre des méthodes physiques pour étudier l'écorce terrestre.

Sans doute plus encore que celles de la géologie, les techniques géophysiques ne peuvent se passer de l'acquisition de données brutes puis interprétées, qu'elles soient électriques, magnétométriques, gravimétriques, magnétotelluriques, et surtout sismiques, et faisant en permanence appel à d'importants progrès technologiques et à des innovations reposant sur l'effort de recherche entrepris par les compagnies pétrolières et les compagnies de services présentes sur le marché.

Les techniques de la géophysique pétrolière s'appliquent à une séquence logique composée de différentes étapes qui sont : l'acquisition des données, leur traitement et enfin leur interprétation géologique et pétrolière (qui se termine par une cartographie et des coupes en profondeur des objets et bien entendu des implantations de forage, qui sont bien la sanction ultime des travaux de l'explorateur et de l'ingénieur réservoir pétrolier).

Le passé : la gravimétrie et le magnétisme

Ces méthodes permettent d'accéder à une géométrie assez imprécise de la structure des bassins sédimentaires. Autrefois incontournables, elles ne concernent plus actuellement que seulement 5% des acquisitions géophysiques pétrolières.

Ces techniques sont encore appliquées dans des bassins vierges ou bien quand on veut accéder à certaines géométries complexes que la sismique seule ne résout pas.

Le présent : sismique réflexion microgravimétrie et résistivité induite

Dans les années récentes, des méthodes de microgravimétrie et de résistivité induite (electromagnétisme, avec des capteurs au fond de la mer) se sont développées mais ne sont pas encore complètement répandues au stade industriel.

La sismique et la géométrie du sous-sol

La sismique réflexion constitue actuellement la méthode d'investigation essentielle du sous-sol aussi bien en domaine terrestre qu'en mer.

Son principe assez simple consiste à émettre des ondes acoustiques, au spectre de fréquence parfaitement connu, dans le sol et à réceptionner les signaux réfléchis ou réfractés par les couches géologiques grâce à des capteurs positionnés sur le sol (géophones), légèrement immergés dans le cas de sismique marine (hydrophones) ou encore reposant

Danny Hardouin
(ENSG, 1977) : CGG Veritas, Expert du traitement sismique

Fin 1977, je découvrais l'Afrique équatoriale puis tropicale. D'abord comme coopérant je contribuais au sein de la Cogema à la prospection d'uranium. Puis après avoir rejoint la Compagnie Générale de Géophysique, toujours sur le terrain je participais dans le cadre de la recherche pétrolière, à l'acquisition de données sismiques. Quelques années plus tard, j'intégrais les équipes de traitement de données où j'interviens maintenant en tant qu'expert. Occupant un poste technique, j'ai assisté à l'évolution de la technologie: passage de la sismique 2D, à la 3D puis à la 4D, passage du traitement temps au traitement profondeur, apport de plus en plus important des données sismiques à la caractérisation des réservoirs, grâce à l'Amplitude Versus Offset, aux études de fracturations, à l'inversion élastique... D'autres branches comme les ondes converties, plus compliquées et couteuses, sont restées à l'état de "niches". Cette évolution a été pilotée par la formidable expansion de l'informatique et des moyens mis en oeuvre pour l'acquisition: bateaux multi-stramers incorporant acquisition et traitement, acquisition multiazimut, simultanée avec plusieurs batteries de vibrateurs. Mon travail m'a également amené à voyager et vivre sur 4 des 5 continents (Antarctique exclu bien entendu). J'ai côtoyé des gens d'affinités et de cultures trés variées ; rencontrant tour à tour Texans, Mexicains, Chinois, Indiens, Australiens, Malais, Russes et nos voisins européens.

Une acquisition sismique marine avec un bateau multi "Streamer".

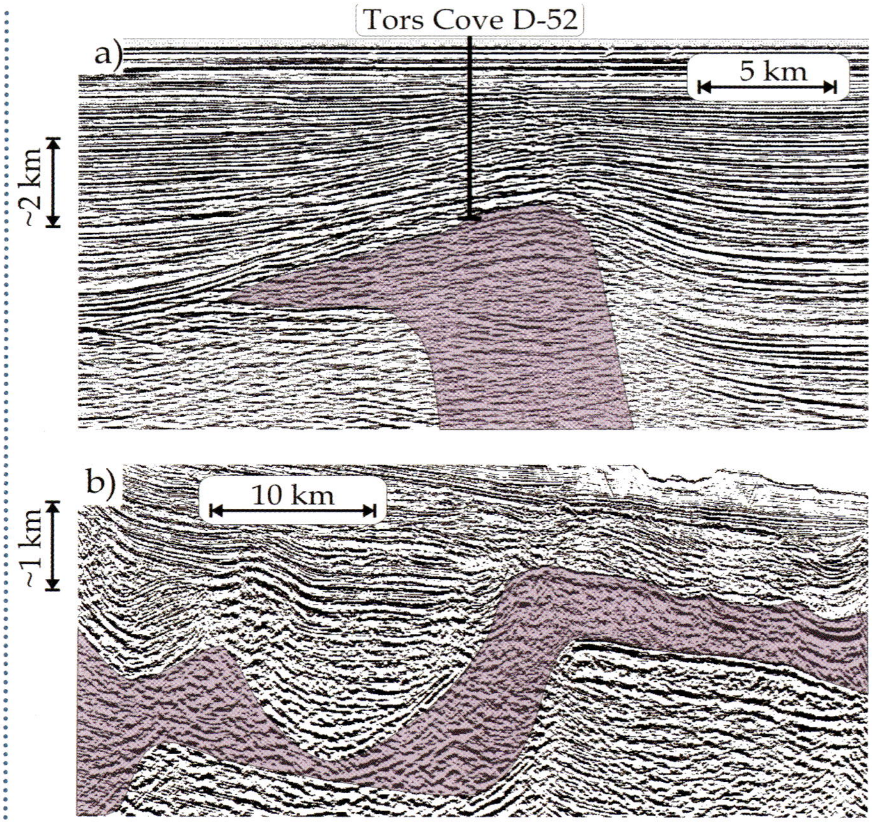

Les schémas montrent deux exemples de tectoniques salifères.

La sismique est une technique de mesure indirecte qui consiste à enregistrer en surface des échos issus de la propagation dans le sous-sol d'une onde sismique provoquée.

sur les fonds marins. L'acquisition est pratiquée par des contracteurs spécialisés (CGG Veritas, WesternGeco, etc.) sous la supervision des géophysiciens d'acquisition.

L'acquisition sismique s'adapte à la topographie des terrains de chasse de l'or noir, parfois difficile, en particulier à terre quand il est nécessaire d'aborder les domaines de chaînes plissées ou sur les banquises ou domaines terrestres arctiques.

Les données sismiques brutes sont ensuite traitées par les contracteurs et parfois par les compagnies pétrolières elles-mêmes, grâce aux géophysiciens du traitement sismique. Après des étapes multiples, comme la sommation des traces sismiques individuelles, un certain nombre de filtrages ou d'atténuations des bruits parasites puis leur mise en position plus ou moins correcte en X, Y, T, elles permettent d'obtenir des données sismiques exprimées en temps de trajet, représentant le transit aller-retour entre la source émettrice et le récepteur de surface.

Les derniers développements de la sismique visent à fournir une imagerie en profondeur.

La sismique permet, en premier lieu, de définir en détail la géométrie du sous-sol et d'y déceler la présence possible d'objets pétroliers ; ceux-ci sont qualifiés selon leur degré de compréhension : de "lead", objet mal défini, de prospect d'exploration, "candidat au forage", et en cas de succès, de gisement, après qu'aient été effectués l'inventaire des thèmes pétroliers et la cartographie en profondeur de ceux-ci.

Les cartes en profondeur d'une base de couverture ou d'un intervalle à l'intérieur d'un réservoir sont issues de l'interprétation des données sismiques enregistrées en temps de trajet des ondes acoustiques et de leur conversion en profondeur en se servant des vitesses sismiques.

Bien évidemment, les données géologiques des forages avoisinants sont recalées sur la sismique en particulier les interfaces stratigraphiques et la position des couples réservoirs et couvertures qui définissent les objectifs pétroliers.

La présence de fermetures structurales au niveau cartographié comme base de couverture, celle-ci pouvant correspondre aussi au toit du (ou des) réservoir(s), permet de réaliser des évaluations volumétriques de leur contenu possible en hydrocarbures. La recherche d'anticlinaux ou de pièges mixtes impliquant des biseaux ou des pièges hydrodynamiques, guide avec la poussée d'Archimède et la loi de Darcy (loi sur les écoulements qui décrit l'aptitude à un milieu poreux à se laisser traverser par un fluide, liquide ou gaz), les travaux du couple formé par le géophysicien et le géologue dans la quête des nouveaux prospects.

Depuis le début des années 1980, une nouvelle révolution s'est accomplie avec l'avènement des sismiques en trois dimensions (ou 3D). Celles-ci ont conduit, par un échantillonnage resserré des traces sismiques, aussi bien à terre qu'en mer, à affiner la vision structurale de détail en particulier pour des zones situées en tectoniques complexes ou bien avec des écrans très réflecteurs comme les évaporites où les données restent de qualité médiocre. Dans de tels

Exemple d'indicateur direct de la présence d'hydrocarbures, l'enveloppe plus sombre des réflexions sismiques correspond à l'accumulation des hydrocarbures dans le piège pétrolier ; dans ce cas une fermeture anticlinale scellée latéralement par une faille.

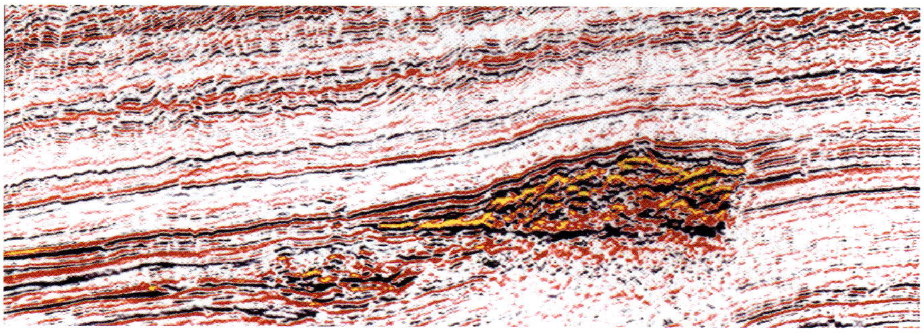

milieux, la construction d'images sismiques en temps ne permet pas une bonne focalisation et conduit à d'importantes erreurs de positionnement des données. Les techniques d'imagerie en profondeur 3D (PSDM, "pre-stack depth migration" ou migration profondeur avant addition des traces), basées sur la modélisation et l'inversion de l'équation des ondes, permettent d'obtenir désormais des images en profondeur de bonne qualité en géologie complexe et même sous des écrans salifères.

Les grands fonds marins

En général la qualité des données sismiques y est excellente en grande partie en raison de l'absence d'écrans de surface perturbant l'imagerie et permet de définir avec beaucoup de précision l'architecture interne des réservoirs. Corrélativement cette forte amélioration de la résolution sismique (il est possible de visualiser des corps sédimentaires élémentaires de l'ordre de 10 m d'épaisseur) aboutit dans la pratique à une réduction des risques sur la caractérisation lithologique des réservoirs et permet ainsi de mieux prédire les productivités (volumes qui seront produits), condition première de la rentabilité financière des projets en eau profonde.

Les indicateurs sismiques directs de la présence de pétrole

La présence d'un réservoir, apparemment couvert par des couches potentiellement imperméables et formant un piège, n'est cependant pas la garantie du succès pétrolier car les hydrocarbures peuvent très bien n'être pas au rendez-vous.

Sous certaines conditions, la présence d'hydrocarbures dans un piège se manifeste sur la sismique par des anomalies qui ont induit, au cours des deux dernières décennies, une augmentation considérable des taux de succès, notamment dans les domaines situés par grande profondeur d'eau (Deep Offshore).

Ces indicateurs directs de la présence d'hydrocarbures correspondent à des anomalies et des renforcements d'amplitudes sismiques et des événements qui apparaissent horizontaux après restitution en profondeur (flat spots). Ils matérialisent des contrastes d'impédance acoustique (sensible à la vitesse et à la densité des formations géologiques) ou un comportement pétroélastique différent (technique AVO, plus récemment développée).

Ils permettent de séparer des niveaux aquifères d'autres imprégnés par différents types d'hydrocarbures, dans des réservoirs de qualité pétrophysique variable.

En général, il est fortement conseillé de bien intégrer ces indicateurs dans leur contexte pétrolier (système générateur et chemins de migration, type de piège, conformité avec une interface possible hydrocarbures et eau : le plan d'eau) et, pour leur interprétation, de bien se garder de toute certitude quant à leur signification.

La révolution apportée par la sismique 3D s'est accompagnée du développement de stations informatiques d'interprétation performantes, capables de gérer de lourds volumes de données et d'accéder à de puissants modules de visualisation 3D, pour des applications qui vont de la synthèse géologique et pétrolière d'un bassin à l'étude en détail d'un gisement en passant bien entendu par la chasse au prospect qui reste toujours ouverte…

La réalisation de la sismique permet aussi d'optimiser la trajectoire des forages en la gérant en "live" par exemple pour des puits déviés, suivant des couches réservoirs (drains horizontaux). Avec le contrôle géologique de sonde et des mesures électriques ou stratigraphiques variées, elle contribue ainsi à ce que l'on appelle le "geosteering" des puits, passionnant exercice d'interprétation en direct.

Le futur, la sismique 4D…

Dans la dernière décennie, la sismique 4D, ou sismique répétitive, s'est développée :

- pour gérer la production des gisements par l'étude de l'évolution dans le temps des amplitudes sismiques, liée aux substitutions de fluide qu'entraîne la production des réservoirs (par exemple l'apparition de gaz, sous l'effet de la baisse des pressions, appelée déplétion en vocabulaire pétrolier, baisse qui peut engendrer le passage en phase vapeur) ainsi que la remontée des plans hydrocarbures/eau ;
- pour optimiser le soutirage pétrolier (implantation des puits de développement complémentaires dits d'"infill").

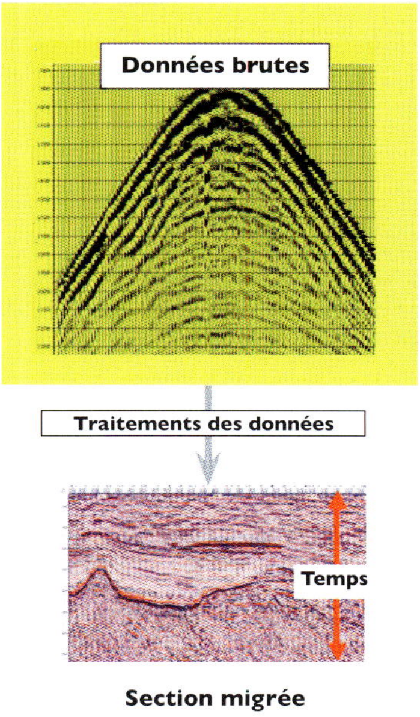

Séquence d'acquisition / traitement.

Laurence Nicoletis
(ENSG, 1977) : IFP

J'ai consacré ma carrière, débutée en 1980 à l'IFP, à l'amélioration des techniques de prospection sismique pour l'exploration et la caractérisation des réservoirs pétroliers. Je pense que cette discipline a, plus que toute autre, contribué à découvrir et mieux exploiter les gisements : grâce essentiellement au progrès continu de l'acquisition 3D et du traitement, les images sismiques sont de plus en plus précises et quantitatives et sont la base de toute interprétation géologique et de construction de modèles réservoirs. A l'IFP, nous avons contribué à développer les techniques de modélisation et d'inversion sismique basée sur l'équation des ondes, ainsi que des techniques d'interprétation quantitatives intégrant les apports de différentes disciplines. Le pétrole cher permet aujourd'hui de réaliser des acquisitions encore plus complètes, ouvrant de nouvelles perspectives d'amélioration des images sismiques, en particulier pour les structures géologiques complexes. La R&D dans ce domaine doit désormais disposer de moyens de calcul et de développement très importants, ce qui limite l'action de certains acteurs traditionnels.

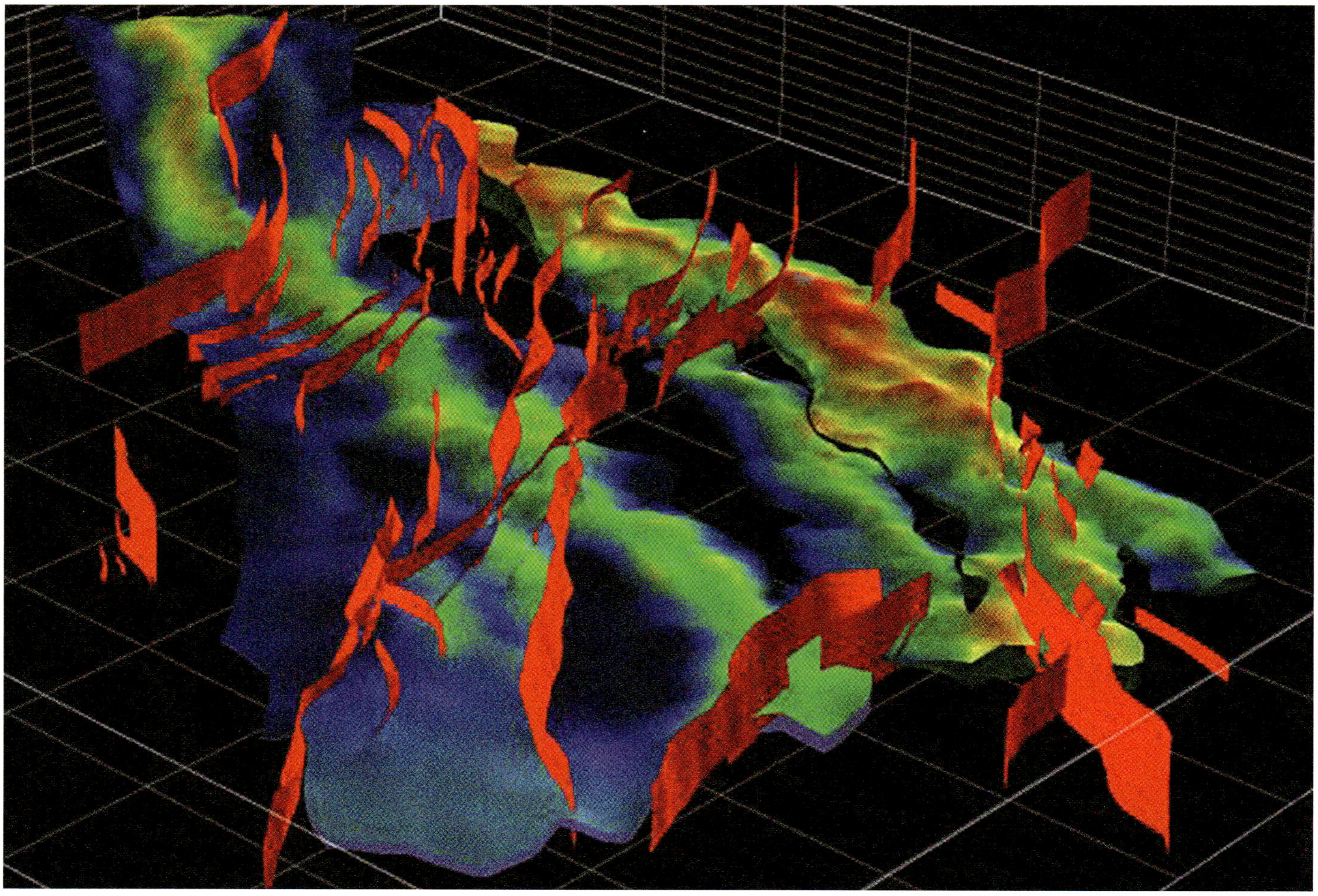

Exemple de visualisation 3D d'une interprétation d'une couche complexe (sommet d'un réservoir) avec failles, utilisant le logiciel Gocad (développé par le professeur Jean-Laurent Mallet à l'ENSG), voir chapitre 7.

De plus en plus sophistiquée, la sismique s'oriente dès maintenant vers des techniques multi-composantes et multi-azimutales, qui consistent à faire l'acquisition suivant plusieurs directions.

Celles-ci permettent de mieux imager et d'accéder à des domaines tectoniques complexes pour lesquels des effets de géologie locale (couches redressées, écrans dus à des couches de surface ou des évaporites comme le sel) dégradent fortement l'imagerie sismique et sont un frein à l'imagerie du sous-sol et donc à l'exploration-production.

L'ingénierie de réservoir

Les métiers de la géologie pétrolière et les disciplines associées, qui décrivent la chaîne du système pétrolier, et ceux de la géophysique, clés pour la traque des objets pétroliers, sont également au service de l'ingénierie réservoir. Celle-ci permet de piloter la production et les réserves d'hydrocarbures du gisement considéré au long de sa vie. C'est un complexe et stimulant travail d'équipe, dont la multidisciplinarité est la caractéristique essentielle.

Le passé : les premières diagraphies

L'étude des réservoirs est apparue dans les années trente avec le développement des premières diagraphies de forage issues des travaux des frères Schlumberger. Elle concerne aussi bien la vision du gisement dans ses aspects statiques, c'est-à-dire au sens volumétrique, sans production, que dynamiques pour lesquels l'ingénieur réservoir s'applique à gérer les écoulements, les relations entre les hydrocarbures et l'eau

Exemple de drain horizontal reporté sur une coupe sismique. (Projet SINCOR au Venezuela)

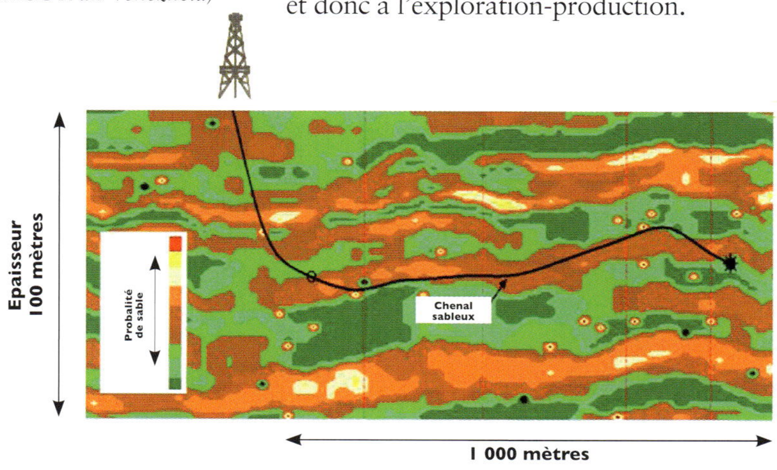

de gisement, et l'évolution des pressions de fluide au cours du temps.

Le présent : "monitoring" des productions

In fine bien sûr, l'ingénieur réservoir, hier comme aujourd'hui, s'attache à gérer les productions d'hydrocarbures, but ultime de cette longue chaîne pétrolière, ainsi que l'estimation toujours incertaine des réserves finales*. Depuis une bonne décennie, la multiplication des champs complexes et la nécessité d'optimiser les productions des champs matures ou "brown fields", c'est-à-dire déjà très fortement exploités, consacrent l'activité d'ingénierie réservoir comme une des composantes stratégiques de l'optimisation de la production des gisements d'hydrocarbures ainsi que des acquisitions de champs existants. Ces acquisitions peuvent être envisageables pour les compagnies pétrolières auprès des états hôtes ou d'autres compagnies, quand le prix du baril d'huile est élevé, modifiant ainsi la donne économique et conférant un surcroît d'intérêt à ces champs anciens ou mal développés.

Les solutions innovantes de développement

Tout d'abord, les ingénieurs réservoirs, parfois aussi appelés ingénieurs gisements, ont pour objectifs de construire des solutions de développement des gisements pour optimiser la production et la récupération des hydrocarbures au long de la vie d'un champ. On l'estime en moyenne dans le monde à 35%, le taux moyen de récupération d'huiles conventionnelles et, en général, les gisements pour lesquels on récupère plus de 50% d'une accumulation sont rares, il y a donc là une bonne marge de progression. Au-delà du rôle de spécialistes des ressources pétrolières en liaison avec les géologues de production, ils sont les acteurs centraux de la gestion des niveaux de production au travers des opérations de "monitoring" des champs et de leur compréhension dynamique.

La notion d'incertitude

Les ingénieurs réservoirs doivent complètement intégrer à leurs études une évaluation des incertitudes et les faire passer en terme de gestion des risques auprès des architectes pétroliers (les concepteurs des installations de production), dont la démarche est plus déterministe (c'est-à-dire non probabiliste) et ne s'accommode pas de l'échec, compte tenu de l'ordre de grandeur des investissements mis en jeu (parfois plusieurs milliards de dollars...).

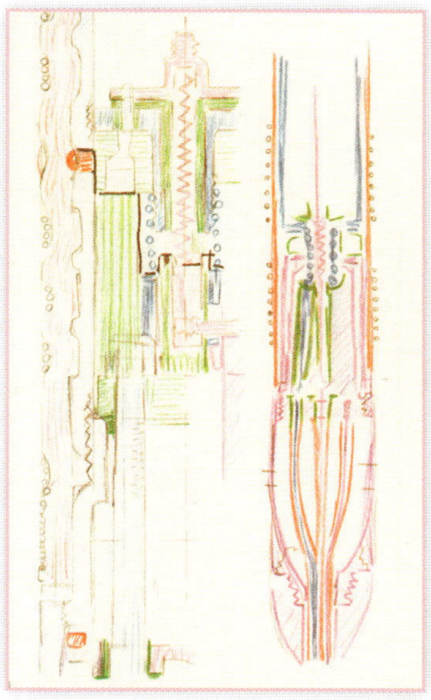

Premières mesures électriques de surface en 1914 réalisées par les frères Schlumberger.
Page de notes extraite du carnet de Marcel Schlumberger

Les profils de production d'un réservoir

Ils représentent les quantités d'hydrocarbures qui seront produites au cours de la vie du champ, avec des phases dites de croissance, de plateau puis de déclin. Ils sont établis à partir des modèles "de réservoir", construits en utilisant les puits déjà forés (forage de découverte, forages d'appréciation et de délinéation, forages de développement, producteurs ou injecteurs d'eau ou de gaz, et toutes leurs données).

Les données correspondent à la géométrie et à la structure interne du réservoir (les fractures, hétérogénéités connues directement par l'observation ou induites par les résultats des tests de production), aux fluides, aux lithofaciès et à leur organisation**.

Les profils de production sont basés sur des scenarii de développement établis à partir d'analogues et de modélisations par les architectes pétroliers et optimisés en commun pour les équilibrer (c'est la notion de plateau de production) et définir le nombre de puits étant entendu que le "juge de paix" est bien l'économie et la rentabilité du projet pétrolier.

*On définira les réserves comme la somme des productions effectuées à partir d'un gisement pendant sa période d'exploitation)

**Souvent appelée architecture par les Anglo-Saxons.

Outre l'analyse des essais, la pétrophysique et les études thermodynamiques, spécialités qui lui sont inhérentes, l'ingénieur gisement fait appel à la plupart des techniques de la géologie tout comme l'explorateur.

Olivier Robbe
(ENSG, 1997) : Total, Ingénieur réservoir Asie

A Londres au Geoscience Research Center où j'ai débuté ma carrière (1997) puis à Pau, j'ai participé au développement des techniques de modélisation des grilles de simulation puis à la réalisation de modèles réservoirs complexes. Lors de mon expatriation au Nigéria, dans le cadre du projet Amenam, j'ai travaillé sur l'appréciation, le développement et la mise en production de ce champ.Dans le cas d'un projet de cyclage de gaz pour optimiser la récupération des condensats, le monitoring initial tel que les mesures de pression le long des drains horizontaux de réinjection de gaz et les tests d'interférence entre les puits est essentiel au bon développement du gisement.
Depuis mon retour à Paris en 2003 au sein du Département "Projets Nouveaux", je participe notamment à l'évaluation de gisements à forte concentration en CO_2 et au développement des technologies qui permettront d'extraire les hydrocarbures tout en "piégeant" le CO_2.

Synthèse des puits
Carte des hauteurs cumulées d'huile.

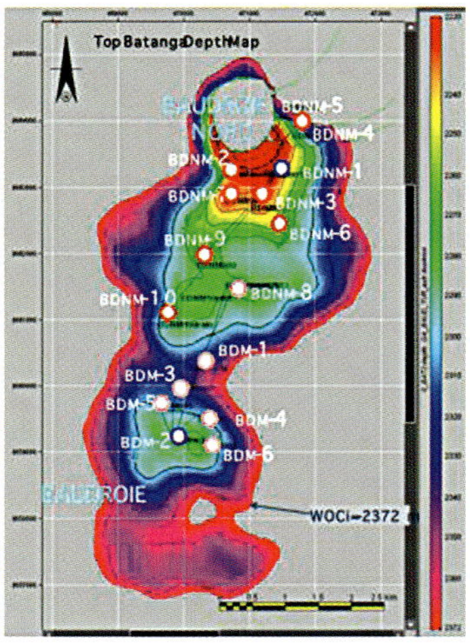

Le modèle réservoir

L'ingénieur gisement adapte, à partir de son modèle réservoir, l'implantation des puits de développement en liaison avec les équipes de forage et les exploitants. Parmi ces forages de développement, il implante des injecteurs de gaz et joue ainsi un rôle important dans la réduction des émissions du gaz carbonique que générait jusqu'à présent le torchage des gaz associés à l'huile.

Outre l'analyse des essais (tests) de puits, la pétrophysique et les études thermodynamiques, spécialités qui lui sont plutôt inhérentes, il fait appel à la plupart des techniques de la géologie tout comme l'explorateur : la sédimentologie pour les réservoirs, la géologie structurale pour la fracturation, la géochimie qui par l'analyse isotopique et les biomarqueurs permet de déceler des séparations (compartimentalisations) des réservoirs et de définir verticalement ou latéralement des allocations de production (les quantités attribuées à la production de tel ou tel réservoir).

La mise au point d'un modèle gisement est ainsi un processus dynamique fait d'itérations successives entre des métiers aujourd'hui décloisonnés, auxquelles s'ajoutent l'évaluation des incertitudes résiduelles et le souci d'innover pour améliorer les récupérations.

Le futur : les champs matures et les hydrocarbures non conventionnels

L'amélioration souhaitée de la récupération des gisements passe par des procédés de récupération assistée, en injectant des gaz ou de la vapeur, qui fluidifient les hydrocarbures et facilitent leur extraction.

Ces procédés, pratiqués depuis plusieurs dizaines d'années, vont très certainement connaître dans le futur un essor important avec la raréfaction et le renchérissement des ressources pétrolières, qui permettront d'en mieux en amortir les coûts supplémentaires.

Depuis quelques années, c'est dans l'exploitation des bitumes et des huiles extra-lourdes (de densité égale ou supérieure à celle de l'eau) que l'ingénieur réservoir est venu relever de nouveaux défis ; il s'agit là de gérer des comportements différents de ceux auxquels il est généralement familier, avec des pétroles visqueux, voire quasiment figés. La production froide, avec le risque d'avoir des arrivées d'eau du fait des faibles contrastes de densité entre huile et eau, les boucles de vapeur d'eau injectée, dont les résultats peuvent être parfois incertains, et surtout une recherche basée sur un nombre très élevé de forages à faibles profondeurs et des techniques en partie géostatistiques, deviennent son pain quotidien.

L'ingénieur réservoir est parvenu à intégrer les métiers de mineur et de carrier par cette évolution récente et recherche désormais, à de faibles profondeurs, des roches bitumineuses pour les exploiter en carrières et ensuite les raffiner, en utilisant comme carburant du gaz ou des pétroles, dans des "upgraders", sortes de raffineries qui produisent des pétroles conventionnels. Ces techniques sont appelées à se développer très fortement dans le futur.

Les réservoirs compacts à gaz et le gaz de charbon, dont l'exploitation est principalement répandue en Amérique du Nord, font aussi l'objet de techniques d'exploration où l'impact des forages systématiques est prépondérant.

Les garde-fous et les futurs défis des géosciences pétrolières

Tout au long des séquences d'interprétation en synthèse pétrolière, sur des sujets ciblés d'exploration et en géologie de gisement, on perçoit en toutes circonstances la forte implication de la connaissance géologique et pétrolière locale et des analogues.

Ce "know how" est également le résultat de l'expérience pétrolière commune du géophysicien, du géologue et de l'ingénieur réservoir.

L'intégration des expériences et des carrières professionnelles conduit les "géoscientistes" à bien analyser, à peser les données, à évaluer leurs apports respectifs, ainsi que les écueils éventuels qu'elles peuvent recéler et donc, in fine, à prendre la bonne décision industrielle.

Il faut pour cela s'appuyer sur une solide expertise naturaliste orientée vers la réflexion géologique et pétrolière en évitant tout dogmatisme et idées préconçues sur tel ou tel modèle scientifique.

Il s'agit bien d'un "pré-requis", pour affronter les défis pétroliers des géosciences dans de futures provinces pétrolières identifiées ou à inventer.

Ces enjeux pétroliers nouveaux se situent par exemple :

- dans des terrains de chasse inhospitaliers, tels ceux de l'Arctique par exemple ;
- dans les chaînes de montagne où l'on espère encore améliorer l'imagerie sismique ;
- dans l'ultra Grand Fond ;
- et aussi dans les réservoirs très enfouis, pour lesquels subsistent des thèmes difficiles jusqu'à présent mal ou non explorés, car plus profonds, plus chauds, dans un environnement de pressions plus fortes, voire très fortes (proches de la fracturation hydraulique), et plus mauvais réservoirs... Ces défis se combinent, bien sûr, à de fortes contraintes technologiques (comme par exemple le dysfonctionnement des outils de "logging" pour des strates très enfouies, à des températures au-delà de 250°C, pour lesquelles l'électronique des outils conventionnels ne résiste pas).

Ils concernent aussi la recherche d'hydrocarbures non conventionnels tels :

- les huiles extra-lourdes (voir plus haut), les réservoirs compacts ;
- les "oil shales" et les "gas shales" qui sont en fait des roches mères en état de fonctionnement actuel, c'est-à-dire saturées en hydrocarbures, à un stade proche du début d'expulsion ;
- le gaz de charbon ;
- les hydrates de gaz (accumulations solides de gaz à faible profondeur, en mer) ;
- et des réservoirs non conventionnels (les socles cristallins fracturés par exemple).

De plus en plus de "gisements" de compétences

Cette liste de nouveaux territoires n'est pas limitative et nul doute qu'elle se complétera dans le futur et qu'elle impliquera une population de géologues, de géophysiciens, possédant des spectres de connaissances encore plus élargis.

En gisement aussi, le futur sera toujours plus consommateur de compétences et donc de personnels pour trouver de nouveaux procédés de récupération améliorée et retarder la fin de vie des champs d'hydrocarbures (les "brown fields") souvent plus complexes à comprendre. La prise en compte des contraintes environnementales, la séquestration du gaz carbonique s'ajouteront aussi à la panoplie des géoscientistes pétroliers.

Pour les activités des géosciences plus généralement, on pressent déjà que la gestion des données avec une approche de plus en plus "tout-électronique" devient pesante et que le contrôle de leur qualité est un axe de progrès majeur.

Souvent les équipes de géologues, de géophysiciens et d'ingénieurs réservoirs doivent intégrer des données nombreuses et disparates et peinent à les trier et surtout à les valider. Les métiers de support informatique n'en prennent que plus de poids. Il faut, cependant, conserver un bon sens critique et ne pas hésiter à recourir à la lecture et à la consultation des "vieilles" données sous leur forme originale.

Quels que soient ces nouveaux défis et la complexité de ces contraintes futures du terrain et des technologies, l'immense variété des bassins sédimentaires et des gisements associés, les progrès technologiques déjà obtenus et ceux à venir, l'avancée et la confrontation des idées dans un monde pétrolier en constante mutation, font des géosciences pétrolières un univers passionnant, où l'aventure humaine le dispute à l'intérêt industriel.

Une grande unité flottante de production : ici le FPSO de Girassol en Angola, qui produit 250 000 barils par jour à partir d'un gisement situé par 1 400 mètres de profondeur d'eau. Ce gisement comporte 39 puits sous-marins dont 23 producteurs, 14 injecteurs d'eau et 2 injecteurs de gaz constituant un schéma de développement élaboré à partir du modèle réservoir du champ. La puissance installée à bord de ce FPSO est de 130 MW (130 mégawatts) soit la puissance nécessaire pour satisfaire les besoins en électricité d'environ 150 000 Européens. Le poids d'une telle unité flottante et de l'ordre de dix fois celui d'un porte avion soit de 50 fois celui de la tour Eiffel.

CARNET DE TIR
DU BOUTEFEU

LE CHARBON

Le charbon est la forme d'énergie fossile dont les réserves prouvées sont les plus abondantes, tant en valeurs absolues (400 Gtep contre 150 Gtep pour le pétrole et autant pour le gaz naturel), qu'en valeurs relatives, mesurées en nombre d'années de production par rapport aux consommations annuelles mondiales actuelles, c'est-à-dire en rapport R/P :

Charbon : 150 années de réserves
Gaz : 60 années de réserves
Pétrole : 40 années de réserves

Ces chiffres ne signifient en fait pas grand-chose car ils reposent sur des concepts de "réserves prouvées" non homogènes entre le charbon, le pétrole et le gaz, négligeant l'aspect des "ressources" potentielles et de la possibilité économique de transformer des ressources en réserves : c'est toute la question de l'élasticité des réserves en fonction des prix, qui obéit à des logiques différentes pour le pétrole, le gaz ou le charbon.

Le charbon est un "hydrocarbure solide" même s'il n'est généralement ni présenté ni classé comme tel. En effet, pour le chimiste ou le géochimiste, il y a un continuum depuis le méthane jusqu'aux charbons en passant par les pétroles bruts : tous sont formés essentiellement de carbone et d'hydrogène et sont donc des hydrocarbures, au sein desquels varie progressivement le rapport carbone sur hydrogène.

L'origine de ces divers hydrocarbures, gazeux, liquides ou solides est la même puisqu'il s'agit de matière organique, donc d'énergie solaire, concentrée sous forme de biomasse fossilisée. On pourrait d'ailleurs pousser encore plus cette analogie en disant que, comme presque toutes les énergies, c'est une forme d'énergie nucléaire, puisque l'énergie solaire est de l'énergie de fusion thermonucléaire...

Ce qui différencie au plan géologique les hydrocarbures gazeux ou liquides des charbons est leur processus de genèse et de conservation et ceci est essentiel car il en résulte des différences majeures dans la problématique des réserves entre les deux familles de "carbone fossile".

% massiques (moyennes)	C	H_2
Méthane (CH4)	75 %	25 %
Bruts légers	85 %	15 %
Bruts ultra lourds	90 %	10 %
Charbons	95 %	5 %

La problématique des réserves de charbon

En effet, dans le cas du pétrole et du gaz naturel (sauf les gaz de surface dit biogéniques mais qui ne constituent qu'un très faible pourcentage des ressources exploitées), la matière organique est essentiellement marine (plancton) et est déposée dans une "roche mère" qui va subir une forme de métamorphisme léger par augmentation de la pression et de la température lors de son enfouissement, se transformant progressivement en kérogène. Pétrole et gaz naturel seront expulsés de la roche mère puis subiront une migration jusqu'à ce qu'ils rencontrent des pièges capables d'en assurer la conservation.

Dans le cas des charbons, le processus est différent : la matière organique est essentiellement d'origine terrestre et se dépose dans des milieux lacustres ou lagunaires. Ces plantes ne subissent qu'une transformation métamorphique limitée et demeurent "in situ", sans subir de processus de migration comme le pétrole ou le gaz.

Il en résulte une gîtologie très différente de celle du pétrole ou du gaz et donc des distributions des ressources et des réserves obéissant à des logiques elles-mêmes différentes.

Dans le cas du pétrole ou du gaz, la logique est celle du "tout ou rien", les pièges ayant généralement un volume bien défini, et il y aura donc peu d'élasticité des réserves aux prix pour une province donnée ou pour un gisement donné. L'exception sera le cas des pétroles et des gaz "non conventionnels" comme les sables asphaltiques, les schistes bitumineux, les "Coal Bed Methane" ou les "Tight Sands Gas" dont la gîtologie sera très proche de celle des charbons, avec donc une forte élasticité des réserves aux prix.

Les charbons sont des "hydrocarbures solides" mais ils contiennent très souvent du méthane adsorbé, à l'origine des plus graves accidents dans les mines de charbon souterraines ("coups de grisou"). Dans certains charbons suffisament poreux et perméables, le méthane peut être une source de production de gaz naturel : c'est le "Coal Bed Methane" développé surtout aux USA.

Dans certains pays, en particulier aux Etats-Unis, certains gisements de charbon sont exploités pour produire... du gaz naturel : c'est le Coal Bed Methane ou C.B.M.

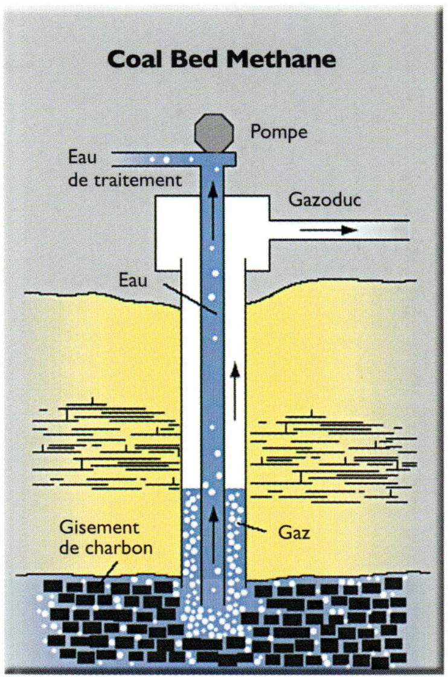

Les charbons pauvres, lignites et tourbe (en anglais "Brown Coal"). Exploitation dans la région d'Aix-la-Chapelle en Allemagne.

Dans le cas du charbon, on aura une logique parente de celle des gisements métalliques (cuivre, plomb, zinc, argent, or... ou uranium) et des paramètres physiques seront essentiels pour définir la notion de ressources (tonnages en place) puis celle de réserves (tonnages nets économiquement récupérables). Pour les éléments métalliques, ce sera la teneur de coupure, ou richesse minimale du minerai qui permettra de calculer les réserves. Pour le charbon, ce seront d'une part la profondeur maximum d'exploitation et d'autre part l'épaisseur ou puissance minimum des niveaux exploitables. Accessoirement cela peut être la teneur en cendres, en eau ou en soufre.

A titre d'illustration, voici comment se présente la problématique des ressources charbonnières en fonction des paramètres retenus, pour quatre grands bassins charbonniers européens :

Ressources en Gt pour 4 bassins

Ressources si épaisseur mini des couches = 0,6 m et profondeur maxi = 1 800 m

Ruhr	114
Donetz	107
Haute Silésie	147
Kuznetsk	520

Ressources si épaisseur mini = 1,20 m et profondeur maxi = 1 200 m

Ruhr	17
Donetz	9
Haute Silésie	62
Kuznetsk	362

Ce tableau illustre très clairement pourquoi il y aura une très forte variabilité des ressources et donc aussi des réserves charbonnières en fonction des prix, contrairement au pétrole ou au gaz. De plus, cette variabilité sera elle-même très différente d'un bassin charbonnier à un autre en fonction de ses propres caractéristiques géologiques. On voit que dans les cas retenus les ressources varient d'un facteur deux en Silésie ou dans le Kuznetsk, mais d'un facteur dix dans la Ruhr ou le Donetz. Les chiffres de réserves publiés ici ou là ne veulent donc pas dire grand-chose s'ils ne sont pas accompagnés à la fois des hypothèses techniques retenues (profondeur de coupure, épaisseur minimum, teneur en cendres maximum), et des d'hypothèses quant au prix du charbon à la sortie de la mine.

Les réserves mondiales de charbon

On a vu que le chiffrage des réserves en matière de charbon demandait de préciser "à quel prix". Mais il convient aussi de ne pas oublier que tous les charbons ne sont pas identiques en qualité, et en particulier en matière de pouvoir calorifique, de teneur en eau, de teneur en soufre ou en cendres.

Classiquement, on considère deux grandes familles à l'intérieur du monde des charbons, elles-mêmes subdivisées en sous-familles :

• Les charbons proprement dits (en anglais "Hard Coal"), subdivisés en charbon vapeur et charbon à coke, avec de multiples qualités dont les principales sont les charbons bitumineux et l'anthracite.

• Les charbons pauvres, lignites et tourbe (en anglais "Brown Coal").

Le tableau ci-dessous résume l'état des réserves prouvées de ces diverses formes de charbon, tous les chiffres étant des arrondis, parfaitement justifiés étant donné l'extrême variabilité des chiffres en fonction des hypothèses techniques et économiques retenues.

Réserves prouvées en Gt

Réserves	
Hard Coal	700
Brown Coal	200
Production 2005	
Hard Coal	5
Brown Coal	1
Réserves en années de production	
Hard Coal	140
Brown Coal	200

La répartition géographique de ces réserves montre la position dominante de l'Amérique du Nord et de l'ancienne URSS, la Chine venant en troisième position (voir carte page 59).

La production mondiale de charbon

Mesurée en quantité d'énergie (calories, Tec ou Tep), le charbon a été la principale source d'énergie primaire jusqu'en 1965, date à laquelle sa production fut dépassée par celle du pétrole. C'est encore actuellement la seconde source d'énergie dans le monde avec environ 6 Gt produits en 2005, soient l'équivalent de 2,7 Gtep (ou 25% de la production mondiale d'énergie commerciale) derrière le pétrole avec 4,2 Gtep (ou près de 40% de la production énergétique). De 2000 à 2005 c'est le charbon qui a connu la plus forte croissance parmi les grandes sources d'énergie, alors que de 1990 à 2000 c'est le gaz qui avait cru le plus rapidement, suivi du pétrole.

Le tableau ci-contre donne la liste des grands producteurs mondiaux de charbon avec leur production en 2005.

Une caractéristique économique essentielle du charbon est que son transport à terre est très onéreux, alors que son transport en mer est relativement peu coûteux. Relativement seulement, car par unité d'énergie son transport maritime est deux ou trois fois plus onéreux que celui du pétrole. Actuellement, lorsqu'on importe 1 tonne de charbon en Europe, le fret représente 20 à 30% du coût CIF*, alors que pour le pétrole ce pourcentage est de l'ordre de 5%. Ceci explique les trois grandes caractéristiques de l'économie charbonnière mondiale.

Tout d'abord, l'essentiel des productions (88%) est consommé dans les pays de production et un pourcentage relativement faible fait l'objet d'un commerce international : 12%.

Une seconde caractéristique est que cette utilisation très largement "locale" consiste en sa transformation en électricité, beaucoup plus aisément transportable (à terre) que le charbon lui-même. Ainsi près de 85% du charbon produit dans le monde est transformé en électricité, contre 13% utilisés par l'industrie (essentiellement la

Productions des six principaux pays producteurs de charbon en 2005

En milliards de tonnes

Chine	2.1
USA	1.0
Inde	0,4
Australie	0,3
Afrique du Sud	0,25
Russie	0,2

** CIF : Cost, Insurance, Freight = coût, assurance, fret.*

Dents métalliques d'une haveuse servant à extraire le charbon.

Le transport terrestre du charbon étant très onéreux, le marché international est alimenté essentiellement par quatre pays ayant des mines à proximité des côtes : l'Indonésie, l'Australie, l'Afrique du Sud et la Colombie.
Le transport maritime du charbon est au contraire bon marché.
Le transport fluvial représente au plan économique une situation intermédiaire.

sidérurgie et les cimenteries) et seulement 2% par le secteur domestique. Il en résulte qu'en matière d'électricité, le charbon constitue la source dominante de production avec 40% du total, contre 25% pour les hydrocarbures, 16% pour le nucléaire et 17% pour la grande hydraulique et 2% pour les EnR (énergies Renouvelables : biomasse, éolien, solaire et géothermie).

Troisième caractéristique, le transport terrestre étant très onéreux, le marché international est alimenté essentiellement par les pays ayant des mines à proximité des côtes : ce marché international a représenté en 2005 quelques 530 millions de tonnes de charbon (12% des 4,8 Gt produites) et a été dominé par quatre producteurs, l'Indonésie (140 mt), l'Australie (115 mt), l'Afrique du Sud (70 mt) et la Colombie (65 mt).

Ce marché du charbon international est donc dominé non par les très grands producteurs (Chine, USA, Russie) mais par des pays qui se sont spécialisés dans l'exportation en développant des mines proches des côtes, très mécanisées, souvent à ciel ouvert, et pour lesquelles ont été développées de grandes infrastructures portuaires spécialisées.

Quant aux importateurs, ce sont presque en totalité les zones économiquement les plus développées ou en développement rapide : l'Asie pour 310 mt, l'Europe pour 190 mt et les Amériques pour 40 mt.

Quel avenir pour le charbon ?

La question de l'avenir du charbon est certainement un des problèmes les plus incertains concernant l'évolution de notre système d'approvisionnement énergétique au cours du XXIème siècle. Les deux principaux facteurs qui vont conditionner cet avenir sont pratiquement indépendants de la disponibilité et du coût en ressources charbonnières : ces facteurs sont d'une part les évolutions possibles du coût des émissions de CO_2 dans le monde, et d'autre part les évolutions techniques et économiques dans le domaine de la capture et du stockage du gaz carbonique. Quant à l'avenir des disponibilités en charbon, c'est- à-dire les facteurs physiques, géologiques et économiques qui régulent ces disponibilités, ce sont des facteurs qui vont devenir secondaires par rapport aux deux facteurs précédents, même si depuis plus de 150 ans c'étaient eux qui avaient présidé aux évolutions de l'industrie du charbon dans le monde.

La poussière de charbon peut entraîner des explosions à certaines concentrations. Ceci exige des mesures spéciales lors du stockage et du transport. Par ailleurs le charbon peut parfois s'enflammer spontanément lorsqu'il est stocké à l'air libre.

Le charbon et les émissions de CO_2

Le charbon étant la forme d'énergie fossile qui émet le plus de CO_2 par unité d'énergie thermique (usages calorifiques) fournie ou par unité d'énergie électrique fournie, ce sera inévitablement la forme d'énergie fossile dont l'usage sera la plus pénalisée par la question du changement climatique.

Si on veut formuler simplement cette question on peut dire que l'apparition, puis la généralisation progressive au plan mondial de coûts d'émission de CO_2, qu'il s'agisse de taxation ou de mécanismes de marchés ou de bourses, va affecter au premier chef le charbon. Ces coûts d'émission, conséquences du protocole de Kyoto et de la mise en place des marchés du CO_2 en Europe, sont des coûts avant tout politiques, même si à terme un lien pourra se créer avec les coûts techniques de la séquestration et du stockage du CO_2 comme expliqué ci-après.

La situation début 2007 est celle de marchés naissants et instables, n'affectant d'un "coût d'émission" que des quantités marginales de CO_2 émises par les gros utilisateurs d'énergie de l'Union Européenne. Au stade actuel le continent américain n'est pas touché (refus des USA de ratifier le protocole de Kyoto et pays latino-américains exemptés) et le continent africain non plus (pays exemptés). Quant à l'Asie, la plupart des pays sont exemptés ou ont refusé de ratifier le protocole de Kyoto (cas de l'Australie).

A l'intérieur de l'Union Européenne les marchés de CO_2 bien que limités et installés (prix de 2 $/t de CO_2 pour les marchés de la tranche 2006-2007 - et de 20 $/t pour ceux de la tranche suivante en mai 2007) permettent de "roder" cette mécanique complexe, ce qui permet d'espérer à terme sa généralisation au plan mondial.

Pour l'avenir du charbon cet enjeu est majeur : si les prix d'émission du CO_2 restent dans la fourchette 20 à 50 $/t cela signifie un freinage léger, qui devient une frein majeur à 100 $ ou 200 $/t. Or il n'y a aucune méthodologie possible permettant d'anticiper ce que seront ces coûts en 2020 : ils dépendront totalement de décisions politiques qui seront directement liées à la perception qu'auront les Etats et la communauté internationale de la gravité de la question des changements climatiques.

Charbon et séquestration du CO_2

Le fait que le débouché essentiel de l'industrie charbonnière mondiale soit la génération électrique engendre deux conséquences : les émissions de CO_2 de cette industrie sont concentrées (centrales thermiques), ce qui devrait faciliter tant leur séquestration que leur stockage, mais le charbon y est substituable par toutes les autres formes d'énergies, qu'elles soient fossiles (mais plus faiblement émettrices de CO_2) comme le gaz, ou a fortiori renouvelables ou nucléaires (non émettrices directes de CO_2).

Les progrès technico-économiques en matière de séquestration et stockage du CO_2 sont donc un paramètre essentiel de l'avenir du charbon. Soit on arrive à réaliser ces opérations à un coût raisonnable (disons un coût tel que le coût de l'électricité produite à partir du charbon ne dépasse pas 150 à 200% du coût de l'électricité nucléaire), soit on n'y arrive pas et le coût de l'électricité ex-charbon finira par coûter trois ou quatre fois le coût de l'électricité nucléaire. Dans ce dernier cas, l'industrie charbonnière mondiale entrerait presque inévitablement dans une phase de régression au profit du nucléaire qui pourrait commencer dès 2020-2030 et se poursuivre tout au long du XXIème siècle. On peut conclure ces considérations sur l'avenir de l'industrie charbonnière en disant que, pour la première fois dans l'évolution des économies humaines, ce n'est pas son économie interne qui va dessiner l'avenir d'une industrie majeure mais des questions d'économie externe et d'environnement. C'est là une illustration frappante du fait que la question du développement durable se pose désormais de façon très concrète, affectant directement de grandes industries. Là aussi les géoscientistes vont être appelés à jouer un rôle essentiel : la résolution des questions liées au stockage du CO_2 passe d'abord par eux.

Si jusqu'à maintenant l'industrie charbonnière optimisait son fonctionnement en recourant à l'apport des géologues, des géophysiciens et des mineurs, son avenir semble désormais fortement lié au fait de pouvoir trouver des réservoirs capables de stocker les gaz de combustion du charbon. Cet avenir est donc lié aux apports des géologues, géophysiciens, foreurs et hommes de réservoirs qui seuls peuvent laisser espérer que nous pourrons parvenir à stocker durablement et massivement du CO_2 à un coût raisonnable.

Si jusqu'à maintenant l'industrie charbonnière optimisait son fonctionnement en recourant à l'apport des géologues, des géophysiciens et des mineurs, son avenir semble désormais totalement lié au fait de pouvoir trouver des réservoirs capables de stocker les gaz de combustion du charbon... et là aussi les géosciences seront au cœur des solutions.

Si les réserves mondiales de charbon approchent les 1 000 Gt, les ressources connues sont environ six fois plus importantes (4 750 Gt de Hard Coal + 1 250 Gt de Brown Coal.

Le charbon est le plus gros émetteur de CO_2, et encore ne compte-t-on pas les émissions de méthane (grisou) lors de l'extraction du charbon : une exploitation de houille, par mine ou carrière, est l'équivalent d'un gisement de gaz naturel à ciel ouvert !

Les réserves mondiales de charbon (fin 2005) : 909 Gt (environ 400 Gtep) et 150 années de consommation

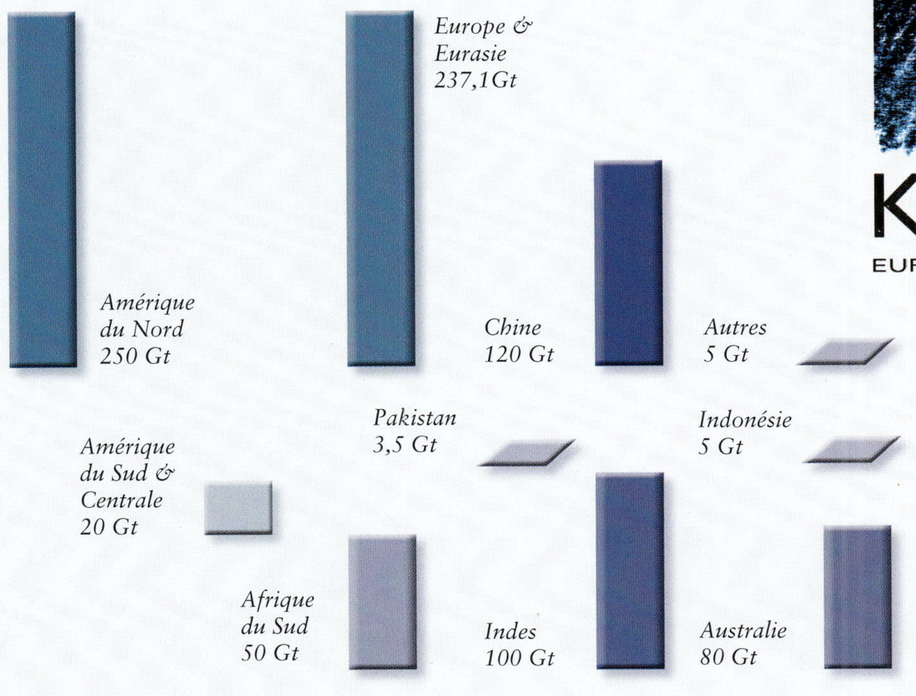

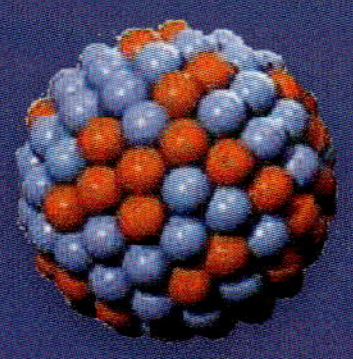

L'EXPLORATION ET LA PRODUCTION DE L'URANIUM

Le nucléaire fournit 16% de l'électricité produite dans le monde, contre 40% pour le charbon, 17% pour l'hydroélectricité, 25% pour le gaz naturel et pour le pétrole.

L'industrie électronucléaire est de loin le plus gros consommateur de minéraux radioactifs, et tous les réacteurs industriels, c'est-à-dire branchés aux réseaux électriques, fonctionnent à partir d'uranium ou d'un mélange uranium-plutonium. Comme le plutonium n'existe qu'à l'état de trace à l'état naturel, les seuls minérais recherchés par l'industrie nucléaire sont donc les minerais d'uranium. Le plutonium est en fait produit dans les réacteurs fonctionnant à l'uranium.

A l'avenir le thorium pourrait devenir également une matière première importante et nous en dirons quelques mots.

Si tous les réacteurs industriels fonctionnent à l'uranium, il existe de multiples variantes qui se sont développées au fur et à mesure de l'évolution du "phyllum" des réacteurs électronucléaires.

Ces réacteurs utilisent pour la plupart de l'uranium enrichi entre 3 et 4% en uranium 235 "fissile", le reste étant de l'uranium "fertile" mais non fissile, l'uranium 238. Dans la nature on a actuellement 99,3% d'^{238}U et 0,7% d'^{235}U.

Dans le parc mondial des réacteurs nucléaires, ceux qui sont dominants sont des réacteurs refroidis à l'eau : les REP ou Réacteurs à Eau Pressurisée (PWR en anglais) et des REB ou réacteurs à Eau Bouillante (BWR en anglais). En France tous les réacteurs sont de type REP, y compris le dernier né dit EPR (Evolutionary Power Reactor, anciennement European Power Reactor).

Pour chaque type de réacteurs, il existe un "cycle du combustible". Selon les options technico-politiques des différents pays, ces cycles seront dit "ouverts" (c'est-à-dire sans retraitement des combustibles usés) comme aux USA ou "fermés" (c'est-à-dire avec retraitement) comme en France, Allemagne, Royaume Uni ou Japon.

A titre d'exemple, le cycle du combustible pour les réacteurs les plus courants, les REP, est résumé ci-contre :

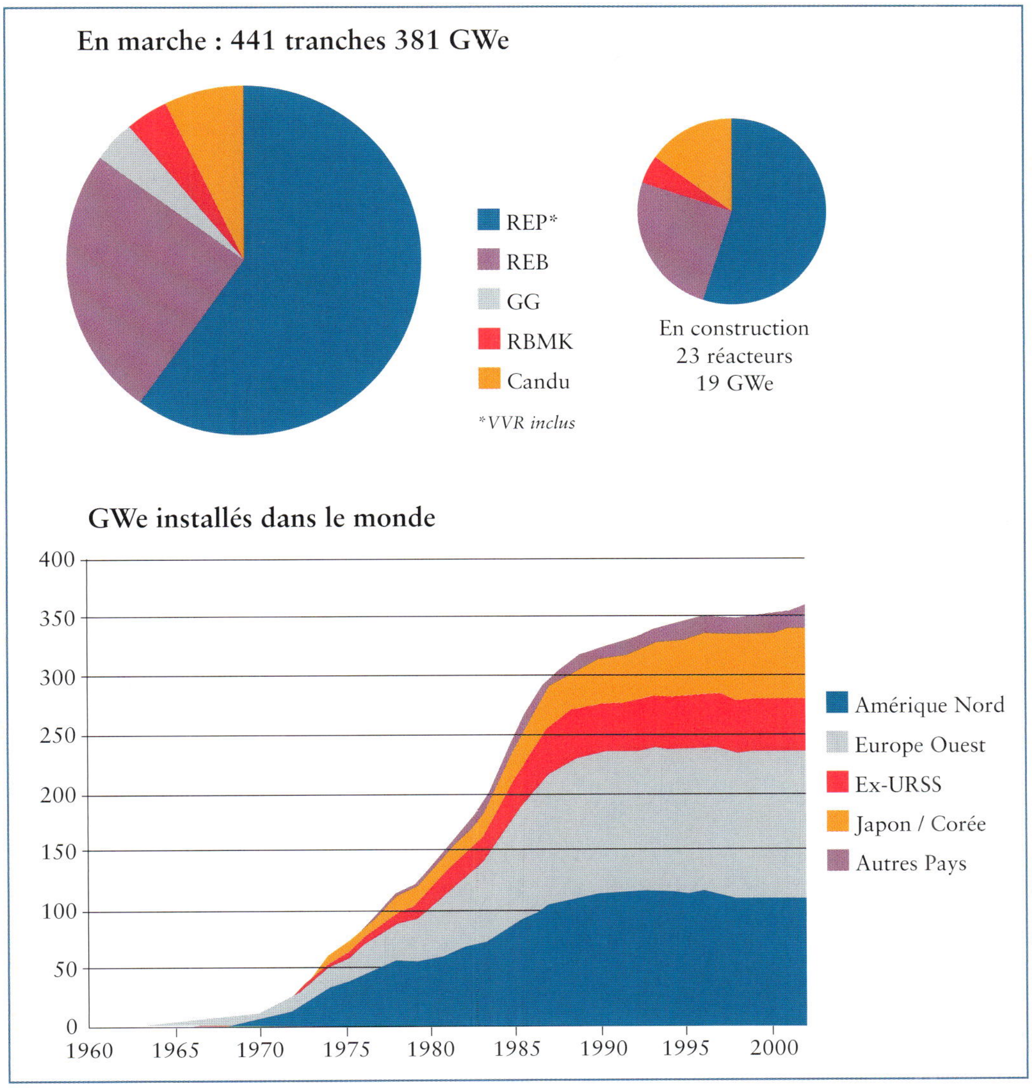

Les crayons combustibles sont constitués d'une gaine cylindrique étanche en alliage de zirconium, dans laquelle sont empilées des pastilles céramiques d'oxyde d'uranium enrichi (ou d'un mélange d'oxyde d'uranium et d'oxyde de plutonium). Au départ, les crayons sont remplis d'hélium sous pression pour contrebalancer la pression de l'eau du circuit primaire. Un vide est ménagé en tête de crayon pour que puissent s'y accumuler ceux des produits de fission qui sont gazeux.

Cycle du combustible des réacteurs REP

Classiquement, un combustible est une substance que l'on peut combiner à l'oxygène pour produire de la chaleur par combustion. Par extension, on appelle combustible nucléaire un objet qui peut produire de la chaleur par fission des atomes lourds qu'il contient.

On ne met pas directement dans le réservoir de sa voiture le pétrole brut jailli du puits, pas plus qu'on ne branche des ampoules électriques directement sur un barrage. De même, ce n'est pas directement le minerai d'uranium qui constitue le combustible nucléaire : pour que les noyaux lourds puissent fournir de la chaleur utile par fission, ils doivent suivre un cycle du combustible qui combine de nombreuses étapes industrielles. Ce cycle comporte les étapes suivantes :

- extraction du minerai d'uranium en mines souterraines, carrières à ciel ouvert ou par lixiviation in situ ;
- concentration du minerai (qui contient souvent moins de 1% d'uranium) sur le site même de l'extraction ;
- conversion des concentrés d'uranium en hexafluorure UF_6, solide à température ambiante et gazeux à température modérée ;
- enrichissement isotopique de UF_6 pour augmenter la proportion de noyaux fissiles ^{235}U, trop faible dans l'uranium naturel ;
- fabrication du combustible : conversion du fluorure en oxyde d'uranium enrichi UO_2, pastillage, frittage des pastilles, crayonnage, assemblage des crayons en faisceaux ;
- entreposage temporaire, sous eau, du combustible usé ;
- gestion du combustible usé et recyclage éventuel des matières récupérables.

Yellow cake : concentré d'uranium à la sortie des usines de traitement situées près des mines.

Géologiquement l'uranium, comme d'ailleurs la plupart des métaux, peut se trouver soit en gisements concentrés (amas, filons) soit en gisements diffus, très souvent dans des roches sédimentaires : argiles voire schistes, phosphates, calcaires et surtout grès.

La prospection radiométrique est la méthode géophysique spécifique à la détection de l'uranium, parce qu'elle est précisément basée sur la radioactivité.

Ressources et réserves d'uranium

L'insuffisante disponibilité en réserves de matières fissiles est souvent citée comme un facteur qui pourrait un jour limiter le développement à grande échelle de l'énergie nucléaire de fission.

Cette idée, répandue dans de multiples articles, est une idée fondamentalement fausse. Les auteurs de ces analyses se limitent en effet le plus souvent à l'utilisation des seuls réacteurs actuels et au seul problème de l'uranium. De plus, ils recourent à des analogies avec le problème des réserves d'hydrocarbures ou de charbon ; or ces analogies sont erronées. En réalité, la question des réserves de matières premières métalliques comme le fer, le cuivre, le zinc, le plomb, l'or ou l'uranium se pose de façon très différente de celle des réserves d'hydrocarbures. La raison de cette différence est d'ordre géologique : la répartition dans le sous-sol des substances métalliques est le plus souvent continue, et les réserves varient donc fortement avec le niveau des prix, tandis que, sauf exception (tels les schistes bitumeux), la répartition du pétrole et du gaz est discontinue. Il en résulte, contrairement à l'uranium, que le montant des réserves d'hydrocarbures est peu sensible au prix du pétrole et du gaz, comme les hausses massives de leurs prix en 1973 et 1979 l'ont clairement montré.

La mauvaise compréhension de ces questions conduit de nombreux économistes à une certaine inconscience optimiste concernant les questions des réserves pétrolières et à des craintes infondées concernant les réserves d'uranium. Les géologues savent bien que la réalité est à l'inverse de ces visions.

Au-delà de la géologie propre aux gisements d'uranium, qui assure une hausse importante des réserves lorsque les prix augmentent, il existe plusieurs autres facteurs qui font que la question des matières premières pour l'industrie nucléaire se pose en des termes différents de celle des réserves de pétrole ou de gaz naturel.

L'uranium est un élément de la croûte terrestre très largement réparti, tant au sein des roches éruptives cristallines que métamorphiques ou sédimentaires. Sa découverte sous forme d'oxyde remonte à 1789 et il fut isolé en tant que métal en 1841. Sa teneur moyenne peut être qualifiée de relativement abondante, de l'ordre de 3 ppm (ou 3g/tonne), comparable à celle de l'étain ou du molybdène. En fait cette teneur moyenne ne signifie pas grand-chose car elle est très variable selon les roches. Ainsi les granites ou les schistes présentent fréquemment des teneurs de l'ordre de 15 à 20 ppm.

Une caractéristique importante de l'uranium est que, contrairement au thorium, il est soluble dans l'eau. De ce fait, l'eau de mer contient une teneur non négligeable en uranium, de l'ordre de 3 ppb (parties par billions ou milliards) c'est-à-dire mille fois plus faible que la teneur moyenne de la croûte terrestre.

Les notions de minerais et de réserves, que ce soit l'uranium ou tout autre ressource minérale, sont des notions économiques : ce sont les dépôts que l'on peut exploiter économiquement aux conditions présentes en matière de prix (de l'uranium ou d'autres métaux) et de technologies de production. A l'heure actuelle (2006/2007) on constate qu'il existe une très large gamme de richesses ou “teneurs” en uranium des minerais effectivement exploités.

L'uranium étant, comme nous l'avons souligné soluble dans l'eau, il sera dissous lors de l'érosion et du lessivage des roches uranifères cristallines ou métamorphiques. Cet uranium à l'état dissous dans l'eau sera “piégé” de façon préférentielle dans certaines des roches sédimentaires se trouvant à proximité des zones cristallines érodées. Les milieux géologiques propices à un tel piégeage seront par exemple des grès riches en matières organiques ou d'autres zones sédimentaires réductrices. Ces piégeages sédimentaires pourront avoir des teneurs en uranium et des extensions extrêmement variables.

La prospection de l'uranium

Le premier travail de la prospection d'un secteur, quelle qu'en soit la taille, est de rassembler toutes les données géologiques et minières déjà existantes. Aujourd'hui, la détection des zones potentiellement favorables est considérablement facilitée avec l'avènement des techniques d'imagerie satellite et la mise en œuvre de méthodes géophysiques de prospection.

La prospection radiométrique est la méthode géophysique spécifique à la détection de l'uranium, parce qu'elle est précisément basée sur la radioactivité. En fait, on détecte davantage le radium, descendant de l'uranium, dont le rayonnement est beaucoup plus pénétrant. La prospection radiométrique peut être faite à pied, portée (en automobile) ou aéroportée, pour les maillages à grande échelle et les régions d'accès difficile.

Les mesures radiométriques permettent certes de détecter les minerais d'uranium, mais elles ne donnent guère d'information sur la quantité ou la concentration de ce minerai. Des informations complémentaires peuvent être obtenues via une investigation du milieu par des mesures électromagnétiques et géochimiques sur le terrain. S'ils sont encourageants, les résultats de cette exploration peuvent être complétés par des sondages, qui donnent un accès direct aux roches uranifères.

Il faut souligner une autre différence majeure avec les industries du pétrole ou du gaz pour lesquelles, chaque année, productions et consommations sont égales à 1% près (phénomènes marginaux de stockage/déstockage) contrairement à l'uranium pour lequel les phénomènes de stockage et destockage jouent un rôle régulateur majeur. On notera aussi que la relation entre "nucléaire militaire" et "nucléaire civil" se présente ici d'une façon quelque peu inattendue. Alors que la crainte essentielle est que les pays qui se dotent d'une industrie nucléaire civile puissent un jour utiliser leurs installations (en particulier les installations d'enrichissement) ou leurs matières nucléaires (en particulier l'uranium enrichi et le plutonium) pour se doter d'armements nucléaires, on voit actuellement la situation inverse : c'est l'industrie électronucléaire qui contribue au "désarmement" en consommant des stocks d'uranium ou de plutonium constitués à des fins militaires.

Enfin, n'oublions pas que les réserves estimées aujourd'hui le sont sur la base d'un prix de 130 $/kg.

- En gros ces réserves doubleraient en quelques années en faisant leur estimation sur la base de 200 $/kg.
- A eux seuls, les phosphates contiennent plus d'uranium que les minerais classiques, et on sait l'extraire industriellement.
- Il y a aussi le thorium que nous évoquerons plus loin.

Nous avons choisi de respecter les usages en matière d'unités concernant les prix de l'uranium, mais il faut savoir que ces usages n'ont rien de logique.Les Américains, Anglais, Canadiens, ou les Japonais qui dominent le commerce de l'uranium utilisent le dollar US par livre d'oxyde d'uranium ($/lb U_3O_8), cette livre d'U_3O_8 contenant 385 g d'uranium. Par contre les réserves sont généralement évaluées en fonction d'un prix exprimé au $US/kg d'uranium métal... sauf en Australie et en Afrique du Sud où l'on utilise des valeurs en $US/tonne d'$U_3O_8$.

Une mine à ciel ouvert, en exploitation, Australie, (Ranger mine).

Réserves en tonnes de matières ou réserves en milliards de kWh ?

Plus important encore que le chiffrage des quantités d'uranium est l'évaluation de la quantité d'énergie que cet uranium peut fournir. Et ici, la comparaison avec la question des réserves d'hydrocarbures et de charbon n'a plus aucun sens. Si on améliore la technologie des centrales thermiques, on peut espérer des gains de rendement qui se chiffrent au mieux en dizaines de pour-cent. En passant des réacteurs nucléaires actuels aux surgénérateurs, c'est un facteur 100 que l'on peut gagner sur l'énergie extraite d'une même quantité d'uranium, sachant que l'on gagnera aussi sur le rendement thermique.

Les surgénérateurs permettront ainsi d'extraire les 99% d'énergie potentielle laissée dans les "résidus" de l'alimentation des REP, l'uranium appauvri laissé entreposé à la suite des opérations d'enrichissement de l'uranium naturel comme de l'uranium récupéré lors du traitement des combustibles usés.

Les 2 millions de tonnes d'uranium appauvri déjà entreposé dans le monde pourraient fournir dans des surgénérateurs 20 millions de tWh, soit plus de 1 000 fois la consommation mondiale d'électricité en 2005 !

Nucléaire et sécurité d'approvisionnement

On entend parfois l'argument selon lequel l'uranium étant importé, celui-ci poserait les mêmes problèmes de sécurité d'approvisionnement que le pétrole ou le charbon.

Ceci est faux car il est beaucoup moins cher de stocker du "combustible" pour la production d'électricité sous forme d'uranium que sous forme de charbon ou de fuel oil : le stockage de l'uranium est environ 30 fois moins cher que celui du pétrole (conditions 2006) pour les mêmes quantités de production d'électricité.

Les principaux gisements d'uranium

Les gisements sont des zones de la croûte terrestre où les conditions physico-chimiques locales ont provoqué l'accumulation d'uranium, dont la concentration dépasse alors 0,1% et peut atteindre plusieurs dizaines de pour-cent dans les cas les plus favorables (voir encadré). Dans la plupart des cas, ces gisements se sont formés il y a plus de 600 millions d'années, à l'ère précambrienne.

Les ressources et réserves mondiales

Peut-on dire que ces réserves sont importantes ? A titre de comparaison, 2 millions de tonnes d'uranium ont été produites depuis les débuts de l'industrie nucléaire, soit une quantité proche des réserves "bon marché" estimées aujourd'hui.

Au rythme de la consommation actuelle (les besoins mondiaux en uranium naturel pour l'année 2005 s'élevaient à environ 67 000 tonnes), les réserves récupérables à moins de 80 $/kg U, soit 3,8 millions de tonnes, devraient durer plus de 55 ans et les réserves "ultimes", peut-être 20 millions de tonnes, largement plus de deux siècles. Audelà de cet horizon, les millions de tonnes d'uranium contenus dans les phosphates pourraient encore être exploités. En revanche, si les besoins croissent rapidement, la durée des réserves diminuera d'autant, à technologie de réacteurs constante. Si les besoins ont été de 67 000 tonnes en 2005, la production, elle, n'a atteint que 41 000 tonnes, environ 60% des besoins. Le reste a été couvert par des "sources secondaires" : déstockage, ré-enrichissement d'uranium peu appauvri, uranium récupéré lors du traitement des combustibles irradiés, etc. Ces sources secondaires vont rapidement se réduire, mais leur abondance dans la décennie passée avait maintenu très bas les cours de l'uranium : de nombreuses mines ont fermé. Les producteurs survivants ont considérablement réduit leurs efforts de prospection et n'ont mis en valeur que les gisements les plus riches. Depuis 2003, les cours de l'uranium ont connu une ascension spectaculaire et la prospection est activement relancée. En avril 2007 les cours du "spot" ont atteint 130 $ la livre.

A quoi ressemblent les mines ?

Pour extraire l'uranium, il est nécessaire d'accéder au gisement, soit en décapant la partie de la roche stérile qui le recouvre (c'est le cas des mines à ciel ouvert), soit en creusant des galeries dans cette même

Oak Ridge, Tennessee, Etats-Unis. "Bouton d'uranium métal". Ce bouton d'une valeur de 200 000 $ pèse environ 4 318 grammes.

A l'avenir le thorium pourrait devenir également une matière première importante. Le thorium est un métal de la famille des actinides. Tous les isotopes du thorium sont radioactifs ; le thorium naturel n'est constitué que du seul isotope thorium-232 à très longue période radioactive (14 milliards d'années). Le thorium-232 est un isotope fertile ; en absorbant un neutron, il se transmute en thorium-233 radioactif, qui se désintègre en protactinium-233, isotope radioactif qui se désintègre à son tour en uranium-233 fissile.

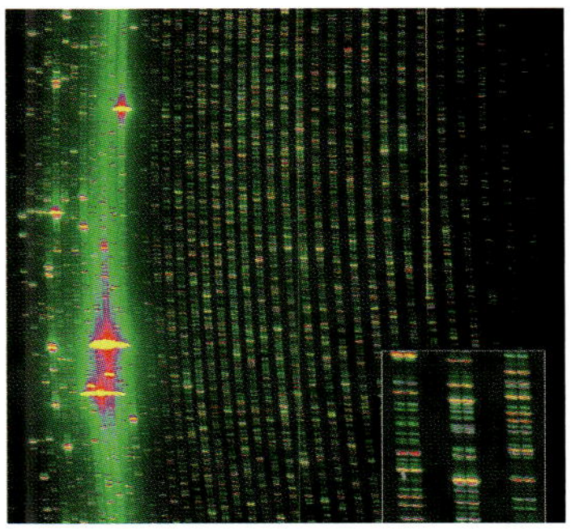

Le gisement de Cigar Lake se trouve dans l'Athabasca canadien. Il n'existait aucun indice de surface de l'existence de cette masse d'oxyde d'uranium, la plus riche jamais trouvée.

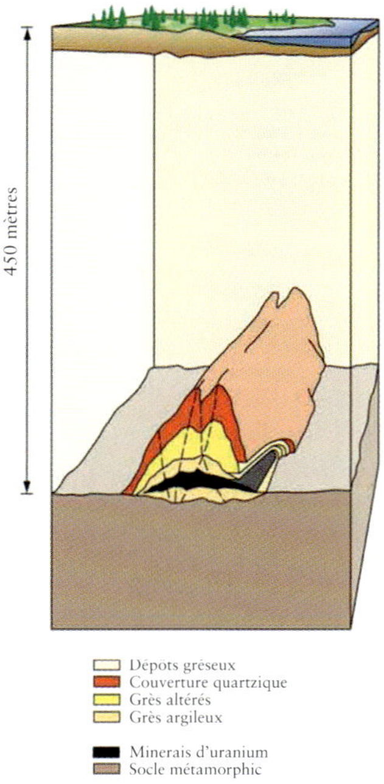

roche stérile si le minerai se situe plus en profondeur (c'est le cas des mines souterraines), soit par injection dans la roche d'une solution qui dissout le minerai sur place et que l'on récupère à la surface, procédé appelé "lixiviation in situ".

Les mines d'uranium à ciel ouvert présentent les avantages d'un accès facile au minerai. Les techniques et les engins employés sont comparables à ceux en service dans les carrières ou les chantiers de travaux publics. La couverture est décapée au bulldozer, puis le minerai est extrait à la pelle mécanique et transporté par camion sur une rampe jusqu'au niveau du sol. Après exploitation, l'excavation peut dans certains cas être inondée et transformée en lac. Mais le plus souvent, le trou est rebouché avec les matériaux excavés. Ensuite, on remet en place la couche de sol pour reconstituer un paysage correct.

La lixiviation in situ est une technique qui permet l'extraction de l'uranium en profondeur sans avoir à creuser d'ouvrages souterrains de grande ampleur. Plusieurs puits sont percés jusqu'au minerai. Une solution lixiviante (habituellement alcaline, plus rarement acide), injectée dans un des puits, dissout l'uranium et est récupérée par pompage dans les puits avoisinants. Ce mode d'extraction économique a l'avantage de permettre l'exploitation de ressources à faible teneur, même profondes. En revanche, il demande des précautions pour éviter de polluer les nappes d'eau souterraines et n'est utilisé que dans les régions peu habitées (Wyoming, Ouzbékistan, Kazakhstan, Australie).

Concentration du minerai

Comme le minerai n'est en général pas à haute teneur, il faut le concentrer sur place avant le transport. Cette opération est réalisée dans une usine de concentration. Après concassage et broyage, le minerai est attaqué chimiquement en pulpe. Le traitement le plus courant est une attaque à l'acide sulfurique. Le taux de récupération de l'uranium est en général supérieur à 90%. Après clarification et purification sur solvant ou résines échangeuses d'ions, l'uranium de la solution est précipité sous forme de sel (diuranate) par addition d'ammoniaque, de magnésie, d'hydroxyde de magnésium ou de soude.

Lavé et filtré, le concentré contient environ 75% d'uranium métal et est appelé le "yellow cake". Ce dernier peut éventuellement être grillé pour obtenir l'oxyde d'uranium U_3O_8. Yellow cake et oxyde d'uranium représentent les produits commercialisables de l'usine de concentration.

C'est en général l'oxyde qui sert à définir les quantités et les prix dans le commerce international de l'uranium.

Uranium, géosciences et développement durable

Un changement profond du système énergétique mondial va inévitablement se produire dans les décennies à venir pour deux raisons :

• L'approche du pic des productions mondiales de pétrole (vers 2020) puis du gaz naturel (vers 2030).

• L'intensification de la lutte contre l'effet de serre qui va limiter le développement du charbon et favoriser les énergies non émettrices de gaz carbonique, donc les énergies renouvelables et l'énergie nucléaire.

Ces deux facteurs sont les forces majeures derrière le redémarrage de l'industrie électronucléaire mondiale (passage de 434 réacteurs en opération en 2006 à 520 réacteurs dix années plus tard) et la très forte hausse des prix de l'uranium (passage du spot de 10 à plus de 100 \$/livre d'U_3O_8 entre 2002 et début 2007, et quadruplement estimé des prix pour les contrats à terme de 15 \$ à 60 \$ sur la même période).

Le bouleversement attendu du "bouquet énergétique mondial" est résumé dans la figure ci-contre. Si cette vision se révèle exacte, on aurait entre 2000 et 2100 une hausse considérable du pourcentage d'énergie nucléaire au sein de l'énergie primaire consommée dans le monde, passant de 7% à plus de 50 % à la fin de ce siècle.

Ceci correspondrait à une augmentation de la puissance nucléaire installée de 350 GW en 2005 à 6000 GW en 2100, et de 430 réacteurs en opération à plus de 4 000.

Dans cette vision, l'utilisation de l'énergie nucléaire ne serait plus limitée à la seule production d'électricité, mais mise massivement à contribution pour assurer un développement durable.

Pour ce faire, le nucléaire apporterait une contribution essentielle dans les domaines ci-après :

• la production d'eau douce par des usines de dessalement utilisant l'énergie nucléaire.

• la production d'hydrogène pour la chimie, le raffinage et la production de carburants de synthèse.

• la production de chaleur pour les usages domestiques (chauffage) ou industriels.

Ces développements sont possibles : sans eux on voit mal comment pourrait être assuré un développement durable des sociétés humaines avec une planète qui compterait une dizaine de milliards d'habitants dans la seconde moitié du XXIème siècle.

Ces développements exigeront une contribution majeure des géosciences pour trouver les ressources nécessaires en uranium et thorium et pour les exploiter au mieux. Géophysiciens, géochimistes, radiogéologues, géonumériciens, minéralogistes, sédimentologistes ou tectoniciens seront tous appelés à fournir leurs contributions afin que cette vision d'un développement énergétique durable puisse devenir réalité.

Concept Car Toyota Triathlon Race Car

Les voitures électriques mais surtout les véhicules hybrides rechargeables permettent une large pénétration de l'énergie électrique... et donc du nucléaire dans l'automobile.

Schéma simplifié des énergies commerciales produites et consommées dans le monde en 2005 et vision des auteurs pour 2100

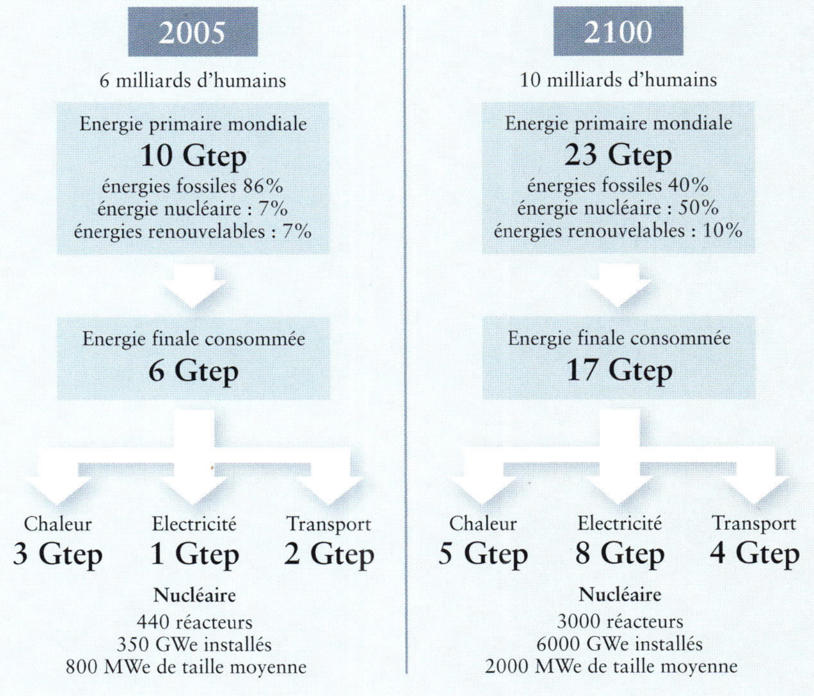

Viaduc de Millau

Les grands ouvrages de génie civil

Jean-Louis Giafferi & Alain Marchand

De la géologie classique en tant que science naturelle, il faut distinguer la géologie appliquée. Il faut parler plutôt des géologies appliquées, car il existe en réalité une géologie appliquée propre à chaque section industrielle utilisatrice. Une étude de géologie appliquée ne pratiquera ni les mêmes méthodes, ni les mêmes moyens de recherche s'il s'agit de pétrole, d'une mine, d'un site de barrage, d'un tracé optimum de tunnel ou d'autoroute, d'un site d'enfouissement de déchets radioactifs en milieu géologique profond ou d'une fondation pour une centrale nucléaire, même si chacune des géologies appliquées a pu bénéficier des progrès réalisés par l'une d'entre elles (méthodes d'investigation, outils de calculs...)

Il n'est pas nécessaire de remonter très loin pour évoquer la naissance de l'application de la géologie aux grands ouvrages de génie-civil.

Chacun sait que les grandes civilisations se jugent aux œuvres de leurs artistes, mais également à l'art de leurs constructeurs.

L'équilibre de la Maison Carrée à Nîmes qui rappelle l'harmonie des constructions grecques, la technique du Pont du Gard ouvrage parfaitement fonctionnel, les temples et pyramides d'Egypte, les temples des Mayas, par les dimensions et la qualité de réalisation, prouvent à l'évidence, de la part de leurs architectes, la parfaite maîtrise de leur art.

Devons-nous trouver plus extraordinaire la statuaire des portails de nos cathédrales, la finesse et la robustesse de leurs nefs, ou le savoir-faire de ceux qui ont parfois construit ces édifices sur des terrains de fondation qui exigent aujourd'hui toute la science et la technique des géologues, géotechniciens et entrepreneurs ? Toutefois il faut modérer cette admiration car d'une part, des accidents ont eu lieu et les construction détruites ne sont plus là pour en témoigner et d'autre part, nos anciens pouvaient à la fois choisir librement leurs sites et prendre leur temps. Aujourd'hui, la science et les techniques actuelles permettent de réaliser des ouvrages de plus en plus complexes sur des terrains de plus en plus difficiles (les autres étant déjà occupés) dont il faut déceler les faiblesses et les corriger.

Le génie civil est l'art des constructions nous dit le dictionnaire. Cette définition s'applique non seulement aux bâtiments et aux ouvrages d'art, mais également à l'ensemble des infrastructures des voies de communications, aux ouvrages enterrés et souterrains, aux ouvrages hydrauliques, aux aménagements en bords de mer et "off-shore", aux ouvrages ponctuels ou linéaires.

Tous les ouvrages de génie civil ont un trait commun : leur environnement direct, celui sur lequel ils se fondent ou contre lequel ils ont à se défendre tout en l'utilisant, c'est le sol et le sous-sol ainsi que l'eau qui les recouvrent ou les imprègnent.

Barrage de Roselend, Albertville (73, Savoie). La côte de la retenue est 1 557 m, elle alimente l'usine souterraine de La Bathie, sous 1 200 m de hauteur de chute.

Le barrage à contreforts de Roselend dispose d'une puissance maximale 550 MW.

Aussi est-il parfaitement naturel que l'art des constructeurs et les sciences de la terre aient une frontière, ou plutôt un point de passage commun, où ingénieurs de génie civil et géologues doivent nécessairement se rencontrer, collaborer et se comprendre.

Historiquement, cette collaboration n'a pas toujours existé. De nombreux grands ouvrages ou grands travaux ont été réalisés avec succès depuis l'antiquité et par toutes les grandes civilisations comme le tunnel Eupalinos en -525 avant J.-C. sur l'île de Samos, avant même que la géologie n'existât en tant que science.

C'est seulement vers le milieu du XIXème siècle que les géologues ont commencé à collaborer activement au génie civil lors du creusement des premiers grands tunnels ferroviaires. Pourquoi ? Parce que contrairement aux autres ouvrages où l'expérience des ingénieurs était ancestrale - pour les grands bâtiments, les ponts, les barrages par exemple - les ingénieurs qui ont conçu les premiers grands tunnels se sont trouvés confrontés à des problèmes réellement nouveaux pour eux, sans aucune référence antérieure. Et ils ont eu la sagesse de s'entourer des conseils de ceux qui pouvaient les aider, à savoir les géologues.

Ils en furent récompensés dès le creusement du premier tunnel transalpin, le tunnel du Fréjus, exécuté entre 1857 et 1870 entre Modane et Bardonnèche sur plus de 12 kilomètres, si l'on juge par ce qu'écrivait Louis Figuier à la fin du XIXème siècle dans son ouvrage couronné par l'Académie Française, intitulé les Grands Tunnels :

"C'est à Angelo de Sismonda, célèbre professeur de géologie à l'Université de Turin, que l'on doit d'avoirs parfaitement connu par avance les couches que le mineur allait rencontrer, et d'avoir si bien prévu la consistance, la dureté et l'épaisseur des terrains que l'instrument devait entamer, que les ouvriers disaient entre eux : pour les savants, les montagnes sont transparentes."

A la même époque ou un peu plus tard, des géologues français, suisses et italiens ont collaboré à la perforation des grands tunnels transalpins. Tous ne peuvent pas être cités ici, mais rappelons que certains sont restés célèbres, comme Heim qui parmi les premiers a énoncé une règle permettant d'estimer la pression des terrains en profondeur.

On reste frappé encore aujourd'hui par la disproportion entre l'ampleur des difficultés surmontées dans les travaux et la modicité des moyens techniques disponibles à l'époque. Il en est de même pour la géologie, lorsque l'on sait l'état embryonnaire des connaissances stratigraphiques, tectoniques et structurales, et de la cartographie géologique d'alors.

Ce n'est qu'une cinquantaine d'années plus tard que la géologie est vraiment entrée dans la technique des barrages. C'est avec Maurice Lugeon, au début du siècle dernier, qu'est née véritablement la géologie des barrages. Il fut en effet le premier grand géologue ayant acquis une large expérience des projets et des travaux de barrage. Il a d'ailleurs laissé son nom à une mesure de perméabilité (ou plutôt permettant de caractériser en sondage le comportement des fissures d'un massif rocheux sous une pression d'eau) qui n'a guère été dépassé depuis dans les études courantes.

Si pendant la première moitié du XXème sicle, le nombre de grands tunnels à creuser a diminué, il n'en a pas été de même pour les barrages et leurs galeries d'adduction et de dérivation dont les chantiers se sont multipliés tant avant la deuxième guerre mondiale que surtout après celle-ci en France avec un linéaire de plus de 1 000 kilomètres creusés dans le cadre du gros effort de développement hydroélectrique nécessité par la pénurie d'énergie de l'époque.

Depuis 1974, l'importance du programme nucléaire français a pris la suite de ces grands travaux.

Parallèlement, depuis une quarantaine d'années, en site urbain, les infrastructures souterraines (parkings, tunnels de métro de grand diamètre, galeries d'évacuation des eaux usées) ont pris un nouvel essor pour pallier les encombrements de surface et mieux gérer l'espace souterrain. Le développement des échanges internationaux et la création de l'Union européenne nécessitent des moyens de transport toujours plus rapides (autoroutes, lignes ferroviaires à grande vitesse, gazoducs, oléoducs, extensions portuaires) abolissant les obstacles naturels. C'est ainsi que des tunnels atteignant des linéaires de plusieurs dizaines kilomètres et de grand diamètre ont été creusés, ou sont en cours d'études sous les montagnes (Gothard, liaison Perpignan-Figueras, liaison Lyon-Turin) ou sous les mers (tunnel sous la Manche).

Les centrales nucléaires

L'insertion d'une centrale nucléaire de production d'électricité dans le tissu socio-économique d'un pays pose d'importants problèmes de sûreté, les problèmes géologiques de leur site n'étant pas les moindres.

Par géologie d'un site, on entend habituellement la nature du sol sur lequel seront construits les ouvrages. Lorsque le sol est véritablement défectueux, les dépenses de fondations peuvent devenir considérables pour garantir la stabilité dans le temps des fondations et répondre aux exigences de sûreté. En France, il existe deux règles fondamentales de sûreté spécifiques à la géologie :

- RFS 1 3C : "Etudes géologiques et géotechniques du site ; détermination des caractéristiques des sols et études du comportement des terrains" ;
- RFS 1 2C : "Détermination des mouvements sismiques à prendre en compte pour la sûreté des installations".

Contrairement à certains pays (Japon par exemple), il est possible de se fonder soit sur du rocher, soit sur des sols meubles.

Mais le sol en tant que support des ouvrages n'est pas le seul critère géologique du

Une centrale nucléaire rassemble et relie entre eux, selon une organisation complexe, des milliers de composants : réservoirs, tuyauteries, vannes, pompes, filtres, câbles électriques, instruments de mesure, circuits informatiques... Cet ensemble doit impérativement fonctionner dans les meilleures conditions de sécurité. Les fondation constituent un élément fondamental de la sécurité.

Centrale nucléaire de Cruas d'une puissance de 3 600 MW.

site. En effet, même si en France les secousses sismiques sont modérées par rapport à d'autres régions du monde, sauf en quelques zones très localisées, leur éventualité est prise en compte sur chaque site.

Enfin les sites nucléaires étant en majorité situés en plaine, à proximité d'un cours d'eau ou de la mer, il existe presque toujours sur les sites une ou plusieurs nappes phréatiques.

Les exigences de l'industrie nucléaire ont décuplé les progrès faits ces dernières décennies dans le travail pluridisciplinaire et la mise au point de méthodes de reconnaissance, tout en intégrant l'expérience acquise dans les autres domaines du génie civil.

En France, chaque site de fondation est marqué par un environnement géologique spécifique (des sables marins de Gravelines aux alluvions de la vallée du Rhône, du Rhin ou de la Loire, en passant par la craie pâteuse de Nogent-sur-Seine, ou saine et massive de Paluel et Penly, les calcaires karstiques de Civaux, la molasse de Golfech dans la vallée de la Garonne, jusqu'au granite de Flamanville et les schistes de Chooz dans les Ardennes). Par conséquent, la nature, l'extension et la profondeur des reconnaissances, les moyens d'études des caractéristiques géologiques et mécaniques des terrains, les essais en place et en laboratoire doivent être adaptés à chaque cas.

Etudes des fondations

L'étude des terrains doit être telle que les incertitudes sur les mesures relatives à ces terrains aient une influence négligeable sur le résultat des études de comportement, en termes de tassements ou de gonflements, de liquéfaction potentielle, de stabilité des pentes naturelles ou artificielles, voire de rejeux de failles.

Après la réalisation indispensable des études sur le terrain qui mettent en œuvre les qualités fondamentales d'observation et de compréhension des phénomènes géologiques, trois types de méthodes sont utilisés pour ces études. Ces méthodes ne sont au fond que le prolongement (le complément perfectionné) du marteau et de la boussole, mais elles apportent des mesures chiffrées des paramètres définissant les comportements des sols et des roches.

Carte des centrales nucléaires en fonction en France en 2007.

Méthodes destructives

A partir des données bibliographiques, de l'établissement de la carte géologique détaillée, la nature et la disposition des terrains, leur degré d'hétérogénéité sont étudiés à l'aide de sondages mécaniques et autres méthodes d'investigation ponctuelle.

Outre les améliorations apportées ces dernières décennies dans la qualité des prélèvements d'échantillon de sols non remaniés à l'aide de carottier triple enveloppe, l'utilisation de forages destructifs avec enregistrement de paramètres a été adaptée sur les sites de centrales nucléaires.

Cette technique est couramment utilisée dans la prospection pétrolière. Elle permet d'identifier certains marqueurs géologiques bien contrastés (couches sableuses, argiles, galets et graviers, toit du rocher…) et ce avec une plus grande rapidité d'exécution et un coût inférieur à celui des sondages carottés. Avec une réserve importante, les paramètres doivent être soigneusement étalonnés pour obtenir une bonne interprétation. Clas-

Barrage de Petit Saut (Guyanne française) : sondage de reconnaissance avec profil d'altération (photo EDF Service Géologie Géotechnique).

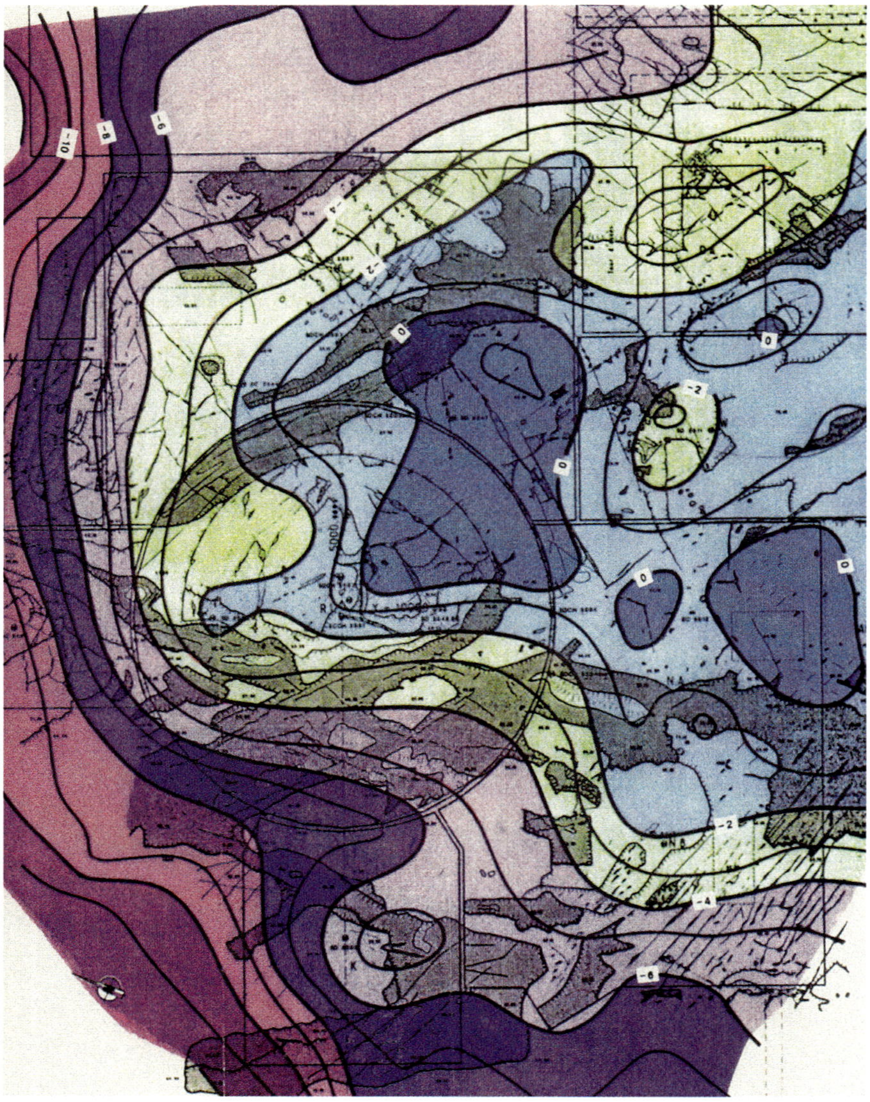

Anomalie gravimétrique résiduelle en centième de milligal

- *de +4 à 0*
- *de +0 à -2*
- *de -2 à -4*
- *de +4 à 0*
- *de -6 à -8*
- *de -8 à -10*
- *de -10 à 12*

Les études gravimétriques mesurent l'accélération locale de la pesanteur et permettent de détecter les différences de densité dans les roches, voire les cavités.

siquement les paramètres mesurés sont la pression sur l'outil, le couple de rotation, la pression du fluide de foration et la vitesse instantanée d'avancement.

Méthodes non destructives

La géophysique apporte au géologue une vue globale par transparence qui lui permet de mieux comprendre et relier entre elles les informations fournies par les sondages mécaniques ou autres.

Si ces méthodes ne sont pas nouvelles, elles ont connu un grand développement avec les études des sites de centrales nucléaires. En particulier la complémentarité des différentes méthodes : sismique réfraction, sismique réflexion, électrique, micro-gravimétrie, magnétotellurie, a été très poussée comme pour la centrale de Civaux ou celle de Cruas.

Méthodes géotechniques

Elles permettent de déterminer les caractéristiques de déformabilité, de résistance statique et dynamique. Les essais en laboratoire et en place (pressiomètre, pénétromètre…) sont mis en œuvre. Les difficultés rencontrées sur certains sites, comme Nogent-sur-Seine, ont montré que ces deux approches étaient complémentaires et ne devaient pas être opposées.

Etudes des nappes phréatiques

Les sites de centrales nucléaires se présentent pour la plupart dans un contexte géologique où l'existence sur le site ou à proximité d'une ou plusieurs nappes phréatiques pose des problèmes de quatre types avec des échelles de temps qui vont de quelques années à plusieurs dizaines d'années.

- Problèmes de modification par les ouvrages de l'état initial préexistant : perturbation des écoulements pouvant causer un dommage dans le voisinage (utilisateurs actuels ou futurs des eaux souterraines, tassements ou humidification des sols, etc). Les perturbations apportées par les travaux des différentes tranches entraînent une évolution durable de la situation hydrogéologique "provisoire" provoquée par les chantiers successifs jusqu'aux conditions d'exploitation supposées "définitives" des premières tranches mises en service (cette situation peut durer jusqu'à 20 ans : cas de Chinon, Saint-Laurent).
- Problèmes d'exécution des fondations des ouvrages : la réalisation des fouilles des ouvrages, souvent en-dessous du niveau phréatique, exige une bonne connaissance de l'hydrogéologie locale mais aussi régionale, afin d'adapter les méthodes d'exécution (rabattement ou étanchement) aux conditions du terrain. La stabilité des fondations (tassements) n'est pas elle-même indépendante des conditions hydrogéologiques provisoires ou définitives. C'est ainsi que des conditions particulières ont conduit à réaliser des parois géotechniques exceptionnelles (voir parois moulées plus loin) dans les années 1980 pour permettre la substitution des vases du Blayais dans l'estuaire de la Gironde. A Nogent-sur-Seine, des pompages réalisés en cours de construction

du bâtiment réacteur (poids final de 100 000 tonnes) ont permis d'écrouir la craie pâteuse (le rabattement de la nappe crée des efforts sur la craie constituée de nodules de craie saine dans une matrice pâteuse, correspondant à un préchargement de quelques milliers de tonnes). Cette technique complétée par la mise en place d'éléments pondéreux à l'intérieur des bâtiments a permis d'anticiper ainsi les tassements futurs des ouvrages.

Détermination du risque sismique

L'approche française a été élaborée en fonction des caractères particuliers du territoire métropolitain, ce qui par rapport à d'autres pays lui donne un caractère très spécifique : elle est définie par des textes réglementaires, la RFS 12.C

C'est le principe de sûreté maximale qui est appliquée. La sécurité des biens et des personnes doit être assurée pour le séisme qui correspond à la secousse la plus pénalisante pour le site, tout en restant compatible avec le contexte sismo-tectonique local. Ce séisme est appelé “Séisme majoré de sécurité SMS”. A ce séisme sont associés des spectres de réponse utilisés pour le calcul dynamique des ouvrages. Un spectre de réponse est une courbe correspondant à l'amplitude maximale, en fonction de la fréquence, de la réponse d'oscillateurs simples ayant un amortissement donné, lorsqu'ils sont sollicités par le mouvement du sol.

Les données de la géophysique profonde, de la géologie et de la néotectonique, ainsi que les informations fournies par la sismicité historique et instrumentale permettent de définir, pour la région du site étudié, un ensemble d'“accidents sismogènes” et de “domaines tectoniques”.

Pour chaque “accident sismogène” et chaque “domaine tectonique”, on définit le “séisme maximum potentiel” compatible avec cet “accident sismogène” ou ce “domaine tectonique”. Pour chacun de ces séismes, on choisit la configuration la plus pénalisante pour le site. Cette opération permet de définir pour le site envisagé un ou plusieurs “séismes maximaux historiquement vraisemblables” (SMHV) qui sont le ou les séismes résultant de l'analyse précédente, susceptibles de produire sur le site les effets les plus importants.

Barrage de Karahnjuka

Le projet hydroélectrique de Karahnjuka en Islande d'un coût de 3 milliards de $: une entreprise gigantesque qui exploitera les rivières pour produire de l'électricité. Hauteur : 190 mètres

Les barrages

André Coyne, grand concepteur français de barrages, écrivait : “Le point capital dans la construction d'un grand barrage, c'est la fondation. C'est le sol, en quelque sorte, qui est le maître d'œuvre. C'est lui qui commande. Les raisons en sont bien simples.

Barrages en matériaux meubles

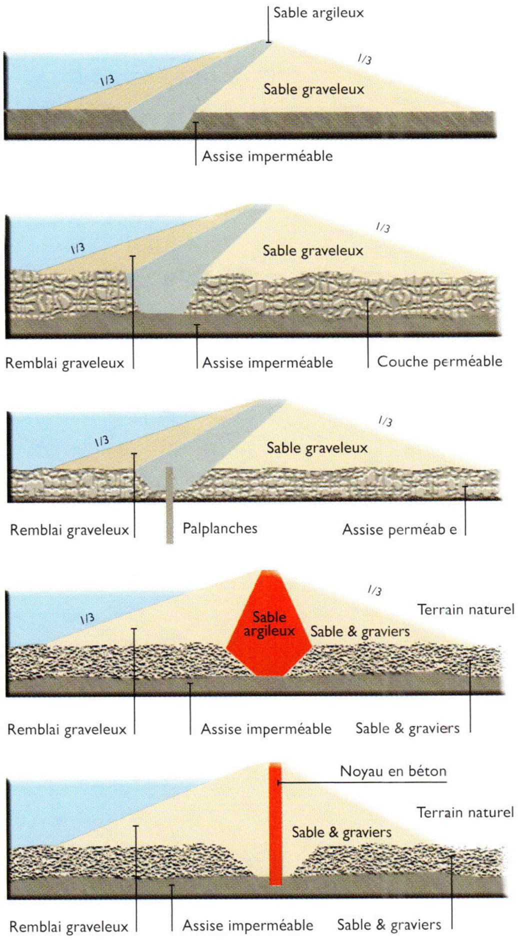

Stabilité mécanique des fondations

Quel que soit le type de barrage les propriétés géotechniques de la fondation doivent donc être soigneusement reconnues et bien comprises car leur rôle est fondamental pour le comportement de la structure et des appuis qui lui sont associés.

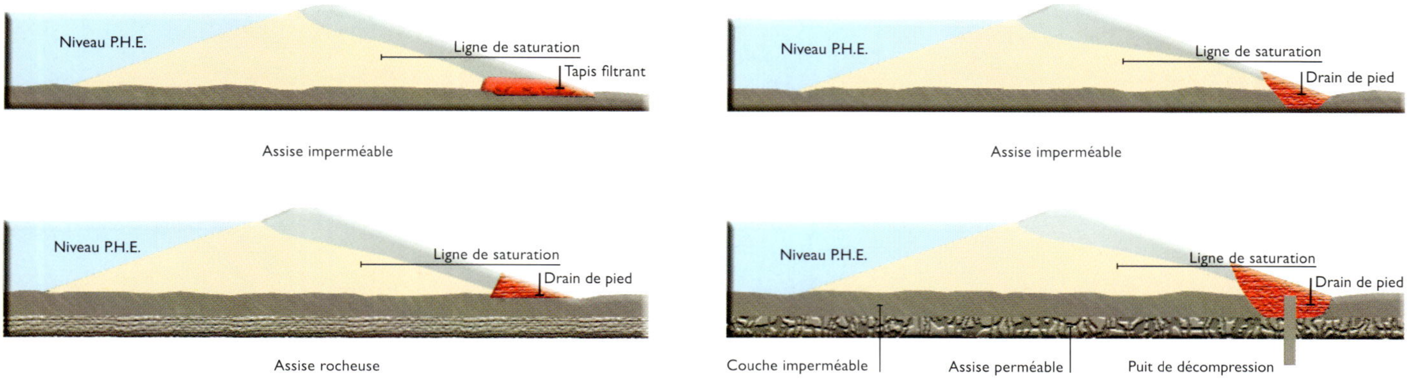

Barrages en matériaux meubles

Le barrage Hoover (Hoover Dam) est un barrage voûte sur le fleuve Colorado aux États-Unis près de Boulder City, à la frontière entre l'Arizona et le Nevada. La construction commença en 1931 et fut achevée en 1935.

- *Hauteur : 221 mètres*
- *Retenue : 45 milliards de m^3*
- *Longueur de crête : 366 mètres*
- *Largeur à la base : 201 mètres*
- *Puissance installée : 2 074 MW*

Les turbines sont placées dans les piliers.

Il n'y a pas d'ouvrage qui tienne davantage au sol qu'un barrage. Il y tient par le fond et par les flancs. En largeur, en hauteur, en profondeur, les surfaces et les volumes du sol touchant l'ouvrage lui-même, ou baignés et pénétrés par les eaux qu'il retient, sont considérables".

Autrement dit, un barrage se compose de deux parties. Le barrage artificiel fait de la main de l'homme, et le barrage naturel qui le prolonge, l'entoure et sur lequel il est fondé. Le plus important des deux c'est le second, celui que l'on ne remarque pas. C'est dans ce barrage que réside le plus gros risque.

Stabilité mécanique des fondations

Quel que soit le type de barrage, les propriétés géotechniques de la fondation doivent donc être soigneusement reconnues et bien comprises, leurs rôles étant fondamentaux pour le comportement de la structure et des appuis qui lui sont associés.

Si la décision de construire un ouvrage en béton ou en matériaux meubles sur un site donné résulte de l'analyse d'un certain nombre de facteurs parmi lesquels la géologie joue un rôle important, le choix du parti final dépend en fait du "poids" relatif de certaines des caractéristiques du site.

Trois types fondamentaux de problèmes doivent être pris en compte par les concepteurs du projet au sein desquels le géologue joue rôle très important.

• La tenue des appuis qui doivent permettre de résister aux nouvelles contraintes engendrées par. le barrage. Il s'agit alors de connaître la résistance, la déformabilité de la surface d'appui qui est une des limites du volume de la fondation, et la résistance au glissement produit par la mise en mouvement de masses rocheuses le long de discontinuités préexistantes ou bien par rupture de couches aux caractéristiques faibles.

• La stabilité générale de la fondation et des rives qui doit être vérifiée compte tenu des nouvelles conditions créées par le barrage qui applique de fortes charges et crée de grandes forces de percolation dans le massif. La sécurité de l'état naturel du volume rocheux ne devrait pas se trouver réduite après la mise en service de l'ouvrage.

• La circulation de l'eau qui nécessite des précautions spéciales pour éviter l'érosion interne et réduire les risques de fuites trop importantes.

C'est ainsi que le géologue doit être l'interprète entre le milieu naturel et le projeteur du barrage en définissant le volume du massif concerné par l'ouvrage et ses propriétés.

La caractéristique essentielle de ce massif, c'est qu'il a été fabriqué par la nature, ceci se traduit souvent par des propriétés très variables d'un point à un autre, et également susceptibles d'évoluer dans le temps..

Si la morphologie conditionne la sélection des meilleurs sites de barrage (cas idéal d'un resserrement de vallée précédé d'un élargissement favorable à la création d'une retenue important, les propriétés géotechniques principales du site sont conditionnées par la nature géologique des terrains qui se regroupent en trois types.

• Les formations superficielles meubles telles qu'éboulis, alluvions dont le comportement est du domaine de la mécanique des sols. Dans les vallées, une couche plus ou moins importante de ces formations masque parfois une ancienne topographie du "bed-rock". Dans les vallées glaciaires, les canyons sous-glaciaires constituent les plus connues de ces anomalies. Pendant longtemps, les grandes

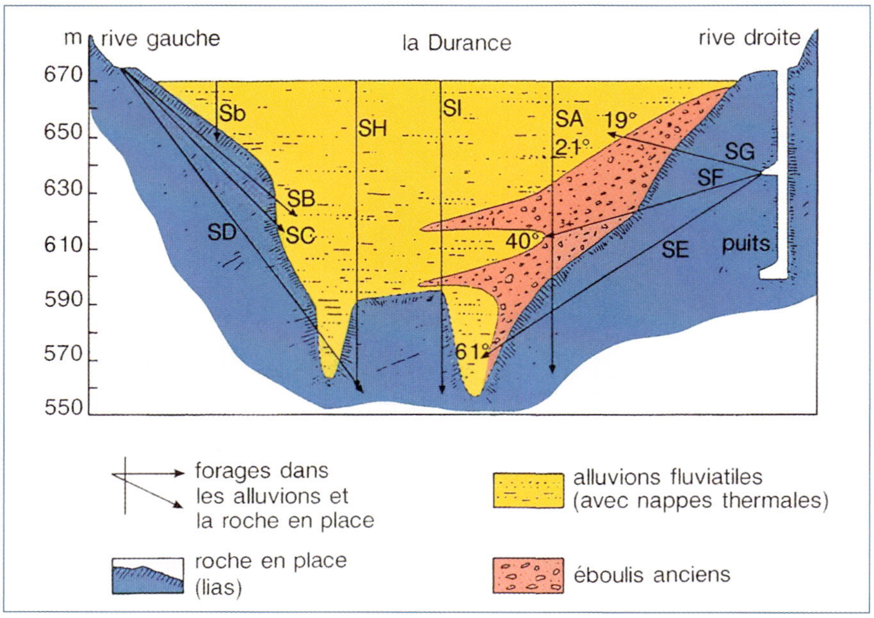

Coupe verticale du site de Serre-Ponçon.
Photo du haut : barrage en terre de Serre-Ponçon.

épaisseurs d'alluvions comme à Serre-Ponçon avec une centaine de mètres et l'absence de techniques d'étanchement sur de telles profondeurs ont empêché la construction de barrages sur de tels sites. Ce n'est qu'au début des années 1950 que les progrès en injection le permirent.

• Le substratum rocheux altéré se rencontre généralement en surface ou parfois dissimulé sous des formations superficielles. Sa nature et son épaisseur dépendent de très nombreux facteurs tels que la composition chimique et minéralogique de la roche originelle et les conditions climatiques actuelles ou bien antérieures. Les caractéristiques géotechniques d'une telle formation sont très hétérogènes, passant rapidement de celles d'un sol à celles d'une roche, avec cependant en général un gradient d'altération de la roche saine vers la surface.

• Le substratum rocheux sain possède des caractéristiques géotechniques variables suivant sa nature : roches cristallines (granite), roches métamorphiques (gneiss, schistes) roches sédimentaires (calcaires, grès, marnes). Mais ce sont les discontinuités diverses qui jouent un rôle fondamental. L'échelle de ces discontinuités va suivant les cas de l'échelle microscopique à l'échelle plurikilométrique en passant par l'échelle métrique à décamétrique.

Le choix du type d'ouvrage dépend de nombreux facteurs.

• Le degré d'homogénéité montre la possibilité de tassements différentiels.

• Les caractéristiques géotechniques (résistance et déformabilité) sont à la base des calculs.

• Une attention particulière doit être accordée au risque d'érosion régressive dans les terrains de fondations sous l'effet des circulations d'eau sous l'ouvrage. Ce risque a été pris en compte dans les injections complémentaires de la fondation gréseuse du barrage de Vieux Pré dans les Vosges (environ 60 mètres de hauteur), où certains horizons sont peu ou pas cimentés.

• Dans certaines régions sismiques, le risque de liquéfaction de la fondation sous sollicitations dynamiques devra être étudié. Généralement, l'étude de ce risque utilise la méthode simplifiée de Seed qui prend comme données d'entrée les paramètres suivants :

- pour caractériser le séisme : la magnitude et l'accélération horizontale maximale à la surface du sol ;

- pour caractériser le sol : la courbe granulométrique et la résistance SPT (Standard Penetration Test) en ce qui concerne la résistance mécanique.

• L'épaisseur des terrains de couverture détermine la profondeur des fouilles. Une forte épaisseur en interdit le décapage comme dans le cas du barrage de Serre-Ponçon.

• Les discontinuités et leurs orientations conditionnent la stabilité des appuis, les circulations d'eau et les possibilités de sous-pression, en particulier pour les barrages en béton. La catastrophe de Malpasset a révélé la très grande importance du développement de sous-pressions au sein du massif rocheux de la rive gauche ayant entraîné la rupture de l'ouvrage.

Audrey Savajol
(ENSG, 2005)
Soletanche Bachy

"Géologue de formation, j'ai acquis, lors de mon cursus à l'ENSG, des connaissances géotechniques qui m'ont permis d'intégrer Soletanche Bachy. Mon métier d'ingénieur travaux me conduit à diriger des chantiers de fondations spéciales dont la géologie est la principale variable aléatoire ; chaque jour nous devons prendre en compte les imprévus du sol, c'est ce qui rend ce métier passionnant."

La catastrophe du barrage de Malpasset le 2 décembre 1959

C'est la plus grande catastrophe de ce genre qui ait jamais touché la France. Les barrages-voûtes sont réputés pour leur exceptionnelle solidité, la poussée de l'eau ne faisant que renforcer leur résistance. Malgré la très faible épaisseur du barrage de Malpasset, 6,78 m à la base et 1,50 m à la crête, ce qui en fait le barrage le plus mince d'Europe, la voûte elle-même est entièrement hors de cause. Mais ce type d'ouvrage doit s'appuyer solidement sur le rocher, ce qui n'était apparemment pas le cas à Malpasset. Certes, la roche, quoique de qualité médiocre, était suffisamment solide, en théorie, pour résister à la poussée. Mais une série de failles sous le côté gauche du barrage, "ni décelées, ni soupçonnées" pendant les travaux de prospection, selon le rapport des experts, faisait qu'à cet endroit la voûte ne reposait pas sur une roche homogène. Le 2 décembre 1959, le rocher situé sous la rive gauche a littéralement "sauté comme un bouchon" et le barrage s'est ouvert comme une porte...

Etanchéité de la retenue

En dehors des problèmes soulevés par la mise en cause de la stabilité de l'ouvrage par une nouvelle répartition des pressions, la difficulté essentielle réside dans les risques de fuites de la cuvette et au droit du site.

Les contextes géologiques qui permettent des fuites importantes sont très nombreux. De tels problèmes sont très fréquents dans les massifs calcaires où des circulations à longue distance peuvent être créées comme cela avait été redouté lors des études du barrage de Ste Croix sur le Verdon avec la présence de la fontaine Lévêque. Mais les résultats de la mise en eau ont confirmé les conclusions favorables des études d'avant travaux, ce qui n'a pas été le cas pour certaines retenues de barrages à travers le monde qui n'ont jamais été remplies.

Un autre cas devenu classique est engendré par le phénomène d'épigénie mis en évidence lors de la construction des barrages de la vallée du Drac.

Le problème des roches solubles (gypse) se rencontre parfois. Leur présence massive

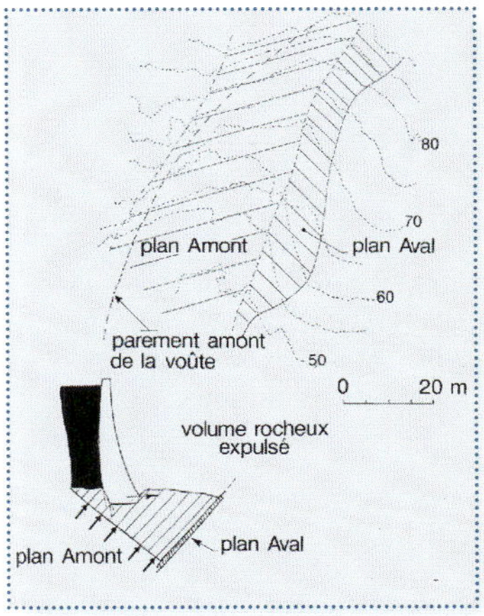

Schéma de l'appui rive gauche du barrage de Malpasset.

Au début de l'hiver 1959, les pluies torrentielles vinrent remplir pour la première fois le nouveau barrage de Malpasset, en amont de Fréjus, dans le sud de la France. Lorsque celui-ci céda soudainement, le 2 décembre 1959 à 21h 13, près de 50 millions de mètres cubes d'eau déferlèrent, ravageant campagnes et villages jusqu'à la mer. C'est la plus grande catastrophe de ce genre qui ait jamais touché la France.

*1. **Le barrage poids** est un barrage dont la propre masse suffit à résister à la pression exercée par l'eau.*

*2. **Le barrage voûte :** la poussée de l'eau est reportée sur les flancs de la vallée au moyen d'un mur de béton arqué horizontalement, et parfois verticalement.*

*3. **Le barrage à contreforts** est réalisé en fonction des conditions géologiques du site.*

peut condamner un site. Le cas de la retenue du Mont-Cenis à la frontière franco-italienne montre que pour un ouvrage non fondé directement sur le gypse, des études détaillées sur une longue période permettent de concevoir un ouvrage à la sécurité satisfaisante vis-à-vis de l'étanchéité. Le suivi de l'évolution de la dissolution pendant la phase d'exploitation de l'ouvrage permet de valider les résultats de ces études. Cette dissolution se traduit de façon spectaculaire par l'apparition de fontis ou dolines par remontée de cavités de dissolution de la profondeur vers la surface.

Stabilité des versants des retenues

Parmi les particularités d'un site susceptibles d'influer sur la conception, la sécurité et le coût de l'ouvrage, celles relatives à la stabilité des versants de la retenue sont de première importance. Depuis la catastrophe du Vajont en 1963 en Italie, une grande attention est apportée à la stabilité des berges, notamment lors des vidanges rapides de la retenue.

Dans le cadre des reconnaissances, il s'agira de :

• localiser et étudier les zones à risque à partir d'études morphologiques approfondies sur le terrain et à partir de photographies aériennes, d'études lithologiques et structurales. Ces études pourront être complétées par des reconnaissances in situ (géophysique, sondages carottés et destructifs, mesures inclinométriques...),

• définir, éventuellement, une auscultation et des remèdes pour stabiliser les zones instables.

Cependant, il est souvent très difficile de fournir des données chiffrées précises quant à la stabilité d'un versant. En cas de doute, il s'agira d'affiner les paramètres de calcul par des calculs en retour et de mesurer les déplacements avant la rupture éventuelle.

Les plus hauts barrages du monde

Barrage	Pays	Date	Type	Hauteur
Nurek	*Tadjikistan*	*1980*	*Barrage en terre*	*300 m*
Grand Dixence	*Suisse*	*1961*	*Barrage poids*	*285 m*
Inguri	*Georgie*	*1980*	*Barrage voûte*	*272 m*
Tehri	*Inde*	*En construction*	*Barrage terre / enrochements*	*261 m*

TECHNIQUES CONSTRUCTIVES DANS LE SOL

Nous venons d'examiner et d'illustrer par les exemples des centrales nucléaires et des barrages l'importance et la nécessité de la connaissance géologique multicritère du site d'un projet de construction.

Dans cette seconde partie, nous nous intéresserons aux techniques requises pour adapter un ouvrage donné aux conditions géologiques particulières de son lieu d'édification.

Ces procédés prennent concrètement en compte les trois données subordonnant tout projet :

• la connaissance du sol (géosciences) ;

• l'état des techniques et des procédés de modélisation ;

• l'économie et la sécurité du projet.

D'une façon générale, lorsque l'on projette de construire un ouvrage quel qu'il soit, les éléments constructifs en contact avec le sol doivent à la fois rendre cet ouvrage résistant et étanche et ne pas diminuer, voire plutôt améliorer, l'état de stabilité préexistant.

La qualité du sol, le niveau de la nappe ainsi que les risques de toute nature sont pris en compte dans l'étude et la construction de l'ouvrage.

Le géotechnicien, le bureau d'études de structure et le maître d'œuvre collaborent pour concevoir et proposer au maître d'ouvrage les procédés optimums en regard des caractéristiques du sol et des nécessités géométriques de l'ouvrage à construire. On peut schématiquement distinguer trois grands types de difficultés à résoudre :

• le projet s'inscrit dans le sous-sol, il faut alors soutenir les sols par des parois et ancrages ;

• les contraintes apportées sur le sol superficiel par l'ouvrage étant supérieures à ses capacités portantes, il faut soit améliorer ce sol afin de lui donner les caractéristiques autorisant les fondations superficielles, soit rechercher au moyen de fondations profondes une couche d'assise de résistance suffisante ;

• durant les phases de construction de l'ouvrage, ou de façon définitive, il est nécessaire de s'affranchir de l'existence d'une nappe souterraine, des injections

Concarneau cale sèche. Les techniques de construction permettront de réaliser des ouvrages dans des conditions très difficiles (par exemple : proximité de la mer et terrain de très mauvaise qualité).

de sol ou des écrans imperméables sont alors mis en œuvre.

L'ensemble des procédés détaillés ci-après se rattache tous à la résolution de ces trois problématiques.

Les soutènements et les ancrages

Un écran de soutènement est une structure élancée permettant d'exécuter une excavation verticale, il s'oppose à la poussée des terres, de l'eau et des constructions mitoyennes. Il s'appuie sur des butons ou des tirants d'ancrage, l'encastrement sous le fond de fouille mobilise également la butée nécessaire à l'équilibre.

On distingue :

• les écrans discontinus de type berlinois ou apparentés ;

• les écrans continus : parois moulées, parois préfabriquées, rideau de palplanches, parois armées au coulis, etc…

Les parois "berlinoises"

Elles sont constituées d'éléments verticaux de fondations profondes, complétés en cours de terrassement d'éléments de blindage et d'ancrages. Le terrain doit être exempt d'eau et présenter une cohésion à court terme suffisante pour permettre les phases d'excavation avant blindage.

Le tableau ci-contre synthétise les différentes techniques dérivées :

Dénomination	Eléments verticaux	Blindage
Paroi "berlinoise"	*Profilés métalliques*	*Bois ou néton projeté ou banché*
Paroi "lutétienne"	*Pieux forés*	*Béton projeté ou banché*
Paroi "parisienne"	*Pieux préfabriqués*	*Béton projeté ou banché*
Paroi "moscovite"	*Barettes (éléments de paroi moulée)*	*Béton projeté ou banché*
Paroi "microberlinoise"	*Micropieux*	*Béton projeté ou banché*

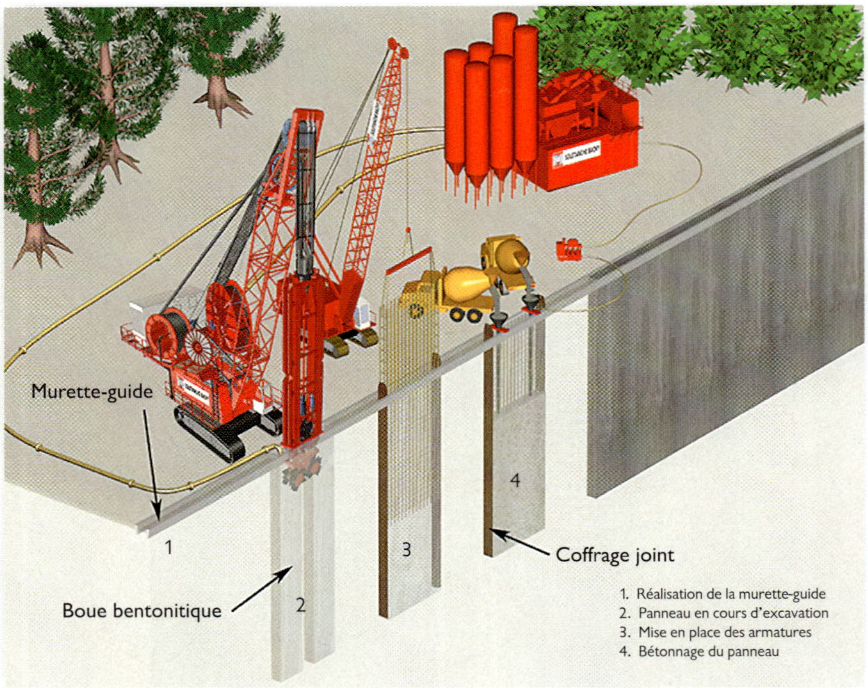

Principe de réalisation d'une paroi moulée

Les rideaux métalliques

Ce type de soutènement est employé principalement pour les ouvrages fluviomaritimes. Selon la hauteur de soutènement recherchée, on utilisera des palplanches de différents modules (différentes rigidités) ou des combinaisons de profilés ou de tubes de forte inertie et de palplanches.

La mise en place de ces rideaux se fait par
- battage,
- fonçage,
- vérinage.

A l'exception du dernier procédé, limité toutefois en profondeur, les vibrations induites par les méthodes classiques réservent l'emploi des palplanches et assimilés aux sites extra-urbains. Par contre, leur emploi est quasi obligatoire lorsqu'il s'agit de créer un soutènement en pleine eau (un quai par exemple), le remblaiement côté terre se faisant alors après mise en place du rideau métallique, les ancrages étant généralement des tirants subhorizontaux, posés en cours de remblaiement et accrochés eux-mêmes dans un rideau arrière (le rideau d'ancrage).

Outillage benne pour paroi moulée.

Parois armées au coulis ou sol-ciment

Ces techniques sont intermédiaires entre celle des "berlinoises" et celle de la paroi moulée. Elles visent à créer, en milieu aquifère, des soutènements provisoires économiques. Des profilés (ou tubes) sont introduits dans une tranchée excavée sous coulis ou réalisée à l'aide d'atelier de soil-mixing (multitarières ou géomixers). Par mobilisation d'effets voûte, le coulis ou le sol-ciment transmet la poussée des terres et de l'eau aux éléments verticaux.

Les parois moulées

Une paroi moulée est un écran en béton armé moulé dans le sol. La stabilité de la tranchée pendant l'excavation, le ferraillage et le bétonnage, étant assuré par un fluide de perforation thixotropique (traditionnellement de la boue bentonitique) qui constitue sur les parois de forage une couche étanche "cake" et s'oppose par suppression hydrostatique à la décompression des terrains encaissants.

Il existe deux grandes familles d'outillage pour exécuter les parois moulées :

- les bennes à câble et hydraulique : Chez les premières, la réaction aux efforts de pénétration est assurée par le poids de la benne elle-même. Chez les secondes, des vérins hydrauliques de forte puissance dispensent action et réaction. Ce dernier type d'outillage peut en outre être équipé de dispositifs de correction de trajectoire et d'asservissement ;
- les fraises : ces outillages travaillent en continu à l'aide de tambours à axes horizontaux équipés de dents ou de pics. Le terrain broyé est évacué en suspension dans la boue de forage par un dispositif de pompage situé dans l'outillage lui-même. Dans ce procédé dit de "circulation inverse", une importante unité de criblage-cyclonage fait partie intégrante du circuit de forage. Les outillages sont utilisés pour excaver des terrains très résistants, et/ou pour assurer la verticalité des ouvrages profonds. Des dispositifs de mesure et de correction permettent de limiter les déviations à quelques millièmes.

Des parois moulées ont atteint 125 mètres de profondeur avec ce type d'outillage (USA. Mud Mountain).

L'équipement d'armatures, suivi du bétonnage au tube plongeur toujours sous boue bentonitique, achève la réalisation dans le sol de ces murs en béton armé que sont les parois moulées. Elles sont en règle générale intégrées à l'ouvrage définitif dont elle constitue l'enceinte et la fondation périphérique.

On peut signaler que de nombreux ouvrages utilisent l'effet voûte des parois circulaires. Des bassins, parkings, puits d'accès sont ainsi excavés sans appui intermédiaire à l'abri de cylindres de grandes dimensions constitués de parois moulées :

- 90 mètres de diamètre : Zeebruge Terminal GNL ;
- 60 mètres de profondeur : puits d'accès SOCATOP.

Les tirants et ancrages

Un tirant d'ancrage est un dispositif qui prend appui sur la structure à ancrer et transmet les efforts de traction qu'il reçoit à une couche de sol résistante.

Un tirant sera dit passif s'il est mis en tension uniquement par les sollicitations apportées à l'ouvrage, il est actif si une mise en charge préalable à l'application de ces sollicitations limite les déformations. Dans le premier cas, l'armature est le plus souvent une barre ou un tube métallique ; dans le second cas, il s'agit généralement d'un faisceau de câbles en acier pour précontrainte.

Le tirant est solidarisé au terrain d'ancrage par injection de produit de scellement (généralement un coulis de ciment) ; la longueur de scellement résulte d'essais préalables qui ont déterminé la capacité d'ancrage du terrain dans des conditions d'exécution normalisées. Si des abaques ont été établis permettant un prédimensionnement, seuls les résultats d'essais (préalables et de contrôle) permettent de valider définitivement ce dimensionnement.

Bien que des tirants actifs de capacité supérieure à 1 000 tonnes aient été réalisés (Montréal - Stade Olympique), les capacités usuelles se situent habituellement entre 60 et 150 tonnes. Les tirants actifs représentent une des techniques sensibles au sein des travaux de fondation, il convient de maîtriser la chaîne conception–exécution–contrôle. La mise en tension, qui en est la phase ultime, révélatrice, fait l'objet d'une attention toute particulière. Les tirants actifs sont principalement utilisés en appui d'écran de soutènement.

Les tirants passifs sont employés pour reprendre les efforts de radiers en sous-pression ou ancrent des structures élancées (pylônes, tours cheminées). Les clous et épingles qui sont des tirants passifs de petite capacité sont utilisés en stabilisation de falaises et de glissements de terrain, en consolidation de galeries et pour la création de massifs armés ; dans ce dernier cas, le résultat s'apparente alors à l'amélioration de sol : c'est l'ensemble (sol + clous) qui constitue le soutènement.

Des tirants actifs de capacité supérieure à 1 000 tonnes ont été réalisés à Montréal pour le stade olympique).

Tirants actifs à Monaco. Le but de ces tirants est d'équilibrer la poussée des terres à l'arrière du mur de soutènement.

Appontement sur pieux refoulés battus. (Mozambique)

Les fondations profondes

Sous ce terme, on désigne des éléments verticaux (ou subverticaux) réalisés dans le sol par diverses techniques et destinés à reprendre des charges localisées.

Les pieux représentent la technique de construction "spéciale" la plus répandue au monde et la plus ancienne (elle a été utilisée dès le néolithique pour la construction de cités lacustres). Aussi chaque pays a-t-il développé ses techniques propres et des méthodes de dimensionnement, basées initialement sur l'expérience.

On distingue deux grandes familles de pieux : les pieux refoulés et les pieux excavés.

Construction d'un écran étanche

Les pieux refoulés préfabriqués ou forés

• Pieux préfabriqués, ils sont aujourd'hui en acier ou en béton et sont mis en place par battage, fonçage ou vérinage. Ils étaient autrefois en bois ; dès la plus haute antiquité des machines fort ingénieuses, mues par l'homme ou l'animal, ont été imaginées pour ficher dans le sol ces pieux de bois. Plus près de nous, Venise, Amsterdam reposent toujours sur ces pieux battus il y a plusieurs centaines d'années. Dans la mesure où ces derniers ne sont jamais dénoyés, ils sont imputrescibles.

Des difficultés d'excavation importantes ont été causées par des pieux grecs en parfait état, rencontrées lors de la réalisation de parois moulées près du Vieux-Port de Marseille !

• Les techniques de pieux, vissés dans le sol sans extraction de déblais se sont beaucoup développés ces dernières années avec l'augmentation de puissance des machines de forage. Leur capacité portante bénéficie de coefficients de frottement amélioré par le refoulement du sol autour des pieux.

Les pieux excavés, les barrettes

Ce sont des pieux bétonnés après excavation du sol, soit sous la protection de boue bentonitique, soit à l'abri d'un tubage de protection. Les barrettes sont des pieux oblongs excavés sous boue. Le bétonnage de ces pieux ou barrettes se fait comme pour les parois moulées, à l'aide d'un tube plongeur.

Des outillages tarière continue permettent de s'affranchir de la boue bentonitique ou du tubage. Après vissage de la tarière dans le sol jusqu'à la profondeur désirée, le bétonnage se fait au cours du retrait de l'outil, au travers d'un tube central. Il n'y a jamais d'excavation ouverte et l'on peut même, à condition d'utiliser un béton particulier, introduire dans celui-ci une cage d'armature sur tout ou partie du pieu.

L'étanchement

Deux procédés permettent de s'opposer à la percolation de l'eau des nappes ou des retenues d'eau (barrages) au travers du sol naturel ou de digues construites par l'homme : les écrans et les injections.

Les écrans

Les écrans forment une paroi imperméable verticale en béton, béton plastique ou coulis bentonitique-ciment généralement ancrée dans un horizon peu perméable. Ils peuvent être d'une épaisseur similaire à celle des parois moulées, ou minces par utilisation de profilés vibro-foncés dans le sol dont les empreintes successives et sécantes, emplies de coulis, réalisent un film continu étanche.

Ces écrans, épais ou minces, sont employés sous et dans le corps des barrages enterrés, pour permettre la réalisation de fouilles en terrains aquifères ou pour étancher les digues fluvio-maritimes de protection contre les crues.

Guilhem Deveze
(ENSG, 1995) - EDF

Je suis entré au service Géologie Géotechnique d'EDF en 1997. Mes premières activités ont été des études essentiellement destinées aux autorités de contrôle (Autorité de Sûreté Nucléaire, DRIRE, Comité Permanent des Grands Barrages) avec, très souvent, une activité de terrain comprenant la définition, le suivi et l'interprétation des reconnaissances géologiques et géotechniques. Ces premières années m'ont permis de prendre la mesure de la diversité du parc hydroélectrique et nucléaire d'EDF. Dès 2000, j'ai ainsi pu participer en tant que spécialiste géologue à des missions à l'étranger, dans le cadre d'investissements EDF ou dans le cadre de prestations d'ingénierie. L'essentiel de mon activité est basée sur le territoire français : études et travaux de maintenance du parc hydroélectrique, de projets de nouvelles centrales nucléaires ou de nouveaux barrages, ou d'études effectuées dans le cadre du stockage des déchets radioactifs en milieu géologique profond… Depuis 2004, je collabore à la construction de la tranche nucléaire de 3ème génération (EPR) à Flamanville (Manche) en ayant participé aux études, et en suivant, désormais, les travaux de terrassement des fouilles des bâtiments nucléaires ainsi que les travaux de creusement des ouvrages souterrains : galerie sous la mer pour le rejet, au large, des eaux de refroidissement de la future centrale. J'occupe un poste clé : celui de faire comprendre aux chefs de projets que les plannings, toujours tendus, doivent intégrer la variabilité du milieu géologique.

Le procédé Trenchmix®, développé par Soletanche-Bachy, est basé sur le mélange du sol en place avec un liant, s'inscrit dans une logique de développement durable. Cette nouvelle technique peut être mise en oeuvre aussi bien pour des projets de fondations et d'amélioration de sol que pour la réalisation de coupures étanches de faible à moyenne profondeur.

Les injections de sol

Elles consistent à mettre en place dans le sol, par l'intermédiaire de forages, des produits liquides qui se rigidifient par la suite, de façon à étancher (et/ou consolider) le sol. Les domaines du génie civil dans lesquels les injections s'expriment principalement sont, le creusement de tunnels, la réalisation de voiles d'étanchéité sous et au large des barrages, la prolongation de parois moulées.

La diversité des modes de forage, des produits utilisés et des procédures de pompage permet d'adapter l'injection à presque tous les types de terrains et de problèmes rencontrés :

- injection à trou ouvert dans le rocher ;
- tube à manchettes dans les alluvions ;
- coulis de ciment, gel de silice, résines, microciments… ;
- injection d'imprégnation, de claquage, à fort débit, à débit régulé… ;
- injection de régénération de maçonnerie.

L'utilisation des nouveaux outils de suivi informatisé a rendu possible le développement de techniques d'injections particulières, très localisées couplées avec la mesure, en temps réel, des mouvements de sol en surface ayant pour objectif de compenser les tassements dus à une excavation souterraine, d'où le nom "d'injections de compensation".

Le développement de coulis adsorbant les polluants a ouvert de nouvelles perspectives à l'injection, pour la protection de l'environnement.

L'amélioration des sols : techniques diverses

Les techniques d'amélioration de sols visent à modifier les caractéristiques géo-mécaniques d'un sol par une action physique (compactage), par l'inclusion d'éléments rigides, ou le mélange dans le sol de matériaux à effet de prise. Le sol ainsi traité voit sa capacité portante globalement améliorée et son risque de liquéfaction sous séisme éliminé ou diminué. Le domaine d'emploi des différentes techniques dépend essentiellement de la nature et de la granulométrie des terrains à traiter.

Le jet grouting

Le jet grouting, dont l'idée est née au Royaume-Uni à la fin des années cinquante, a ensuite été expérimenté en Allemagne, puis au Japon ; son développement à grande échelle date d'une vingtaine d'années. Ce procédé consiste à utiliser un jet haute-pression de coulis de ciment complété d'air (jet double) et d'air et d'eau (jet triple), pour déstructurer le sol et le mélanger avec le ciment dans un forage.

Il s'applique aussi bien à des traitements de masse ou linéraires que pour des inclusions isolées ; on l'utilise dans les sols meubles ou difficilement injectables pour réaliser des écrans ou des horizons étanches, ainsi que pour reprendre en sous-œuvre des bâtiments, des quais…

Principe du jet grouting

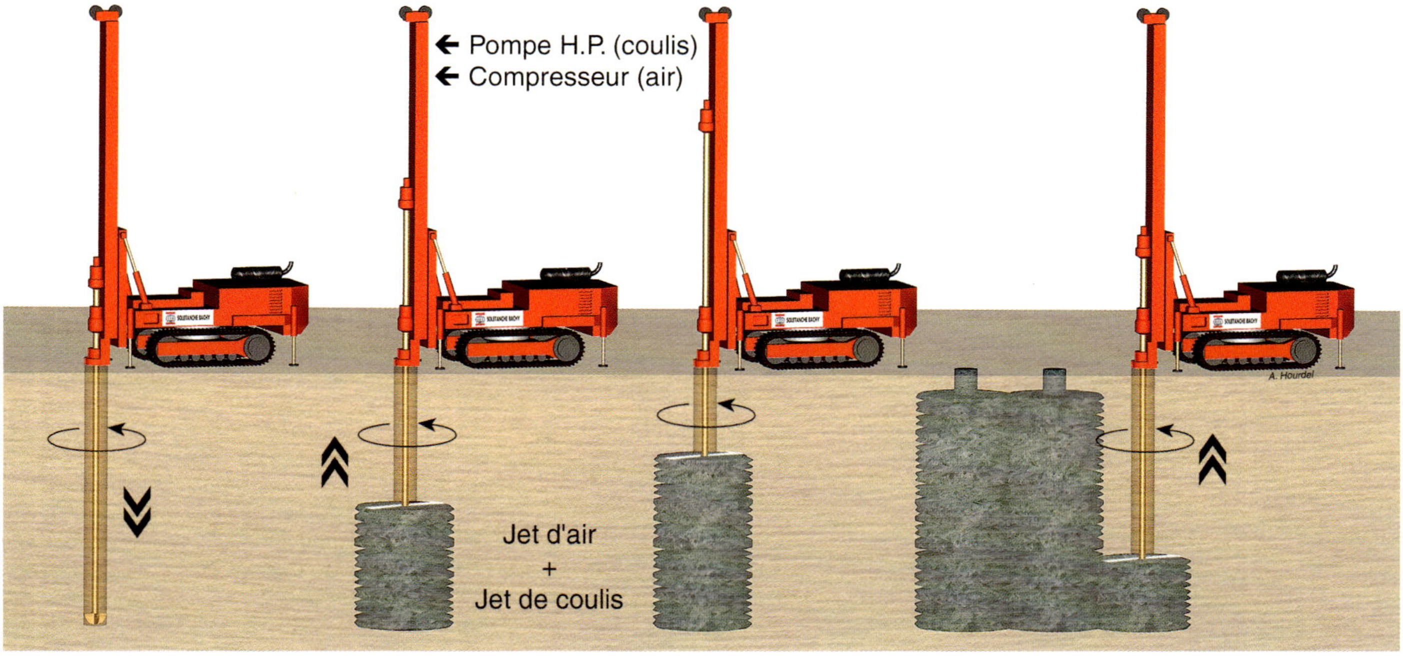

La congélation

Ce procédé consiste à rendre étanche et résistant tous types de sol contenant de l'eau par circulation au travers de forages d'un fluide réfrigéré (azote liquide, saumure) qui le congèle. Cette technique utilisée de longue date pour le creusement de puits de mine est maintenant employée pour des rameaux de jonction entre tunnels, des passages sous des ouvrages sensibles à chaque fois que les techniques de traitement de terrains classiques ne sont pas utilisables pour des raisons de nature de sol ou d'inaccessibilité des outillages. Il s'agit toutefois d'un procédé coûteux... mais spectaculaire !

Le sol mixing

Les techniques de sol mixing, utilisées traditionnellement dans les pays d'Europe du Nord pour les sols de très faible qualité, se diffusent plus largement grâce à l'augmentation de puissance des équipements et à l'intérêt croissant pour les procédés sans déblais respectueux de l'environnement.

Le sol mixing réalise in situ des éléments constitués de sol mélangé à un matériau rigidifiant (chaux-ciment...). Ces éléments peuvent être des colonnes, des panneaux ou même des tranchées. On utilise ces éléments en fondations, en soutènements (associés à des profilés par exemple), en amélioration de sol (inclusions) ou en coupure étanche.

L'avenir des "géo-techniques"

Les procédés utilisés dans le génie civil et la géotechnique bénéficient de l'amélioration des performances des matériaux et des matériels :

- Utilisation de bétons à haute performance,
- Machines de forages de plus en plus puissantes,
- Intelligence électronique embarquée qui visualise et contrôle, en temps réel, les exécutions souterraines.

Si cette évolution est analogue à celle que l'on rencontre pour toutes les techniques industrielles, il est un domaine particulièrement important et sensible, celui de l'impact environnemental des travaux dont la prise en compte est devenue essentielle dans l'évolution des "géo-techniques".

Colonnes de jet grouting après terrassement.

En effet, ces techniques, "intrusives" dans le milieu naturel, sont à ce titre jugées, et acceptées selon qu'elles respectent ou non l'environnement. On ne tolère plus aujourd'hui l'injection de produits chimiques dans le sol, de même la gestion des déblais et des boues de forage est de plus en plus réglementée, etc. Cela influe notablement sur l'économie des procédés et pousse à l'émergence de techniques sans déblais, de produits d'injection parfaitement neutres (voire biologiques !...) en un mot, de techniques respectueuses de l'environnement, dans un souci croissant de développement durable.

Outil de sol mixing vertical.

Coûts, risques et responsabilités

En règle générale, les travaux géotechniques souffrent d'un handicap sérieux, ils ne se voient pas, ne participent pas à l'embellissement d'un ouvrage et ne génèrent pas de plus-value commerciale !

Ils sont de ce fait encore trop souvent considérés comme un "mal nécessaire" dont le coût, quoique limité, apparaît trop élevé. Une erreur dans leur dimensionnement ou dans leur réalisation peut générer des désordres importants. De ce constat réaliste découle une approche professionnelle et sociétale de ce type de travaux.

- Le sol et le sous-sol restent des "produits" naturels. La connaissance de leur comportement et les hypothèses prises dans les calculs et modélisations auront toujours

Effondrement d'un soutènement à Lyon.

Jean-Marie Becker
(ENSG, 1992) : Pertuy

J'ai débuté ma carrière professionnelle en 1992 chez Muller TP sur le chantier de la LGV Méditerranée à Valence au poste d'ingénieur géotechnicien.
J'ai ensuite pris, en plus de ce rôle, des responsabilités opérationnelles en tant qu'adjoint au directeur travaux. Cette fonction sur les grands travaux linéaires (autoroutes, TGV, barrages, plates-formes industrielles, ...) m'a promené dans toute la France, en Allemagne, au Burkina Faso et en Belgique.
Désireux de poser un peu ma valise, j'ai intégré en 1996 le groupe Bouygues au poste de responsable géotechnique régional chez Pertuy.
Deux ans plus tard, j'ai pris la responsabilité commerciale des travaux régionaux.
En 2000 l'activité terrassement de Pertuy a été cédée à DTP, je dirige l'agence Est de cette filiale basée à Villers-les-Nancy...

un degré d'imprécision significatif qui est fonction de la reconnaissance préalable.

• La chaîne des responsabilités - et des assurances données - qui conduit au dimensionnement et à la construction doit être clairement établie de façon à ce que l'imprécision des données, les risques à couvrir soient identifiés à chaque étape de l'élaboration du projet.

• Les procédures d'exécution doivent être précises et toutes les étapes de la réalisation enregistrées. En effet, ces travaux dans le sol procèdent à la fois de la construction et de la reconnaissance, leur suivi doit permettre de réagir à toute information venant du sol infirmant les hypothèses prises en compte.

Le monde de la construction n'échappant pas à la "judiciarisation" des relations professionnelles, et les contentieux pouvant d'ailleurs y être très importants, on constate dans le comportement des acteurs d'un projet et dans le développement des outils d'aide à la décision en matière de travaux géotechniques une évolution vers plus de rigueur et de formalisme.

Les méthodes de calcul, souvent basées à l'origine sur des notions empiriques simples et propres à chaque pays, voire chaque spécialité, s'unifient et s'appuient sur des normes transnationales (Eurocodes par exemple). Par ailleurs les moyens informatiques de plus en plus puissants ont conduit à une utilisation fréquente de modélisations aux éléments finis, lesquelles en complément des méthodes de calcul classiques, permettent de rapidement visualiser la sensibilité d'un projet aux hypothèses et d'apprécier les risques liés aux incertitudes de ces dernières.

Les métiers de géologue de génie civil

Après 1945, une nouvelle famille de techniciens s'est développée au service du génie civil, celle des ingénieurs géologues ayant une formation et une activité à la fois scientifique et technique, et qui se consacrent à plein temps à la géologie du génie civil. Leur rang a été renforcé par les ingénieurs géotechniciens, mécaniciens des sols et mécaniciens de roches, hydrogéologues, géophysiciens.

Pontault Combault, bassin circulaire en parois autostables.

La Méthode Observationnelle

La Méthode Observationnelle, récemment normalisée, permet d'adapter un ouvrage aux informations qui se découvrent lors de sa construction.
On peut ainsi éviter les surdimensionnements inutiles et onéreux, sans pour autant sacrifier la sécurité ou l'environnement.
Exemple : Le dimensionnement d'un soutènement prévoit la mise en place d'un ou de deux lits de tirants, selon les hypothèses géotechniques prises dans les calculs. L'analyse des déplacements lors des premières phases de terrassement permettra de valider des caractéristiques de sol réalistes et de décider si le deuxième lit est ou non, nécessaire. Dans les deux cas, l'ouvrage aura été optimisé.
Cette méthode, d'un grand intérêt pour les ouvrages géotechniques, requiert de suivre une procédure rigoureuse :
Dimensionnement de l'ouvrage selon des paramètres géotechniques probables plutôt que conservatifs, et analyse de la sensibilité de cet ouvrage à leurs variations.
• Définition des adaptations constructives nécessaires si ces paramètres s'avèrent de moindre qualité.
• Programmation du suivi (géométrique le plus souvent), des étapes de mesures et des seuils de réaction.
• Analyse des mesures et déclenchement éventuel des adaptations prévues.
Le développement de cette méthode, doit beaucoup aux nouvelles techniques informatiques, qui permettent, par exemple, un accès par internet, en temps réel, à une visualisation conviviale des mesures sur site.
On peut dire que la Méthode Observationnelle synthétise le métier de l'ingénieur géotechnicien dans la mesure où elle est une démarche cohérente entre observation et décision, dans une perspective d'optimisation des ouvrages tant du point de vue coût que sécurité.

Aujourd'hui, la diversification des spécialistes intervenant dans les domaines de la géologie appliquée au génie civil est telle que les domaines de ces diverses sciences et techniques sont imprécises et quelque peu mal définies, à tel point que la terminologie professionnelle elle-même reste floue. On distingue néanmoins en France :

• La géologie du génie civil qui traite, au sens strict, plutôt de l'aspect naturaliste de l'étude du site de l'ouvrage à construire. C'est une des branches principales de la géologie de l'ingénieur.

• La géotechnique qui traite plutôt des aspects physique et mécanique, et des implications techniques de la géologie appliquées au génie civil.

• Du côté des sciences physiques (et non plus naturelles comme la géologie), les mécaniques des sols et des roches, la géophysique, la géochimie et l'hydraulique souterraine. Les milieux étudiés par ces dernières disciplines font directement partie du domaine des sciences de la terre, bien que leurs spécialistes aient souvent une formation autre que géologique.

Il serait cependant très restrictif de limiter la géologie de génie civil à la description naturaliste et la géotechnique à l'usage du calcul. Le mot même de géotechnique est largement employé à l'étranger pour désigner l'ensemble des arts et des techniques exercés plus ou moins conjointement par des géologues et des ingénieurs à la frontière commune de leurs domaines propres. On peut considérer que si géologie appliquée au génie civil et géotechnique sont séparées en français pour des raisons historiques, il serait aussi vain de vouloir les séparer que de séparer médecine et chirurgie.

En effet, si la description purement géologique des structures et des matériaux doit être conduite à l'échelle des problèmes qui se posent, de même l'utilisation pratique des méthodes techniques ou du calcul ne peut à aucun moment perdre de vue la complexité du réel. Si aux extrémités de la chaîne existent un géologue et un mathématicien, leur efficacité mutuelle ne peut reposer que sur le mariage de leurs travaux.

Devant la complexité de la nature et face à la variété des utilisations, du point de vue génie civil, du milieu naturel, il est nécessaire de faire appel à plusieurs disciplines qui devront prendre en compte les données de la nature, les besoins des utilisateurs et l'état à un instant donné des sciences et des techniques utilisées.

Les données de la nature :

• Propriétés géométriques des terrains (sols et roches) et structurales des roches, aux différentes échelles depuis celle du cristal jusqu'à celle du site de l'ouvrage et de son environnement, avec prise en compte des anisotropies et des hétérogénéités.
• Analyses des "zones faibles" des sols et des roches : matériaux de remplissage des joints et des vides des massifs rocheux, mécanismes des modifications physico-chimiques.
• Propriétés physico-chimiques globales.
• Propriétés mécaniques : comportement sous charge, à sec ou saturé, à court et long terme…

Les besoins des utilisateurs :

• Matériaux de construction.
• Résistance "industrielle" des matériaux à l'abattage, au creusement, au concassage.
• Stabilité en grand des terrains soit dans leur état initial, soit après modifications apportées par les ouvrages (surcharge, excavation, modification hydraulique...)
• Moyens de traitement du sous-sol (étanchéité, drainage, consolidation…)

L'état à un instant donné des sciences et des techniques utilisées :

• Physique du solide, des liquides, des gaz, des mélanges de phases.
• Hydraulique souterraine et de surface.
• Rhéologie des milieux continus et discontinus.
• Les sciences géologiques (pétrographie, paléontologie, tectonique, géophysique...).

C'est ainsi que la géotechnique ou géologie appliquée au génie civil est un trait d'union entre la connaissance géologique d'une part et les techniques de conception et d'exécution des ouvrages de génie civil d'autre part. Il s'agit d'être l'interprète entre le milieu naturel et le projeteur d'ouvrages (barrage, tunnel, autoroute, centrale nucléaire, port…), et de définir un volume sur lequel ou dans lequel sera réalisé l'ouvrage. L'ingénieur géologue devra décrire ce volume de terrain avec ses différentes caractéristiques, ses incertitudes et aura pour rôle redoutable d'indiquer la validité de la représentativité des essais en laboratoire ou in situ.

Les ressources en eau

Jean-Claude Andréini & Thierry Pointet

L'eau coule de ville en ville, les bateaux la labourent, elle rend la terre fertile et, sous le soleil brûlant, tu te jettes dans ses bras et elle apaise ta soif. Elle sait aussi tuer avec une sûreté infaillible. Insaisissable et changeante, l'eau est l'image de la vie : elle est cruelle comme elle et enchanteresse comme elle. (Jean d'Ormesson, "La création du monde").

CHAPITRE IV

Aussi nécessaire à la vie soit elle, l'eau se fait rare parfois, parfois aussi trop abondante. L'eau, tout le monde le sait, n'est pas répartie de façon uniforme ni dans l'espace, ni dans le temps. Les régions équatoriales en sont largement pourvues, même à l'excès, les régions tempérées comme la France sont desservies de façon satisfaisante (ce qui n'exclut pas des problèmes ponctuels) ; en revanche les régions sahéliennes sont globalement déficitaires et les régions désertiques quasi dépourvues. Dans une région donnée, les variations saisonnières peuvent faire alterner des phénomènes contraires telles que inondations et sécheresses, ce qui rend complexe la maîtrise de l'eau.

La disponibilité

Il n'y a pas concordance entre disponibilité de l'eau et lieu de consommation, que ce soit à l'échelle des continents ou à l'échelle d'un bassin versant. Les zones rurales faiblement peuplées ne posent pas les mêmes problèmes d'alimentation en eau que les petits centres urbains ou a fortiori les zones densément peuplées telles que les villes et grandes conurbations ; plus difficile encore, les bidonvilles se développent vite en périphérie des grands centres urbains des pays en développement ou émergents, sans que la desserte en eau suive au même rythme.

La qualité

L'abondance n'est malheureusement pas synonyme de qualité et l'eau peut être rendue impropre à la consommation par les activités humaines, industrielles ou agricoles (ex : nitrates et pesticides). Elle peut également être naturellement impropre à la consommation du fait d'une minéralisation trop forte, certaines eaux souterraines fossiles, les eaux voisines de minéralisations naturelles, parfois les eaux thermales ou encore les eaux touchées par les intrusions marines en bordure des côtes.

L'eau sur la terre et dans la terre

L'eau est le principal vecteur naturel des transports qui s'opèrent dans l'atmosphère, au sol et dans le sous-sol de notre planète. L'eau arrache physiquement, ou décompose et subtilise - chimiquement - de la matière à l'écorce terrestre, qu'elle transporte sous forme de particules solides et de sels dissous. Deux moteurs à ces mouvements : l'énergie solaire et la gravité terrestre.

Christophe Pateron
(ENSG, 1998)
Burgéap

Ma première expérience d'ingénieur de l'eau m'a permis de mettre en place un parc marin dans les Iles de la Baie au Honduras pour le compte de la Safege. Ce projet a duré 3 ans lors desquels j'étais en charge du suivi de la qualité des eaux des rivières et des lagons. J'ai ensuite rejoint Burgéap pour travailler sur des projets intégrés de gestion de l'environnement et des eaux. J'ai travaillé comme chef de projet sur le suivi de la qualité des eaux dans la basse vallée du Mékong, sur la réduction de la vulnérabilité urbaine de la wilaya d'Alger aux catastrophes naturelles (risques sismique, hydrologique, glissement de terrain et risques technologiques induits) et sur l'accès à l'eau potable et à l'assainissement au Chili.

L'eau ne se crée pas, ou si peu, et ne disparaît pas de la surface du globe, ou si peu. Elle est et demeure, donc se recycle. Ce sont toujours les mêmes molécules qui parcourent un cycle. L'eau que l'on boit a toutes chances d'avoir un jour été bue par quelqu'un d'autre. L'état le plus banal et le plus distribué de l'eau est l'état salé, encore que cette notion soit relative. L'eau est salée par échange avec la matière minérale du sol et du sous-sol, par des apports divers, par brassage dans la mer et les sels minéraux qui s'y trouvent.

Nombre de nappes sont salées. En Arabie, sous l'effet de l'évaporation, les eaux du proche sous-sol atteignent et dépassent 2 grammes par litre de substances dissoutes au bout de 2 kilomètres de parcours depuis la tête d'un bassin versant, à partir d'un état initial qui est l'eau de pluie. Les eaux des grès du Trias sous le bassin parisien sont salées alors qu'elles sont consommables à l'est de Nancy.

Ce n'est que par l'intervention de l'énergie solaire (évaporation, transpiration des plantes) que l'eau abandonne sa charge minérale en passant à l'état gazeux. Charge qu'elle va reprendre progressivement, dès son parcours atmosphérique au contact des poussières de l'air, du sol, du sous-sol. La charge minérale de cette eau est une véritable signature des milieux rencontrés et, pour le géologue, un révélateur des terrains traversés. L'état d'eau dite douce n'est qu'un stade fugace dans le cycle de l'eau. A un instant donné, 3% des eaux de la planète sont douces (glace y compris).

Mais au fait qu'est-ce qu'une eau douce ? C'est véritablement une distinction anthropocentrique qui qualifie les eaux contenant moins de 2 grammes par litre environ de sels minéraux, c'est-à-dire la charge minérale dissoute qui convient le mieux à la plupart des êtres vivants terrestres - continentaux - dont l'homme. Ce n'est même pas une spécificité des êtres vivants supérieurs, puisque nombre de vertébrés, voire de mammifères, préfèrent l'eau dite salée.

L'eau est le principal facteur d'érosion des roches. Un bassin versant en Bretagne perd en moyenne 1,5 centimètre d'altitude par siècle, par ablation de la roche qui constitue son substrat que l'eau a d'abord décomposé par voie chimique et que jour après jour elle entraîne après l'avoir dissoute ou réduite en fins fragments. La taille des fragments augmente avec la capacité de transport de l'eau, autrement dit sa vitesse. L'eau transporte aussi des calories : les courants marins en sont une parfaite illustration. De leur parcours dépendent les climats de larges zones continentales. L'eau transporte aussi les calories entre les couches successives de l'écorce terrestre : on lui doit de nous apporter les calories du sous-sol profond, c'est l'énergie géothermique, et la mobilité des eaux thermales lorsqu'elles trouvent les raccourcis appropriés pour conduire à la surface les mêmes calories d'origine profonde. Si la roche est sèche et chaude, l'homme sait ajouter l'eau qui pourra véhiculer vers la surface les calories qu'il souhaite recueillir.

L'eau est la vie. Ou plutôt la vie s'est intimement greffée sur l'existence de l'eau liquide, particularité bien terrienne jusqu'à preuve du contraire. Salée ou non, chaude ou non, la vie a su s'adapter et tirer avantage de tous les milieux aqueux, excepté peut être les nappes profondes. Elle a colonisé les habitats correspondants en adaptant ses formes biologiques.

Un projet de recherche européen baptisé "Hot Dry Rock" est en cours à Soultz-sous-Forêt en Alsace. A l'aplomb des failles qui bordent le couloir alsacien à l'ouest, des forages atteignent des zones chaudes, profondes, sous gradient géothermique élevé, et tirent avantage d'une fracturation profonde liée aux failles régionales, propice à des échanges de fluides, soit par des doublets de forages, soit par injection et récupération autour d'un forage unique. Une expérience récente consiste à injecter de l'eau douce par un forage entre 4 000 et 5 000 mètres, dans le granite. Le fluide récupéré montre un mélange entre l'eau injectée et un fluide en place. L'eau que l'on récupère est chaude et si le volume injecté est important, un début de refroidissement de la matrice rocheuse se produit.

L'eau ressource

On lit dans le code de santé publique cette phrase : "Les eaux destinées à la consommation humaine doivent satisfaire à des références de qualité, portant sur des paramètres microbiologiques, chimiques et radiologiques, établies à des fins de suivi des installations de production, de distribution et de conditionnement d'eau et d'évaluation des risques pour la santé des personnes, fixées par arrêté du ministre chargé de la santé".

En 1996 un Groupement Européen d'Intérêt Economique (G.E.I.E.) dénommé "Exploitation Minière de la Chaleur" s'est constitué. Il a pour objectif la mise à l'épreuve du procédé d'extraction de la chaleur des roches chaudes profondes pour la production d'électricité. En 2002, la construction d'un pilote scientifique a démarré sur le site expérimental du projet géothermique européen de Soultz-sous-Forêts, à 50 km au nord de Strasbourg. A l'horizon 2007, cette installation pourrait produire 4 à 5 MW électriques et constituer les fondements de futurs prototypes industriels.

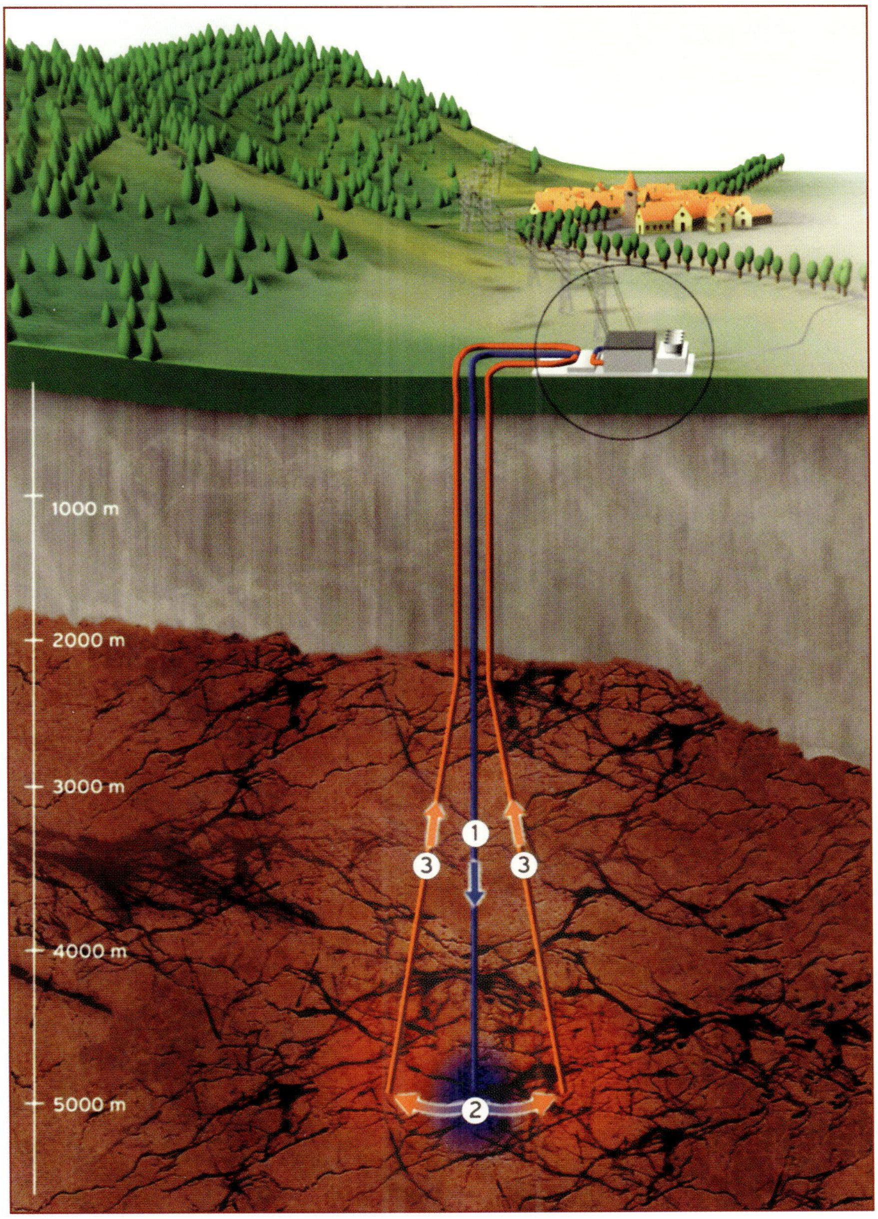

Le volume des pluies en année moyenne est évalué en France à 440 milliards de mètres cubes, la fraction qui s'évapore à 270 milliards et les 170 milliards restants, dits pluie efficace, se répartissent entre l'infiltration vers les nappes (100 milliards de m³) et le ruissellement direct (70 milliards de m³).

"L'eau est le sang de la Terre." Léonard de Vinci

Dans le sous-ensemble des eaux douces, l'eau-matière minérale est devenue eau-ressource. Elle s'est humanisée et a maintenant ses exigences qui se distinguent de celles de l'eau-milieu au sens environnemental, dont le sort intéresse une directive cadre européenne sur l'eau par exemple. Le ministère chargé de la santé suit régulièrement sa qualité et son devenir, tandis que le ministère chargé de l'environnement et les Agences de l'eau élargissent le champ au suivi de l'eau-milieu naturel. Quant au sort de l'eau en général, d'autres ministères avec eux s'en chargent : l'Ecologie, l'Industrie, l'Equipement, l'Agriculture (la Mer) et la Recherche. La goutte d'eau est dès lors sous surveillance, mais la préservation de sa qualité n'en soulève pas moins des problèmes tenaces : comment résorber les pollutions diffuses d'origine agricole ?

A leur niveau, les organismes publics, notamment les organismes de recherche, se partagent le sort de cette goutte d'eau, chacun dans sa spécialité. Ce qui explique en partie quelques verrous de connaissance qui demeurent autour des interfaces : sol-atmosphère, sol agricole-nappes, nappes-rivières, eaux continentales-eaux littorales, etc, au droit desquels les solutions analytiques qui "marchent" bien dans le milieu 1 se raccordent parfois difficilement aux modèles qui simulent le fonctionnement hydraulique du milieu 2. Différentes tentatives ont voulu lever les distances inter-organismes. Au début des années 90, le thème de l'Environnement montait en puissance et avec lui celui de l'Eau. Le ministère de la Recherche créa le GIP (groupement d'intérêt public) : hydrosystème, qui était une initiative intéressante et fructueuse entre six organismes de recherche et une association,

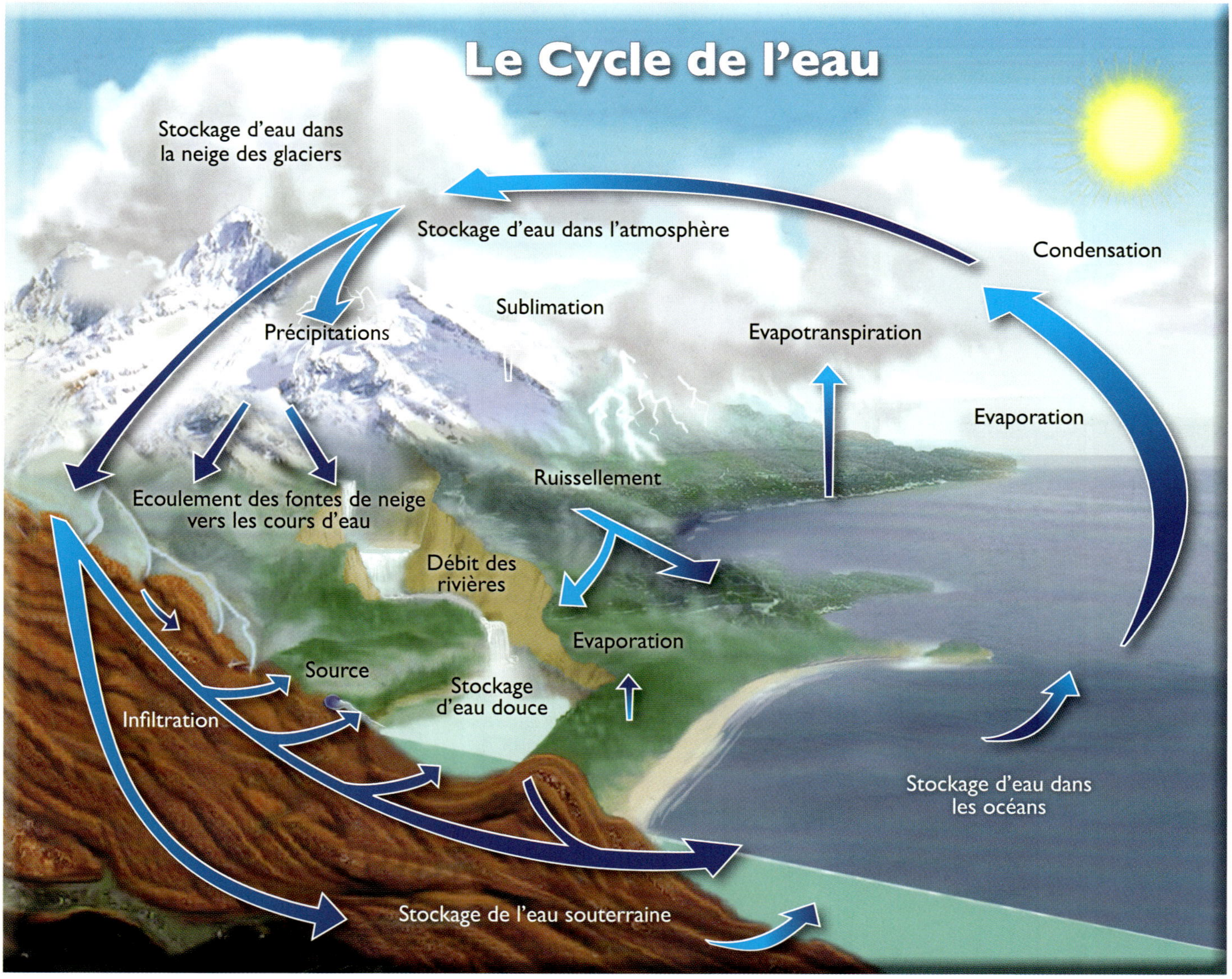

et qui a fonctionné efficacement pour traiter des problèmes multidimensionnels autour de l'eau. La Direction Recherche de la Commission Européenne individualisa dans le même temps l'eau comme un sujet à part entière, fédérateur, alors qu'auparavant ce sujet était diffus dans divers thèmes comme l'environnement, l'aménagement, le climat, la santé, l'énergie.

Le proche sous-sol, interface parmi d'autres, subit un retard de connaissances autour de la "zone non saturée" qui se situe entre le sol agricole et la nappe une fois constituée, simplement parce que ce milieu n'offre aucune exploitation possible d'une ressource. L'eau y occupe une partie seulement des vides, avec un taux variable selon les saisons. Elle est quasi impossible à capter. Elle est trop loin de l'horizon pédologique pour avoir un rôle agronomique. Et pourtant ce milieu est un réacteur chimique d'une puissance considérable et inutilisée face aux pollutions diffuses notamment, qui par nature sont insaisissables une fois déclarées.

Au titre du service public, parallèlement à la recherche, l'eau-ressource est bien prise en main par la Directive Cadre Européenne sur l'Eau (DCE) qui a engendré un énorme effort qui devrait se concrétiser pleinement dans les plans d'action.

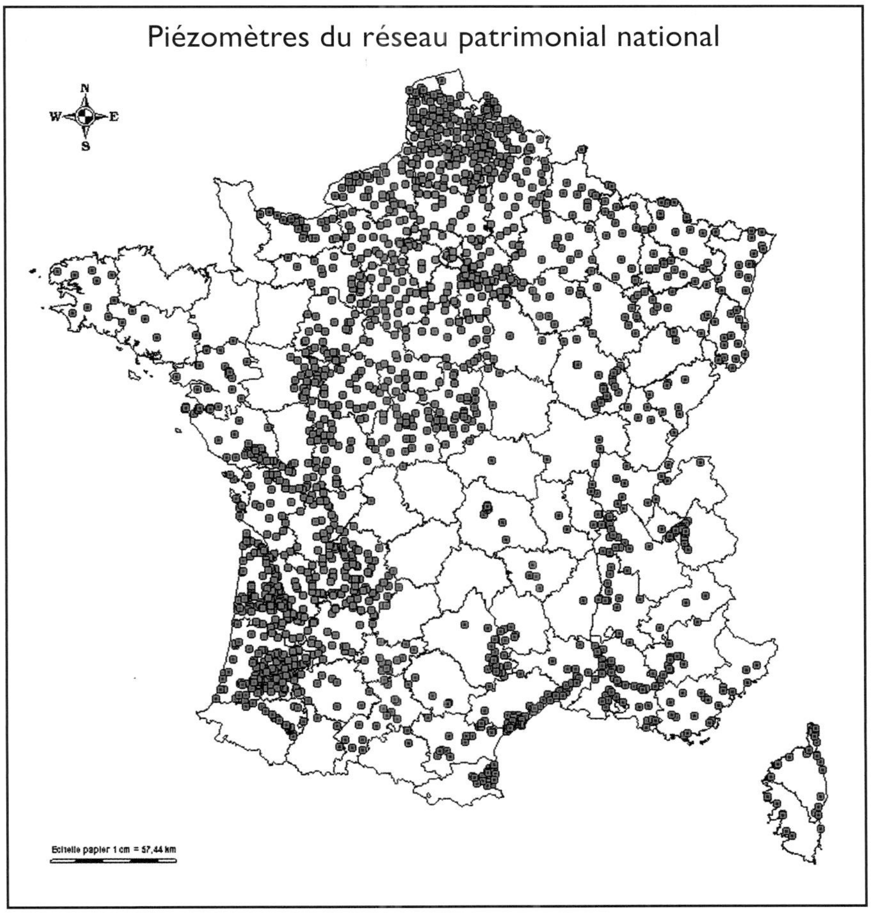

Les piézomètres "ouverts" sont de simples tubes, qui permettent depuis la surface d'accéder à l'eau d'une nappe phréatique. Ils permettent d'en relever le niveau piézométrique à l'aide d'une sonde (poids ou contacteur électrique). Sous le nom de "qualitomètre", ils sont aussi utilisés afin de réaliser des prélèvements d'eau de la nappe dans le but d'en analyser les composants. Cela est souvent le cas après une pollution où la nappe peut être surveillée de cette façon durant plusieurs années.

L'eau en chiffres

Compter l'eau : combien y a-t-il d'eau douce à la surface du globe ? Combien en prélève-t-on ? Combien en reste-t-il ? Quel est le volume stocké dans les nappes ? Mais au fait vaut-il mieux évaluer des volumes ou des flux ? Quand l'eau est mobile, l'eau des rivières par exemple, la notion de flux s'impose. Quand elle est animée de mouvements lents, voire très lents (l'eau des glaciers ou l'eau des nappes), l'usage est de raisonner en volumes. La notion de stock à renouvellement partiel est la bonne image que l'on peut appliquer aux nappes dont la capacité est parfois surprenante.

Les eaux souterraines sont contenues dans les pores et autres discontinuités des milieux rocheux. C'est parce que les roches sont imparfaites, pourrait-on dire, que l'eau souterraine existe et que les nappes s'écoulent. En France on estime à 2 000 milliards de mètres cubes le stock potentiellement mobilisable d'eau souterraine. La capacité totale des milieux poreux souterrains est au total bien plus importante : on estime à 1 400 milliards de mètres cubes le cubage de toute l'eau contenue dans le seul aquifère des sables albiens du Bassin parisien. Simplement, la plus grande partie n'est ni économiquement ni techniquement récupérable.

La dynamique des nappes

Le stock de 2 000 milliards de mètres cubes est renouvelé à raison de 100 milliards par an ce qui introduit une notion importante : l'inertie. L'inertie des grandes nappes peut être considérable. A un certain degré, c'est-à-dire quand le renouvellement est inférieur à quelques pour cents du stock, on parle de nappes fossiles : l'âge moyen de leurs eaux est élevé. L'exploitation durable consiste à ne pas exploiter plus que le taux de renouvellement naturel moyen inter-annuel, faute de quoi on épuise la ressource comme on épuise un gisement minier. C'est le cas actuel de l'Arabie ou de la Libye qui planifie l'épuisement de grandes nappes comme s'il

Les eaux de mer représentent 97,2% du total des eaux de la planète. Les eaux douces seulement 2,8% répartis en 2,1% pour les glaces dont l'Antarctique, 0,6% pour les eaux souterraines, 0,02% pour les eaux de surface et 0,01% dans l'atmosphère.

Piézométrie depuis 1990

Formations superficielles du Perche

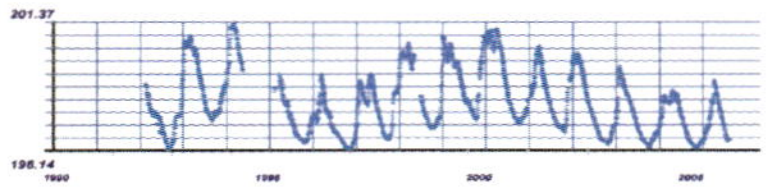

Bordure ouest du plateau de Beauce

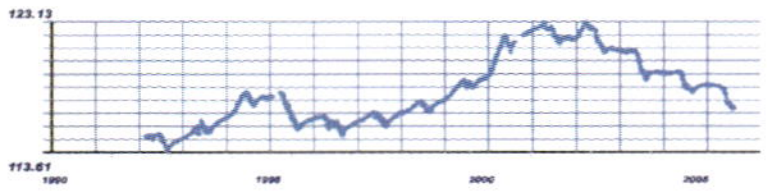

La Fontaine de Vaucluse, située au pied d'une falaise abrupte de 230 mètres, est la plus grosse source de France. Elle est aussi classée cinquième au rang mondial avec un débit d'eau annuel de 630 millions de mètres cubes. Cette résurgence sert en hydrogéologie de référence pour la caractérisation d'un type appelé source vauclusienne.

s'agissait de "mines d'eau". Mais inversement cette inertie permet d'envisager des surexploitations temporaires les années où les ressources superficielles viennent à manquer.

Le niveau des nappes fluctue entre un état hautes-eaux - rechargé - et un état basses-eaux. Des états, devrait-on dire, car d'une année sur l'autre les hautes eaux sont variables, et de même les basses eaux. Le tarissement -gravitaire- d'une nappe n'est pas synonyme d'épuisement, du moins sous climat tempéré, à l'inverse de l'image que l'on a des rivières. C'est une baisse, souvent modérée comparativement à l'épaisseur saturée de l'aquifère, autrement dit au stock. Le rythme de baisse d'une nappe dépend de son inertie. Si les nappes alluviales suivent le rythme des pluies, les nappes à forte inertie les ignorent pour ainsi dire, et réagissent aux tendances annuelles ou inter-annuelles en baissant sous l'effet d'une succession d'années déficitaires et en montant sous l'effet d'années excédentaires consécutives. Ce qui conduit à remarquer que la connaissance de la dynamique d'une nappe est essentielle pour gérer et prévoir ses états, ses fluctuations, les effets sur les milieux avoisinants, voire les inondations auxquelles certaines nappes contribuent.

Des dynamiques internes fort différentes opposent deux nappes voisines (voir ci-contre) du bassin du Loir, la première dans les formations superficielles du Perche, la seconde dans la bordure ouest du plateau de Beauce. Les deux nappes reçoivent des pluies similaires selon les mêmes successions d'années déficitaires ou excédentaires. La première montre une fluctuation saisonnière dominante alors que la seconde montre une réaction lente, plutôt marquée par les tendances inter-annuelles. Deuxième constatation, le point haut inter-annuel de la première courbe est en avance d'environ 2 ans sur le point haut inter-annuel de la seconde : la nappe à forte inertie réagit avec un retard très sensible par rapport à la nappe à faible inertie. L'inertie de la seconde nappe en fait une ressource très intéressante pour pallier les défauts d'approvisionnement des années déficitaires.

Les principaux types de nappes

Les eaux souterraines n'existent que par les vides des roches : petits espaces intergranulaires, porosité de la matrice rocheuse, fissures, failles. C'est en occupant ces vides, qui communiquent entre eux et qui constituent entre 1‰ et 15% du volume des roches, que l'eau devient nappe, c'est-à-dire une masse dispersée mais continue, plus ou moins directement en relation avec la surface du sol et généralement en écoulement lent sous l'effet de la pesanteur. Il existe plusieurs types de nappes selon la nature de la roche-réservoir et sa position géologique dans le sous-sol.

Les nappes des formations sédimentaires

Elles sont contenues en propre dans des roches poreuses (sable, craie, calcaire) jadis déposées en vastes couches. Elles peuvent contenir de 50 à 100 l d'eau par m^3. Les forages peuvent délivrer à peu près de 50 à 200 m^3 d'eau à l'heure.

Les nappes libres

La surface supérieure de l'eau fluctue dans le sol sans contrainte. Il n'y a pas de "couvercle" imperméable au toit du réservoir, qui est en communication avec la surface du sol, et la pluie efficace peut l'alimenter par toute la surface. Certaines nappes sont contenues dans des plateaux calcaires où les vides sont surtout des fissures élargies par la dissolution, parfois jusqu'à la taille de gouffres et de cavernes. Ce sont des karsts. Ils peuvent donner lieu à de grosses sources (Fontaine de Vaucluse), mais comme les vides contenant de l'eau sont grands et peu nombreux, la réserve s'écoule vite et le débit des sources varie parfois de 1 à 100 au cours de l'année. Dans les régions méditerranéennes, beaucoup de ces sources tarissent en fin d'été.

Les nappes captives

Elles sont contenues dans les mêmes types de roche, mais sont recouvertes par au moins une couche géologique imperméable qui confine l'eau. Celle-ci est alors sous pression et peut jaillir dans des forages dits artésiens. L'alimentation ne peut se faire que par des zones d'affleurement limitées, périphériques, ou des communications souterraines. Quand moins de 5% de ces eaux sont renouvelées à l'année, on dit que ces nappes sont fossiles. Elles sont comparables à des "mines d'eau", épuisables ; c'est le cas des nappes en pays désertiques.

Les nappes captives sont souvent profondes, voire très profondes (1 000 m et plus). On peut les exploiter pour la géothermie. Sous Paris, il existe au moins 6 nappes superposées, captives, potentiellement exploitables, et une nappe libre, la plus superficielle.

Les nappes alluviales

Ce sont des nappes libres contenues dans les épandages de limons, sables et graviers des fleuves et des rivières. Le réservoir étant étroit, allongé et souvent sinueux, ces nappes suivent la même géométrie. Elles sont souvent en communication avec une nappe de formation sédimentaire sous-jacente plus vaste.

Ces nappes fournissent 60% des eaux souterraines captées en France, en particulier grâce à leur facilité d'accès et leur bon débit. Elles sont l'intermédiaire et le lieu d'échanges entre les grandes nappes des coteaux et les cours d'eau. C'est à travers ces nappes alluviales que les grands flux issus des nappes de plateaux rejoignent les rivières, puis la mer. Parfois, ce sont les rivières qui cèdent de l'eau aux nappes alluviales. Ce phénomène est rare et localisé en France mais habituel dans les oueds des pays arides.

Le contenant aquifère et ses propriétés

Un aquifère se regarde sous plusieurs aspects :

- *un aspect géométrique : limites et architecture du réservoir, homogénéité/hétérogénéité des milieux, qui conditionne l'accès à l'eau et la vulnérabilité à la pollution ;*
- *des caractères hydrodynamiques : perméabilité, coefficient de stockage par unité de volume ;*
- *un aspect dynamique : apports naturels et artificiels, prélèvements, drainage par les cours d'eau, échanges avec les niveaux voisins ;*
- *un aspect de qualité de l'eau qui suit une répartition spatiale, qui évolue dans le temps.*

L'exploitation précède la connaissance. Cette idée apparemment paradoxale tient au coût des forages d'eau, a fortiori des forages profonds. Si l'objectif d'exploitation est décisif pour faire engager des crédits, celui de la connaissance l'est rarement : il faut souvent attendre le premier forage d'exploitation avant de pouvoir mesurer, donc connaître. Les réseaux d'observation sont donc un stade évolué des infrastructures, même s'ils constituent la base indispensable pour la gestion et le suivi des exploitations. Les réseaux ont fait en France de 2000 à 2006 l'objet d'un important travail d'optimisation et de redéploiement.

Les nappes des roches dures fissurées

En Bretagne par exemple, les roches dures, fissurées, constituent un type de réservoir aquifère aux capacités modestes mais l'eau qu'on y exploite est souvent suffisante pour les petites collectivités et les besoins agricoles. La ville de Fougères est en partie alimentée par l'eau du socle. De même la ville de Dapaong au Togo.

Des échanges verticaux omniprésents : l'échange sous l'effet de la pesanteur depuis une nappe de 120 km x 120 km vers un aquifère sous-jacent à travers un niveau quasi imperméable (donnons-lui une perméabilité de 10^{-11} m/s) pourrait atteindre 1 500 m³/s. Comparativement le débit horizontal du front de la nappe de Beauce, qui a précisément ces dimensions, en direction de la Loire entre Gien et Blois, est de 19 m³/s quand la nappe est en hautes eaux.*

**Un gradient de 1 est un maximum improbable, mais un chiffre non négligeable est possible.*

L'eau souterraine entre 0 et 300 mètres

Les eaux qui circulent, donc qui se renouvellent, sont animées par des forces qui ne sont présentes que sur et au voisinage de la surface du sol. Si l'on met à part les circulations hydrothermales et les mouvements artificiels induits par certaines exploitations profondes, les ressources en eaux souterraines se renouvellent dans la tranche 0-300 m de profondeur, et parfois 0-100 m seulement. C'est une dynamique pelliculaire comparativement à l'épaisseur de la croûte terrestre. Une très grande nappe comme la nappe de Beauce, épaisse d'environ 200 m en son centre, avec des dimensions horizontales de 120 km environ du nord au sud et d'est en ouest a les proportions d'une carte de visite : 2/10 mm sur 12 cm.

Le geste couramment partagé qui consiste à dessiner, puis raisonner, sur des schémas où l'échelle des verticales est multipliée par 100, voire plus, conduit parfois à des faux sens : si elle n'apparaît pas toujours sur nos dessins, la composante horizontale des écoulements dans une nappe est prédominante. Ce qui n'empêche pas que les flux à travers de grandes surfaces horizontales puissent être considérables. Les surfaces horizontales ont des aires bien plus importantes que les sections verticales : les échanges entre niveaux géologiques superposés sont plus importants qu'on ne croit, même si ces niveaux sont séparés par des interfaces supposés imperméables.

La demande en eau

Environ 65% des besoins en eau de qualité (potabilisées) sont satisfaits par les eaux souterraines. De ce volume, 1% seulement est bu. C'est un enjeu diversement réparti, les concentrations urbaines entraînant une forte demande ponctuelle. Certaines demandes suivent des fluctuations saisonnières importantes : irrigation, consommation estivale d'eau.

Les voies de communication que sont les rivières ou les ponts qui les franchissent furent et demeurent des implantations démographiques privilégiées, ce qui fait que les nappes alluviales sont fort sollicitées. Leur relative exiguïté a conduit à des solutions imaginatives pour faire cohabiter extractions et rejets dans des espaces comptés ; des solutions dites "boucles courtes" ou recharge artificielle permettent d'accroître artificiellement la disponibilité de l'eau.

Les chiffres ci-contre fixent des ordres de grandeur mais présentent un gros défaut : ils globalisent alors que les problèmes sont locaux. La majorité des problèmes d'eau sont locaux, ou du moins inscrits dans les limites d'un bassin. Hormis certains rares travaux conduisant à des transferts de bassin à bassin, les économies faites sur un bassin ne profiteront jamais au bassin voisin. L'économie, nécessaire, ne doit pas devenir obsessionnelle. Depuis quinze ans la consommation d'eau domestique baisse de 1% par an dans tous les pays développés, hélas moins par excès de vertu que par l'amélioration du rendement des lave-vaisselles, machines à laver etc. Toutefois, depuis quarante ans en France, l'action des Agences de l'eau est extrêmement bénéfique pour améliorer le recyclage et faire baisser la consommation dans les process industriels. Elles sont en train d'égaler en responsabilités les ministères puisque c'est à elles qu'incombe la préparation des programmes de mesure (entendons "actions de terrain") voulus par la Directive Cadre sur l'eau.

Surprise des chiffres, la consommation par habitant, souvent mise en avant, est trompeuse. Il est fréquent de voir opposer la consommation de 200 l/j/hab. d'un Européen à celle de 700 l/j/hab. d'un Américain du Nord. On oublie de pousser le raisonnement à son terme, ce qui conduirait à observer que c'est l'habitant du Turkmenistan qui bat le record avec 5 000 m^3 par an soit, converti en moyenne journalière, 1 370 l/j/hab. Pourquoi ? Parce que le climat impose à cette petite population rurale d'irriguer ses cultures pour survivre et 80% des eaux sont affectées à l'irrigation. En fait les économies sont affaire de chacun, elles sont nécessaires au moins pour la préservation des milieux, mais économiser l'eau dans les pays développés et tempérés n'en apportera pas plus dans les pays chauds et secs :

Les ressources en eau souterraine

On a répertorié en France environ 1 500 aquifères de plus de 10 km^2 de superficie dont 200 aquifères régionaux, exploitables, de taille allant de 100 km^2 à 100 000 km^2 : 25 nappes captives et 175 nappes libres. On estime que ces 200 aquifères renferment 2 000 milliards de m^3 d'eau dont environ 100 milliards de m^3 s'écoulent annuellement vers les sources, les cours d'eau et les littoraux.

Les ressources en eau souterraine sont bien réparties sur les 2/3 du territoire. Actuellement, environ 30 à 40 milliards de m^3/an sont puisés dans les nappes d'eau souterraine. Déduction faite des volumes qui retournent aux nappes, le soutirage net est de l'ordre de 8 milliards de m^3 dont 50% pour l'eau potable couvrant ainsi :

- *65% des besoins domestiques ;*
- *20% des besoins agricoles (irrigation) ;*
- *25% des besoins industriels, non compris les prélèvements des centrales électriques.*

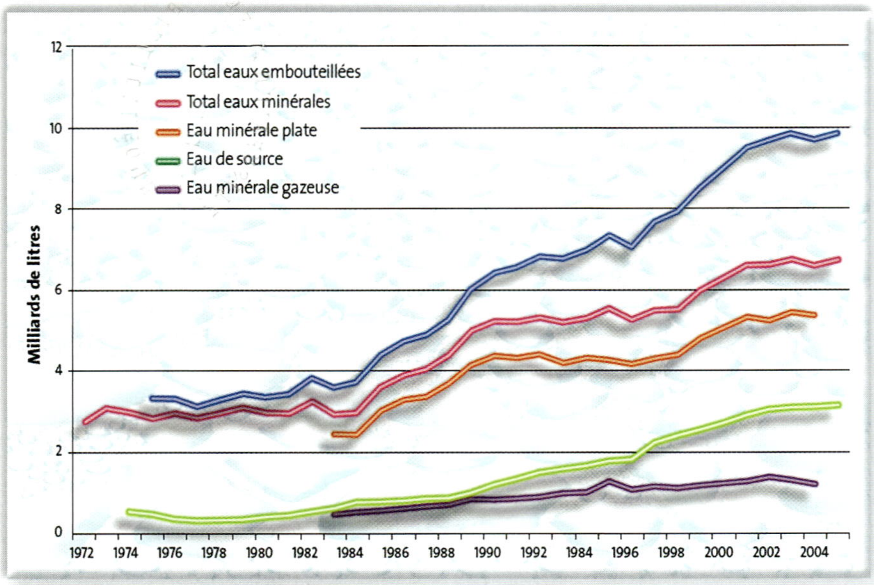

La production d'eaux conditionnées en France

Les eaux en bouteilles regroupent les eaux de source et les eaux minérales. La production annuelle d'eau en bouteilles représente en France environ 10 millions de mètres cubes dont les 3/4 pour le marché national. Avec environ 150 litres par an et par personne, l'eau en bouteilles représente environ 20% de l'eau de boisson consommée.

Source : Chambre Syndicale des Eaux minérales et Syndicat des eaux de Source.

ce qui est important est d'adapter la demande à la ressource et à la capacité de réaction du milieu naturel à travers une bonne gouvernance.

L'inertie des grandes nappes permet de répondre à une situation transitoire d'insuffisance, mieux que ne le font les rivières et les petites nappes qui baissent bien plus vite en été. Les stocks en certains endroits sont considérables et permettent de franchir les périodes de pénurie. En 2003 et 2005, années de canicule, sauf en de rares endroits la desserte en eau potable ne fut pas restreinte.

Cette richesse appartient aussi aux générations futures : il faut stabiliser les dégradations et si possible les résorber. Or il est difficile de résorber une pollution installée dans une nappe compte tenu de l'inertie et de la capacité.

Des méthodes interventionnistes sont parfois mises en œuvre pour des pollutions ponctuelles dans des nappes superficielles. Elles sont longues, coûteuses et le plus souvent on attend que la pollution se résorbe par renouvellement du stock. Ressources invisibles, les eaux souterraines n'attirent pas l'attention. Ce sont des eaux difficiles à protéger dans la mesure où il est difficile de sensibiliser les populations à l'enjeu qu'elles représentent même si la majorité de la population connaît les notions de pollutions diffuses et de pollutions industrielles. Souvent les élus n'ont pas (ou pas encore assez) le souci de protéger une ressource qui n'est pas porteuse d'enjeux immédiats.

L'information, la prévention, la recherche de mesures de protection sont des taches de longue haleine, fondées sur la volonté et la ténacité pour ces eaux qui ne se voient pas, à l'inverse des rivières, ce pourquoi elles ont été longtemps négligées.

Pourquoi surveiller les eaux souterraines ?

Environ 1750 points composent le réseau piézométrique national et de nombreux autres permettent un suivi local selon toutes sortes d'objectifs de gestion. Le suivi de la qualité de l'eau, jusqu'à un passé récent, ne concernait pour ainsi dire que les captages destinés à l'alimentation en eau potable. Le Rapport Martin de 1994, puis la DCE de 2000 ont incité les pouvoirs publics à dépasser le seul objectif sanitaire et à mesurer la qualité de l'eau au sens environnemental.

La qualité de l'eau se joue dans la durée. Le réseau national d'observation des nappes et la prévision des évolutions de la qualité des eaux est en place. Il faut suivre attentivement tout signe de dégradation, pour remonter aux causes. Des recherches se poursuivent sur le mode de propagation des polluants dans le sol et dans les nappes. Les résultats sont repris et exploités à travers l'action publique. Il faut notamment apprendre à détecter les nouvelles molécules que nous créons, pour connaître leur mode de propagation, savoir si elles se dégradent ou non, en mesurer les risques pour la santé.

Le suivi des prélèvements incombe aux Agences de l'eau dans le cadre de leur politique de redevance. Le secteur agricole, très mal connu, pourtant poste clé des bilans hydrauliques et théoriquement "mesurable", demande un suivi qui est actuellement très incomplet.

Le suivi des eaux va au-delà du seul besoin pour l'homme et les nappes sont en relation - si elles ne les contrôlent pas complètement - avec des milieux superficiels parfois sensibles. Une baisse importante de nappe peut conduire à l'assèchement des petits cours d'eau à l'amont des bassins versants, ou de zones humides. La dégradation chimique de l'eau d'une nappe se répercutera dans les cours d'eau dont elle soutient le débit.

Qui s'occupe de quoi ?

Centralisation, décentralisation, trois lois sur l'eau (1964, 1992 et 2006), un certain nombre de directives européennes dont une Directive cadre en 2000 et une Directive sur les eaux souterraines, ont conduit à une multiplicité de centres d'intérêt, de centres de décision et de maîtres d'ouvrage. Parmi les ministères déjà cités certains ont des services régionaux qui relaient les messages nationaux, voire les messages communautaires : DIREN, DRIRE, DDASS, MISE, etc. Côté terrain, la saisie des questions locales incombe aux collectivités, communes et départements devant garantir la satisfaction de la demande en eau au quotidien, les régions étant responsables du moyen et du long terme. Les Comités techniques de l'eau sont des parlements locaux de l'eau auprès desquels ces problèmes remontent.

La gestion efficace de la ressource impose de dépasser ces limites administratives pour considérer les limites de bassins. Les Agences, depuis la loi sur l'eau de 1964 s'y appliquent même s'il a fallu attendre l'expertise confiée à Yves Martin en 1994 pour rééquilibrer les attentions portées aux eaux souterraines bien moins considérées que les eaux de surface. Depuis la DCE, les six Agences sont les autorités responsables de l'application des impératifs à l'échelle des districts hydrographiques qui sont au nombre de huit. A leurs côtés sont apparues d'autres entités, les Etablissements Publics Territoriaux de Bassins, qui ont pour juridiction des sous-bassins appartenant aux grands bassins français.

Enfin nombre d'organismes, d'associations, de conseils, qui ont des attaches à la fois nationales et locales, se préoccupent de l'eau : des organismes de recherche et établissements publics qui ont un rôle au titre du Service Public, comme le BRGM, le Cemagref, l'Ifremer, des associations comme l'OIEau, des sociétés savantes comme la Société Hydrotechnique de France, le Cercle Français de l'Eau, l'Académie de l'Eau, des Instituts comme l'Institut Français de l'Environnement, des Conseils comme l'ex Conseil Supérieur de la Pêche devenu Office National de l'Eau et des Milieux Aquatiques, des Associations, des bureaux d'études, et à côté d'eux, les structures d'exploitation (syndicats), les compagnies distributrices d'eau qui s'intéressent à la garantie de disposer de l'eau, ainsi que les exploitants des eaux thermales et minérales. Tout ceci sans compter les secteurs de l'Energie, des Communications, qui gèrent les grands aménagements. Les décisions sont-elles bien prises pour autant ? La Commission Européenne nous le dira en 2015, première date rendez-vous du calendrier de la DCE qui prône le bon état écologique des eaux.

La qualité naturelle de l'eau

Il n'existe pas de réponse unique pour qualifier une eau de "bonne qualité". La qualité d'une eau souterraine est une notion relative qui se définit par l'usage que l'on en fait, ou alors par la conservation de l'état naturel (vierge) de l'eau. On peut évaluer la qualité de l'eau par rapport à son état d'origine. La minéralisation naturelle d'une eau souterraine est fonction de la nature de la roche qui compose l'aquifère, du mode de circulation de l'eau et du temps de contact avec les minéraux. Au sol, tout un environnement biologique s'est adapté à cette minéralisation, qui a ses exigences : une eau si pure soit-elle du Jura ne conviendra pas à une fragile tourbière bretonne.

Les processus d'acquisition du fond hydrogéochimique démarrent précocement, dès le contact avec le sol peu profond.

En matière d'éléments indésirables liés à la nature du sous-sol, on distingue deux catégories selon des critères sanitaires (OMS, 1994) :

• les éléments toxiques, pour lesquels un risque sanitaire important existe ;

• les éléments indésirables, dont la présence est susceptible d'entraîner des réclamations de la part des consommateurs, ou pour lesquels aucune preuve de risque sanitaire n'a pu être démontrée, ou pour lesquels cette éventualité est probablement nulle.

Si l'altération est le fait d'une pollution, elle est évaluée par rapport à l'état naturel en mesurant les principaux paramètres physico-chimiques responsables de la dégradation : nitrates, pesticides, micropolluants minéraux (arsenic, plomb,...), micropolluants organiques (hydrocarbures

Ministère de l'Ecologie, développement et aménagement durables.

DRIRE : Directions Régionales de l'Industrie, de la Recherche et de l'Environnement.

DIREN : Directions Régionales de l'Environnement.

Ministère de la santé publique.

DDASS : Direction Départementale des Affaires Sanitaires et Sociales.

MISE : Mission Interservice de l'Eau.

Bureau de recherches géologiques et minières.

Institut de recherche pour l'ingénierie de l'agriculture et de l'environnement.

Institut français de recherche pour l'exploitation de la mer

La crue de la Seine de 1910, qualifiée de crue centennale, est le plus important débordement du fleuve. Elle a atteint son maximum, 8,62 mètres à l'échelle hydrométrique du pont d'Austerlitz à Paris le 28 janvier mais a affecté de nombreux quartiers de la capitale et de nombreuses villes riveraines du fleuve pendant plusieurs semaines. La décrue a demandé 35 jours.

Les crues d'été

Elles sont le fait de précipitations intenses sur un bassin sur lequel un effet "d'entonnoir" concentre vers la rivière la quasi totalité de l'eau tombée dans un laps de temps très court, qui n'a pu ni s'infiltrer, ni s'évaporer. Ces crues à déclenchement rapide ne durent que quelques jours et se traduisent par des écoulements torrentiels.

Les crues de nappes

Plusieurs facteurs favorisent ces crues : nappes hautes en fin d'étiage (novembre) après deux années humides, pluies d'hiver abondantes, milieu géologique très poreux, possédant un capacité de stockage considérable, relief de plateau avec une nappe plus haute que la plaine alluviale. On peut assister à des crues fortes entre deux semaines et deux mois. Comme celles de l'Oise en 1995 et de la Somme en 2001.

aromatiques, polycycliques, composés organohalogénés volatils...). Les principaux risques sont liés à l'activité humaine, en particulier à la diffusion dans le sol des engrais et pesticides utilisés en agriculture, ou de polluants industriels.

Fort heureusement, lorsqu'elles ne sont pas trop profondes et suffisamment éloignées des zones littorales ou des formations salifères, les eaux souterraines sont globalement de très bonne qualité. Dans de nombreux cas, elles ne demandent qu'un traitement très faible ou nul avant leur consommation.

Les situations de stress

Il y a peu de temps seulement que l'on a officiellement pris conscience du risque d'inondation par remontée de nappe. On se souvient de la situation dramatique qu'a connue la Somme en 2001 : une inondation anachronique - avril - qui se prolonge jusqu'en juin, à l'évidence décalée par rapport aux pluies du moment. Elle fut liée à un phénomène de surstockage progressif, année après année, de l'eau dans les nappes, suivi d'une vidange déclenchée par une circonstance particulière. Les modèles auraient permis de prévoir ce phénomène, d'avertir et si possible de prendre des mesures préventives. Un modèle de ce genre existe désormais sur la Somme. Il est consulté tous les 15 jours en période hivernale depuis 2002. Depuis lors, on a établi un atlas des zones pouvant présenter des risques similaires, pour toute la France. Il est entre les mains du Ministère chargé de l'Environnement et des DIREN, et consultable sur site public.

Des crues différentes selon les saisons

Les crues de la Somme ont révélé l'action du sous-sol et des nappes dans le déclenchement et l'entretien de l'inondation. Ce cas d'école n'est cependant pas transposable inconsidérément, toutes les crues ne se ressemblent pas et les différences sont très notables entre des crues d'été, des crues de type cévenol, des crues d'hiver, des crues de redoux ou des crues de nappes.

Le plus souvent, une crue est un phénomène intégrateur de plusieurs composantes concernant à la fois les eaux de surface et les eaux souterraines : ruissellement sur les versants , rôle de l'état de surface et de l'occupation des sols, apport de l'amont par la rivière, écoulement gravitaire des nappes de plateaux, saturation de la nappe alluviale qui perd sa capacité à amortir l'onde de crue, capacité relative du cours aval à évacuer cette eau. Ces composantes obéissent à des constantes de temps très différentes et c'est probablement cette notion de constante de temps qui est le facteur explicatif le plus important.

Sa méconnaissance est la cause des erreurs d'analyse les plus fréquemment commises et souvent les plus grossières. N'a-t-on pas annoncé la crue du siècle à Paris en 2002 et en 2003 quand les voies sur berges furent à

Les éruptions phréatiques, phénomènes para-volcaniques

Des eaux saturent les vides d'une roche ancienne qui constitue le cône d'un volcan en pays humide (tropical), elles sont chauffées à distance par le magma. Plusieurs dizaines de mètres d'épaisseur de roche, souvent altérées par le climat et les gaz sulfureux, sont saturées de telle sorte que les niveaux profonds sont placés sous une pression hydrostatique de plusieurs bars. Sous cette pression l'eau reste liquide même au-delà de 100°C. Le changement de phase répond à une courbe pression-température bien connue. Le changement d'état liquide en vapeur survient quand l'eau franchit cette ligne, soit par surchauffe, soit par chute de la pression. L'inertie thermique s'oppose à une augmentation brusque de la température, mais une chute brutale de pression peut survenir lorsque l'édifice est fissuré et qu'une fissure s'entrebâille et met l'aquifère, semi-profond, à la pression atmosphérique. L'eau se vaporise instantanément, massivement, de manière explosive.
C'est l'image de la cocotte-minute qu'on ouvre imprudemment, du bouchon de radiateur d'un moteur trop chaud, d'une chaudière qui "explose". A l'échelle d'une nappe, ce fut le cas de la Soufrière de Guadeloupe en 1976. Le calcul montre qu'une porosité de 18% de la roche altérée suffit pour que l'énergie déployée pulvérise la roche, provoquant une éruption relativement froide (moins de 200°C) mais extrêmement dévastatrice.

Relevé du niveau de crue sur un bras du Rhin.

Pont de l'Alma
(La Crue à son maximum, 29 Janvier 1910)

Les crues de redoux

Elles surviennent à la suite d'un épisode froid au cours duquel le sol a gelé. Au redoux, l'atmosphère froide et humide ne permet aucune évaporation, la neige fond. Par son inertie thermique, le sol reste gelé plusieurs jours voire plusieurs semaines et il est alors imperméable. Le ruissellement est maximum. La durée de ces crues est de l'ordre de 2 semaines.

peine mouillées ? Comprendre le mécanisme des crues pour mieux les prévoir est certainement l'enseignement majeur que nous apportent les travaux de ces dernières années.

Comment prospecte-t-on les eaux souterraines ?

Comment trouver l'eau qui ne se voit pas ? Une multitude de méthodes existe : par raisonnement, c'est l'affaire du géologue de dire quelles conditions de gisement sont propices.

La simple lecture de la carte géologique permet de localiser les formations qui par leur nature et leur disposition peuvent être aquifères et exploitables : les données structurales et stratigraphiques classiques, les informations liées aux altérations de la roche dans le proche sous-sol, à la morphologie, à la densité du réseau hydrographique, etc. sont des guides. En zones de socle, les potentialités aquifères sont en large part l'expression de la fracturation et de l'altération, la fracturation favorisant la perméabilité, l'altération la capacité de stockage.

Les démarches procèdent par échelles d'approche progressivement croissantes. Les images satellite conviennent aux échelles 1/200 000 à 1/50 000, la reconnaissance de terrain se fait du 1/50 000 au 1/5 000. Sur le terrain on procède par détection directe ou par détection indirecte c'est-à-dire par la détection d'un paramètre lié à la présence d'eau.

Nombre d'approches indirectes font appel à des paramètres électriques, électromagnétiques, nucléaires, sonores, etc. qui prennent des valeurs caractéristiques dans les formations aquifères. A chaque paramètre une méthode et une échelle d'application optimale, étant entendu qu'ici comme ailleurs on procède du général au particulier, c'est-à-dire de la méthode la plus grossière vers la plus fine.

Une méthode semi-directe fut mise au point dans les années quatre-vingts par analyse de la teneur en radon des gaz du sol à 50 cm de profondeur environ. De nombreuses roches contiennent de l'uranium, dont l'isotope 238 produit par désintégration du radon 222. Le radon a une durée de vie courte ; il est largement véhiculé par le CO_2 d'origine profonde, et les deux gaz parcourent préférentiellement les fractures perméables aux gaz, donc à l'eau. La détection à fleur de sol des anomalies de concentration en radon au-delà du bruit de fond connu signale la présence des fractures aquifères. D'excellents résultats ont été obtenus sous différents contextes climatiques, sur des substrats de granite bien sûr mais aussi de schistes, de calcaires, de grès.

Les méthodes directes sont liées à l'eau elle-même. On teste une propriété qui n'est pas nécessairement hydraulique mais qui peut être nucléaire, liée à la molécule d'eau ou à l'oxygène ou à l'hydrogène de cette molécule. C'est le cas de la RMP (voir encart), ainsi que de toutes les méthodes isotopiques qui procèdent par datation, par traçage, et qui contribuent à caractériser ou décrire les circulations de l'eau.

N'oublions pas la "sourcellerie" ou, terme plus proche de la réalité, le "water devining" anglo-saxon qui part d'une propriété physique et d'un don physiologique qu'une personne sur mille possède plus que les autres. Si le Pr. Yves Rocard a bien analysé l'aspect physique du phénomène, la pratique hélas reste le plus souvent empreinte d'un décorum, voire d'un charlatanisme qui lui ont toujours porté préjudice.

Quel avenir, conflits d'usage et conflits régionaux ?

Les conflits d'usage concernant l'eau sont presque partout présents ; il y a souvent compétition entre les besoins pour l'homme, l'industrie, ou l'agriculture. En ordre de grandeur l'agriculture consomme environ 80% de la production en eau, l'industrie 5 à 15% selon les régions en fonction de leur niveau d'industrialisation ; l'eau potable pour la consommation humaine est finalement marginale avec 5 à 20% du total.

Quels arbitrages faire ? Comment réduire nos consommations ? Ces questions en entraînent d'autres encore plus vastes : quelle industrie et quelle agriculture pour demain, quelle desserte pour les pauvres des pays pauvres ? Quelle organisation mondiale pour résoudre les conflits régionaux ?

Les Nations unies constatent que les conflits liés à l'eau entre pays sont loin d'être résolus ; elles comptent 19 conflits liées à l'eau dont 9 en Afrique. Les cours d'eau frontaliers sont des enjeux majeurs et l'objet de tensions parfois énormes (barrages, pollutions, pompages) : le Danube, le Nil, l'Euphrate.

Explosion démographique

On oublie souvent une donnée fondamentale livrée trop discrètement par les démographes qui nous disent que la population africaine doublera pour passer à 1 milliard d'habitants d'ici 2020 malgré les grandes pandémies (SIDA, paludisme etc..) et à 2 milliards en 2050 ; elle sera alors la première zone peuplée de la planète avant l'Inde et la Chine, "seulement" troisième.

En conséquence, à l'échelle planétaire, les difficultés d'alimentation en eau qui sont aujourd'hui en Chine notamment pour des raisons de pollution, seront demain encore plus fortes en Inde et après demain (mais déjà aujourd'hui) en Afrique avec les conséquences que l'on peut imaginer sur l'exode vers l'Europe.

Changements climatiques

Enfin pour compléter le tableau, déjà pas si simple, le changement climatique risque de complexifier la donne. Le Groupement international d'experts pour l'étude du climat (GIEC) nous dit qu'une augmentation de température de 2° en moyenne (très probable selon eux) décalerait les isothermes en France de 400 km vers le nord ; imaginons un climat de type méditerranéen à Royan ! Sur la planète, on s'attend d'une part à plus de précipitations dans les tropiques humides (qui n'en manquent pas) et aux latitudes hautes et d'autre part à une baisse des précipitations aux latitudes moyennes et aux basses latitudes arides ; les extrêmes climatiques seront donc accentués ce qui bien entendu aura un impact sur la desserte en eau potable, sur l'agriculture et donc sur la pauvreté dans le monde.

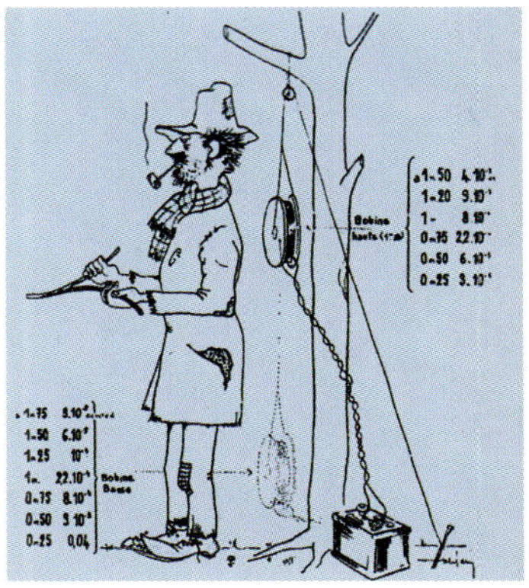

L'écoulement de l'eau, liquide ionique chargé de sels dissous, créerait un très léger champ électrique. Le corps présenterait une sensibilité, variable d'un individu à l'autre, liée à la présence de petites concentrations d'oxydes de fer au voisinage des articulations. Ainsi exposé, le système nerveux réagirait en circuit court (indépendamment du cerveau et de notre volonté) en commandant d'infimes contractions musculaires qu'il s'agit de rendre visibles par un artifice : une baguette, un pendule.

La Résonance Magnétique Protonique

Elle permet de détecter la présence des nappes à partir de la surface du sol et de les localiser précisément en profondeur. Le principe de la RMP repose sur l'analyse du signal de résonance des noyaux d'hydrogène (ou protons) contenus dans les molécules d'eau en réponse à un signal électromagnétique de fréquence donnée. Le signal d'impulsion est créé par la circulation, dans un câble disposé en boucle au sol, d'un courant très puissant, pouvant atteindre plusieurs centaines d'ampères, produit par une tension électrique de plusieurs milliers de volts. Il crée un champ magnétique qui modifie l'équilibre énergétique des protons des molécules d'eau présentes dans le sous-sol.
La coupure du courant au bout d'un temps bref quelques dizaines de millisecondes provoque un retour à l'équilibre des protons qui renvoient alors un signal de relaxation sous la forme d'un champ électromagnétique. Son amplitude est directement proportionnelle à la quantité d'eau présente dans le sol. Le temps mis par ce même signal pour disparaître fournit des indications sur l'environnement direct des nappes : il est d'autant plus long que les protons sollicités sont ceux d'une eau peu enserrée dans la roche, donc d'une nappe à potentiel hydrodynamique élevé.
Le signal provient directement et uniquement des molécules d'eau.
L'interprétation hydrogéologique des signaux enregistrés est ainsi plus directe qu'avec les outils classiques d'analyse géophysique des sols pour lesquels les paramètres mesurés ne concernent pas directement l'eau souterraine mais l'ensemble du milieu poreux.

Le delta du Gange au Bangladesh et les effets de la dégradation des sols et l'érosion.

C'est en outre sans compter sur l'impact de la rareté de l'eau ou de son excès sur la biodiversité et les équilibres naturels ?

Mais avec cinq degrés de plus, ce serait un tel chamboulement climatique que les catastrophes ne sont même pas imaginables (du Sahel au sud de la France ?).

Il est encore difficile de prévoir dans quel sens ces modifications joueront en France, mais en suivant les experts qui semblent s'entendre sur une augmentation des contrastes notamment par amplification des effets extrêmes, on pourrait imaginer que cela signifie des eaux souterraines plus abondantes. En période estivale les nappes vivent pour la plupart indépendamment des événements climatiques aériens et au sol, que l'été soit doux ou caniculaire, pluvieux ou sec. Une augmentation des pluies hivernales pourrait se traduire par une augmentation de la recharge.

La relation au climat a conduit certainement abusivement à globaliser la question de l'eau à l'échelle nationale, voire mondiale. La perspective d'épuisement des gisements pétroliers n'est pas le schéma qui s'applique à l'eau. La question de l'eau est la juxtaposition de problèmes locaux, différents, chacun étant spécifique par les demandes, les moyens existants, les ressources qui restent à mobiliser. Un certain nombre de cas locaux relèvent d'une planification inadaptée des usages de l'eau comparativement à l'offre totale de ressources, pour lesquels les solutions quelles qu'elles soient impliqueront une révision au moins partielle de la demande. L'image de rivières en basses eaux puis s'asséchant a fait oublier que les eaux souterraines restent présentes en stocks considérables, abondamment renouvelés, en partie mobilisables sous certaines conditions (respect des conditions périphériques, respect du fonctionnement des autres composantes de l'hydrosystème). Le fait reste encore trop peu connu que les eaux souterraines réagissent avec une inertie très variable d'une nappe à l'autre, souvent importante, d'où un facteur temps qu'il faut apprendre à utiliser car il est propice à des solutions palliatives inter-saisonnières.

Si l'eau ne s'échange pas, se transporte mal, par contre l'eau virtuelle, oui : la FAO prévoit une augmentation des transferts d'eau sous forme de nourriture, qui va de pair avec une amélioration du rendement des terres en culture, une amélioration des techniques d'irrigation, des pratiques culturales ou des adaptations génétiques qui minimisent l'exigence en eau des plantes. Comprendre les mécanismes et expliquer sans fin pour chasser les faux sens, concevoir des solutions imaginatives, mieux utiliser les espaces, ne plus construire dans les zones inondables, ménager des zones d'expansion des crues, maîtriser l'augmentation des surfaces irriguées, sont des axes du discours actuel des scientifiques, de plus en plus relayé par celui des collectivités.

Quelle riposte ?

Variation dans l'espace, variation dans le temps, problèmes de qualité, inadéquation entre lieux de production et de consommation, conflits d'usage, explosion démographique, changement climatique sont les facteurs de complexité auxquels nous sommes confrontés pour l'alimentation en eau sur la planète. Les professionnels de l'alimentation en eau savent que les problèmes de l'eau se traitent toujours localement et au cas par cas.

C'est à l'intérieur d'un bassin versant qu'il faut faire les arbitrages stratégiques et trouver les solutions pratiques, en essayant d'une part de protéger le patrimoine hydrique (superficiel ou souterrain) et d'autre part d'allouer la ressource de façon optimale en fonction des usages.

L'agriculture, plus grande consommatrice d'eau

L'agriculture est la plus grande consommatrice d'eau, c'est sur elle que l'on peut faire les plus grandes économies. Les leviers permettant des économies d'eau sont connus :

- choix des pratiques culturales et d'espèces végétales peu consommatrices en eau ;
- techniques d'irrigation économes (ex : goutte à goutte) ;
- préservation de la ressource en eau par un usage ajusté et raisonné d'engrais et de pesticides ;
- optimisation de l'utilisation de la ressource en apportant la dose d'eau optimale au bon moment afin d'éviter le gaspillage ;
- réutilisation des eaux usées ;
- recharge artificielle des nappes souterraines ;
- paiement de l'eau et de son traitement à sa juste valeur (quitte à subventionner les ruraux).

Même si les techniques sont connues, encore faut-il les mettre en œuvre en mettant en place les organisations et les outils techniques et financiers adéquats, ce qui demande un travail collaboratif entre les pouvoirs publics et les utilisateurs.

Les besoins de l'industrie

Globalement les industries consomment beaucoup moins d'eau que l'agriculture ; cependant localement, elles peuvent avoir des besoins importants et créer par leurs rejets des problèmes spécifiques.

Les centrales électriques par exemple, peuvent localement tirer des volumes d'eau considérables sur les cours d'eau avec un impact important au niveau du rejet (augmentation de la température).

Les industries pétrolières quant à elles, peuvent avoir un impact très important sur la qualité des eaux du fait des fuites d'hy-

La culture du cotonnier est majoritairement pluviale (Afrique subsaharienne, une grande partie des cultures des États-Unis, de l'Inde, de la république populaire de Chine). La culture pluviale est théoriquement possible dès 400 mm de précipitations annuelles. Pourtant, dans les faits, le coton ne peut être cultivé sans irrigation qu'avec une pluviométrie supérieure à 700 mm/an, afin de pallier la variabilité interannuelle des pluies et les irrégularités de leur distribution. Ainsi, 40% des surfaces cultivées en coton (Égypte, Ouzbékistan, Pakistan, Syrie) sont irriguées.

La culture du maïs a besoin d'environ 500 mm d'eau par an pour produire des rendements élevés. Cette eau provient de l'eau emmagasinée dans le sol, des précipitations ou de l'eau d'irrigation. Ainsi les plans américains récents (2007) de production massive d'éthanol comme biocarburant à partir de maïs vont se traduire par des problèmes de ressources en eau. Une partie de la "Corn Belt" américaine recourt déjà massivement à l'irrigation.

Le réservoir de Montsouris

Une galerie contourne ce décor fantasmagorique dont on ne peut voir la fin. Le silence n'est troublé que par les notes cristallines de l'eau. A l'étage inférieur, une autre cathédrale de trois hectares accueille un entrelacs d'énormes tuyaux et de milliers de stalactites. A l'entrée de ce réservoir, situé dans le XIVème *arrondissement et protégé de toute visite, fidèles gardiennes du temple, quelques truites veillent sur la qualité des eaux, captives d'un aquarium creusé dans la roche, survivance symbolique du temps où la chimie balbutiante ne disposait pas encore d'outils de contrôle. Long de 265 mètres et large de 136 mètres, le réservoir de Montsouris avoisine les trois hectares. Sa capacité est de 2 millions de litres. Il fut construit en 1874 par Eugène Belgrand, ingénieur du baron Haussman ; il était alors le plus grand réservoir du monde. Il approvisionne encore un Parisien sur cinq en eau de source. A 150 km de Paris, le Vanne, le Loing et le Lumain unissent leurs eaux qui mettent jusqu'à deux jours à parcourir la légère pente (quelques cm par km), traversent divers aqueducs dont celui d'Arcueil, construit par les Romains et réhabilité à la fin du XIX*[ème] *siècle pour l'occasion.*

drocarbures lors de l'extraction, du transport et du stockage ; ainsi ces hydrocarbures sont à l'origine de 90% des pollutions de sols en zones urbaines suivies par les organochlorés et les métaux lourds.

Avec une législation de plus en plus contraignante, les industriels ont fait d'énormes progrès en mettant en œuvre les pratiques suivantes :

- recyclage et traitement des eaux usées avant rejet ;
- utilisation d'eau de moins en moins noble en fonction des usages ;
- utilisation de techniques sans eau (refroidissement à l'air plutôt qu'à l'eau) ;
- contrôle environnemental des activités.

L'alimentation en eau potable des populations

Sur un peu plus de 6 milliards d'habitants aujourd'hui, 1,2 sont privés d'un accès satisfaisant à l'eau potable et 2,6 milliards n'ont pas de système satisfaisant de traitement des eaux usées. Cinq millions d'humains meurent chaque année de maladies liées à l'eau (qualité et quantité) dont 1,6 par diarrhées ; 90% sont des enfants. Ces populations défavorisées sont bien entendu situées dans les pays pauvres et d'abord en zones rurales.

Les zones urbaines qui concentrent l'essentiel de la population mondiale consomment de 5 à 100 fois plus d'eau par habitant que les zones rurales ou péri-urbaines qui se contentent, dans les pays pauvres, de 10 à 20 litres par jour et par habitant contre par exemple 165 litres à Paris (1 000 litres dans les grands hôtels et dans certaines villes des USA).

Ce qui coûte cher dans la desserte en eau potable en zone urbaine, c'est d'abord son transport (le réseau de canalisations qui vont du captage jusqu'au domicile) puis son stockage (réservoirs) ; l'extraction de l'eau et son traitement dont on parle plus souvent, sont en général secondaires en terme de coût. Il faut par exemple investir plusieurs centaines de milliards de dollars sur plusieurs décennies pour que les Chinois soient desservis en eau à domicile. Comment alors résoudre les problèmes de l'Inde et de l'Afrique ? Où trouver les financements sachant que l'aide publique affectée au développement (APD) diminue partout dans le monde ?

Non seulement il est difficile de satisfaire les besoins urbains, on constate de surcroît que les fuites dans les réseaux anciens ou mal gérés atteignent des niveaux importants de l'ordre de 30 à 50% contre 10 à 30% pour un système récent et bien géré. On voit tout l'intérêt qu'il y a à bien entretenir les réseaux existants et à réduire les fuites plutôt que d'essayer d'y injecter des ressources supplémentaires qui se perdent.

En zone rurale, c'est l'eau souterraine qui le plus souvent permet une desserte décentralisée adaptée à la dispersion de la population. Ainsi, dans les pays pauvres d'Afrique et d'Asie, les ressources souterraines fournissent aux villageois, par puits ou par forages, les quelques 10 à 20 l/j/hab. nécessaires, à un coût acceptable. On comprend mieux dans ces situations, l'importance des ressources en eau souterraine (eau noble par excellence) ; leur gestion économe implique une bonne connaissance de la ressource (hydrogéologie) qu'il s'agisse d'en éviter la surexploitation ou la pollution, avec toutes leurs conséquences, ou d'en assurer le renouvellement.

En zones urbaines comme en zones rurales, nous sommes loin d'avoir réglé les problèmes de l'humanité pour l'alimentation en eau potable et l'assainissement. Non seulement nous ne rattrapons pas le retard d'équipements du fait d'une démographie galopante en Afrique et en Asie, mais au contraire, la faiblesse des investissements liée à la diminution de l'Aide publique au développement agrandit le fossé ; le découplage entre pays riches à démographie stable et pays pauvres à démographie croissante s'accélère, accentué de surcroît par le changement climatique.

Quels métiers liés à l'eau pour les géologues ?

Comme dans toute filière économique, le secteur de l'eau fait intervenir les différentes catégories d'acteurs suivants :

- *les institutions qui règlementent et contrôlent le secteur (ministères et leurs organes décentralisés de contrôles ou techniques),*
- *les maîtres d'ouvrages donneurs d'ordre (collectivités publiques, irrigants, industriels),*
- *les financiers qui investissent dans le secteur (banques et autres bailleurs de fonds, les agences financières de bassin),*
- *les chercheurs,*
- *les écoles, universités et autres structures de formation pour améliorer les compétences des acteurs,*
- *les consultants, les bureaux d'études, les ingénieries, qui conçoivent les projets et contrôlent leur exécution,*
- *les équipementiers qui fournissent les matériels et les appareils de mesures,*
- *les sociétés de travaux,*
- *les sociétés de services ou les régies municipales qui gèrent techniquement et financièrement les équipements (nous avons en France trois leaders mondiaux).*

L'hydrogéologue est amené à rechercher de l'eau pour l'alimentation en eau potable ou à gérer les ressources en eaux souterraines dans le monde entier, dans toutes sortes de formations géologiques, de contextes climatiques ou sociaux (pays pauvres ou riches, zones rurales ou urbaines etc.). S'il opte pour une spécialisation hydraulique ou hydrologique, il pourra gérer les eaux superficielles d'un bassin versant, d'un cours d'eau ou encore la distribution d'eau par réseau ou son stockage ; il pourra se spécialiser dans la maîtrise des eaux pluviales et le dimensionnement des ouvrages associés ou encore sur les barrages où sa double compétence sera appréciée. Plus tard dans sa carrière, il pourra devenir expert s'il choisit d'approfondir sa compétence technique ou opter pour une carrière managériale pour gérer des projets ou des équipes, voire des sociétés, enfin les carrières commerciales lui sont également ouvertes si tant est qu'il ait des aptitudes pour ce faire. Il peut se spécialiser en modélisation, en géophysique, en traitement de l'eau, systèmes de pompage etc. Cette discipline lui sert également, s'il choisit d'intervenir sur le traitement des pollutions des eaux (assainissement et traitement de l'eau) et des sols (dépollution des sols) ou encore dans la protection des travaux souterrains qui rencontrent des aquifères.

Le génie de l'environnement

Jean-François Béraud & Jacques Ricour

Babylone, XVIIIème siècle avant J.-C. : le code d'Hammourabi précisait les sanctions à mettre en œuvre en cas de dégradation volontaire d'un cours d'eau. Au XIIème siècle après J.-C., dans leurs chartes concédant franchises et privilèges, les moines cisterciens définissaient les modalités de réhabilitation des "minières" en fin d'exploitation afin de permettre une mise en valeur à des fins agricoles.

Plus récemment, à l'occasion du séisme de Lisbonne du 18 août 1756, les échanges entre J.-J. Rousseau et Voltaire ont mis en lumière les différences de perception de nos philosophes face à des catastrophes naturelles majeures.

Ces quelques exemples nous montrent que la prise en compte de l'environnement dans le développement de l'humanité n'est pas une préoccupation récente. Cette conscience latente de la protection de notre milieu de vie fait partie intégrante de nombreuses philosophies et religions. Toutefois, l'accroissement permanent de la pression démographique de ces dernières décennies a rendu plus pressant le souci d'intégrer l'environnement dans notre vie quotidienne. Notre vision anthropocentrique du monde nous incite à nous tourner vers la protection de l'homme et la satisfaction de ses besoins, sans toujours percevoir que notre survie est liée à celle de notre milieu de vie. L'Histoire nous enseigne, enfin, que les grandes crises de société sont bien souvent le résultat de crises environnementales ou de variations climatiques importantes.

Ainsi une évolution s'est initiée dans les décennies 1965-1975, sous la pression de grands accidents technologiques comme ceux de Feyzin ou de Bhopal et d'une conscience latente qui s'est développée à partir du XVIIIème siècle ; l'opinion publique et les décideurs sont maintenant convaincus que la poursuite harmonieuse du développement planétaire passe par une protection accrue des milieux et par une véritable gestion patrimoniale de l'environnement. Traditionnellement assimilée à la sauvegarde des espèces animales ou végétales en voie de disparition, la protection de l'environnement doit en fait comporter deux volets complémentaires :

• la protection des milieux naturels contre une exploitation outrancière ou incontrôlée pour satisfaire les besoins de l'homme (gestion optimisée des ressources, réduction ou suppression des rejets, élimination sûre des déchets) et des établissements humains vulnérables (villes de montagne, littoraux, îles...) contre les agressions souvent meurtrières que sont les catastrophes naturelles,

• la restauration de milieux dégradés pour de nouveaux usages ou la reconstitution de milieux naturels.

Les Sciences de la Terre trouvent leur place légitime dans la gestion de l'environnement et des ressources naturelles. Le sol est un milieu complexe, une ressource dif-

"Si l'homme ne peut pas tout empêcher, il peut beaucoup prévoir..."

Marcel Roubault

ficilement renouvelable, une interface avec la biosphère ; il constitue la couverture de la géosphère, réservoir des ressources naturelles et des eaux souterraines. L'exploitation, la gestion et la protection des ressources minérales conduisent à une démarche globale et nécessitent une approche pluridisciplinaire où géologue, hydrogéologue, géotechnicien, géochimiste, minéralurgiste... ont tous un rôle à jouer aux côtés d'autres métiers.

Si les géosciences se tournent aujourd'hui vers des pratiques respectueuses de l'environnement dans le domaine minier, de l'énergie et du génie civil, elles se voient ouvrir des opportunités importantes de développement dans la gestion et la protection des milieux superficiels impliquant les sols, l'hydrosphère, la biosphère et, de façon plus générale, tous les éléments constitutifs de l'environnement.

La prévention des risques

Avec les moyens d'investigation apportés par la télédétection à différentes dates, nous avons pris conscience que les ressources en eau et les sols cultivables nécessaires à l'approvisionnement d'une population croissante étaient des ressources finies. En outre, à une pression anthropique croissante s'ajoute une répartition spatiale très hétérogène des ressources qui ne permet pas à tous d'avoir accès à un minimum vital.

Les ressources en eaux douces (superficielles et souterraines) comme les sols cultivables constituent des ressources renouvelables à des échelles de temps très variables qui peuvent dépasser plusieurs générations. Ces ressources sont soumises à de nombreuses agressions : pollutions chroniques et diffuses, essentiellement d'origine agricole, pollutions accidentelles, dégradations et "artificialisations" liées au développement urbain, acidification ou salinisation ...

Tous ces éléments concourent à concevoir des outils et à mettre en place des programmes de protection qui permettent d'assurer la conservation de ces ressources indispensables au développement.

Les schémas directeurs d'aménagement des eaux, les cartes de vulnérabilité, les cartes d'aptitude à l'épandage des boues, la définition des périmètres de protection des captages d'eau potable pour ce qui a trait aux eaux souterraines, l'analyse et le relevé de la sensibilité des sols à l'érosion, le suivi des épandages des boues et de l'évolution des éléments en trace dans les sols constituent, par exemple, autant d'outils dédiés qui sont mis à disposition des aménageurs afin de préserver ces ressources.

Parallèlement, depuis 1976, les études d'impact préalables à la réalisation d'aménagements ou à la création de nouvelles activités industrielles ont permis de développer une politique de protection des ressources naturelles et des espaces sensibles. Cette logique constitue un passage obligé avec, pour certaines activités du type exploitation de granulats ou stockage de déchets, la nécessité de constituer des garanties financières mobilisables pour la remise en état en fin d'exploitation en cas de défaillance de l'exploitant.

Les équipes pluridisciplinaires qui apportent leur contribution à l'élaboration de ces projets font largement appel aux Sciences de la Terre, depuis les observations de terrain jusqu'à la gestion des informations et à la cartographie, en s'appuyant sur la télédétection, les systèmes d'informations géographiques, la simulation numérique, voire la réalité virtuelle.

La prévention des risques de pollution des eaux et des sols

- *Les sols cultivables nécessaires pour satisfaire aujourd'hui les besoins alimentaires des 6,3 milliards d'êtres humains dans le monde ne représentent que 50 millions de km², soit moins de 37% des terres émergées.*
- *Entre 1997 et 2000, en France et dans les DOM-TOM, les surfaces de terres "artificialisées" ont crû de 4% en moyenne, alors que de 1985 à 2000, 18 213 coulées boueuses ont été dénombrées.*
- *La consommation mondiale annuelle en eau a triplé depuis 1950, passant à 4 000 milliards de m³ en 2000. Plus d'un milliard d'être humains n'ont pas un accès satisfaisant à l'eau potable et 2,4 milliards ne sont pas raccordés à un réseau d'assainissement. L'objectif du sommet de Johannesburg est de diviser par 2 ces chiffres d'ici 2015, mais les conflits et les arbitrages retardent cet objectif. Les prélèvements au niveau mondial pourraient représenter environ 5 000 milliards de m³ en 2025, dont 64% destinés à la satisfaction des besoins agricoles.*
- *Pour les eaux douces de qualité, les ressources sont, là encore, limitées et celles-ci se dégradent sous la pression de différents facteurs. En France, de 1992-1993 à 1997-1998, la teneur en nitrates a augmenté dans 48% des 1 941 points du réseau de contrôle des eaux souterraines. Sur 692 stations de mesure renseignées en 1999, 2000 et 2001, 75% sont altérées par les pesticides et 41% seraient impropres à la consommation sans traitement préalable.*

Enfin des programmes de recherches conséquents sont développés pour mieux cerner les processus de pollutions chroniques et diffuses, localisées ou accidentelles, comme par exemple les modalités de transfert des produits phytosanitaires dans le sous-sol et les processus de dégradation des solvants dans les aquifères.

La gestion de l'espace et la maîtrise des risques naturels

Le développement et la gestion de l'espace confrontent l'homme à la nécessité de maîtriser de nombreux aléas, qu'ils soient d'origine naturelle ou anthropique, voire mixte.

Les risques naturels peuvent provenir :

• d'événements météorologiques exceptionnels à l'origine de tempêtes, cyclones, inondations,

• de phénomènes telluriques, de séismes, mouvements du sol et subsidences, glissements, effondrements, remontées de nappe.

A côté des aléas technologiques dont nous sommes seuls responsables, l'homme interfère en permanence avec son milieu pour amplifier ou déclencher des risques naturels à l'occasion des aménagements qu'il est amené à réaliser. Ce peut être le cas, par exemple, lors du remplissage de grands barrages avec l'apparition de séismes. Des extensions urbaines mal contrôlées sont à l'origine de dommages importants en cas d'événements météorologiques exceptionnels. En Californie, des aménagements déficients ou des phénomènes de subsidence ont ainsi accru les dommages liés aux derniers cyclones. Des phénomènes analogues se développent dans la baie du Mékong au Vietnam.

Une augmentation de la fréquence des catastrophes naturelles associées à des événements météorologiques hors du commun paraît confirmée à l'échelle mondiale. Toutefois, au-delà des accidents qui marquent la conscience collective, nombreux sont les événements de moindre ampleur qui interfèrent en permanence avec les activités économiques et avec notre vie quotidienne. Sur le territoire national, ce sont ainsi 22 500 communes (sur environ 36 000) qui ont été déclarées sinistrées entre 1993 et 1996, pour une baisse temporaire à 12 000 entre 1997 et 2000. Les dommages indemnisés

En France et dans les Dom-Tom, un total de 357 catastrophes naturelles significatives (dont 109 inondations et 129 cyclones ou tempêtes) ont été enregistrées de 1978 à 2001, soit sur moins d'un quart de siècle. Environ 18% sont dus à des séismes, volcans ou mouvements de terrain dans les Dom-Tom.

Inondations dans le sud de la France. Crue du Rhône.

Les plans de prévention des risques naturels :

Initialisée dans les années 1970, confortée dans la décennie 1982-1992, la prévention des risques naturels s'appuie sur une série de documents cartographiques associés aux documents d'urbanisme. Carte Zermos, périmètre de risques, plan d'exposition aux risques, plan de prévention des risques naturels prévisibles et plan des surfaces submersibles ont été dressés sur 3064 collectivités au 31 décembre 2001, dont 2 509 pour les seuls risques "inondation".

entre 1998 et 2000 sont liés, pour l'essentiel, à des inondations et à des mouvements du sol pour cause de dessiccation des sols due à la sécheresse.

Les Sciences de la Terre apportent leur contribution en termes de prévention ou de protection dans l'étude des phénomènes liés aux inondations, aux mouvements de terrain dont l'extension est le plus souvent sous-estimée et aux séismes. Aujourd'hui, les programmes de prévention et protection tendent à se développer afin d'éviter des dommages dont la charge financière est très supérieure au coût des dispositifs de prévention. Intégrer les dispositifs parasismiques dans une construction ne représente, par exemple, que quelques pourcent de la charge d'investissement d'une construction au regard du coût des dommages en cas de survenance d'événement majeur sur un ouvrage non protégé.

Innondations à la Nouvelle-Orléans le 30 août 2005.

Si les risques naturels constituent un élément indispensable à prendre en compte dans l'aménagement du territoire, de nouveaux risques apparaissent. D'origine anthropique et fruits de l'histoire agricole et industrielle, ces derniers sont aujourd'hui mutualisés et intégrés dans les plans d'aménagement et les plans locaux d'urbanisation. Telles sont les séquelles liées au remembrement intensif, à l'industrie minière dans les grands bassins du Nord et du Pas-de-Calais ou de la Lorraine, ou encore au développement des mégapoles.

Les contraintes environnementales font donc partie des projets d'exploitation des ressources naturelles et d'aménagement. Elles deviennent une composante de tout développement au même titre que les aspects techniques, économiques ou juridiques si l'on veut éviter des désordres ultérieurs aux ouvrages et à l'environnement.

Les mouvements résiduels du sol liés à l'utilisation antérieure du sous-sol, l'altération de la qualité des eaux d'exhaure résiduelle, les remontées de nappe dans des secteurs où le sous-sol est de plus en plus encombré, constituent ainsi autant de défis à relever pour assurer un développement harmonieux du territoire. Bien que les liens de causalité avec des activités humaines soient clairement établis, ces conséquences sont aujourd'hui prises en compte dans le développement économique et la protection des milieux naturels au même titre que les risques naturels.

Ainsi, que ces dommages soient d'origine naturelle ou créés artificiellement par l'homme, comme les terrils, les carrières souterraines, les zones marécageuses liées aux affaissements miniers ou aux remontées de nappe, ceux-ci font partie intégrante des enjeux d'aménagement durable.

Le littoral, un secteur fragile

La concentration humaine sur le littoral témoigne de sa vitalité économique avec une densité de population de 272 hab/km^2 en 1999 pour une moyenne nationale de 108 hab/km^2 et une pression de la construction qui ne se relâche pas ; 12% des superficies en logements et 7% des locaux construits

Les conséquences de l'exploitation des nappes d'eaux souterraines et des champs géothermiques

La surexploitation des nappes souterraines peut conduire à des désordres significatifs portant sur les aménagements et les constructions. En effet, la baisse du niveau des nappes est susceptible de provoquer le dénoyage de niveaux compressibles et de générer des tassements importants, ainsi que le débourrage de systèmes karstiques en charge.
Tel est le cas de la ville de Mexico construite sur de vastes marécages : celle-ci s'enfonce progressivement du fait de l'exploitation intensive des nappes avec des désordres sur les immeubles, les installations industrielles, les réseaux enterrés et les infrastructures. C'est aussi le cas de Venise où l'exploitation des eaux souterraines dans la zone industrielle de Marghera a pour conséquences l'augmentation de la fréquence des "Alta Mare" et l'ennoiement d'une partie de la ville par les eaux de la lagune, du fait des tassements des terres de surface.
Une situation analogue peut être rencontrée sur certains champs géothermiques, comme à Larderello, en Italie, voire sur certains champs pétroliers, comme en mer du Nord où les phénomènes de subsidence ont pu atteindre 7 mètres à Ekofisk en zone norvègienne.
Plus proche de nous, le dénoyage du système karstique des calcaires carbonifères du secteur de Tournai en Belgique a provoqué des effondrements significatifs dans les années 1973-1974, avec perte temporaire et totale du canal de l'Escaut. Cet événement a été provoqué par la surexploitation de cet aquifère transfrontalier.
A l'opposé, les remontées de nappe associées à la réduction des prélèvements dans les grandes agglomérations et métropoles de Paris, Berlin ou Londres provoquent ennoyage et contraintes sur les fondations à la source de désordres significatifs (altération des bétons, gonflements, inondations…)

Forages d'une centrale géothermique

Une secousse sismique de 3,4 sur l'échelle de Richter a frappé la ville de Bâle (Suisse), le 8 décembre 2006, déclenchée par une série de forages d'une centrale géothermique en cours de construction.

Construite sur une lagune au bout de la mer Adriatique, Venise "est destinée à disparaître" si les tendances climatiques actuelles se poursuivent, a déclaré le climatologue argentin Osvaldo Canziani lors du sommet de Bruxelles.

Les facteurs qui menacent d'inondation Venise sont les perturbations de l'hydrographie de la lagune, l'affaissement du sol dû aux extractions de méthane dans la région et l'augmentation générale du niveau des océans causée par le réchauffement climatique.

L'évolution du trait de côte est soumis à des facteurs naturels : érosions et engraissements. Ainsi, en Normandie, le recul moyen annuel est de 0,20 m/an.

chaque année en France sont réalisés sur une bande littorale qui représente moins de 4% du territoire national.

Face à ce développement, l'évolution du trait de côte est soumise à des facteurs naturels : érosions et engraissements, deux phénomènes qui s'accentuent avec les modifications climatiques. Ainsi, dans le Nord-Pas-de-Calais, un recul de 2m/an a été observé entre 1971 et 1995, alors qu'en Normandie le recul moyen annuel est de 0,20 m/an ; en Aquitaine, le recul de la côte varie de 15 à 60 m entre 1966 et 1998, mais peut atteindre localement 200 m à la pointe du cap Ferret.

Face à ces menaces, des mesures de protection doivent être prises pour protéger les établissements et les aménagements d'une destruction partielle ou totale.

La remontée du niveau de la mer associée à l'évolution du climat reste un sujet de préoccupation face aux risques d'inondation des grands estuaires, généralement très peuplés, comme celui du Gange au Bengladesh ou du Rhin en Hollande.

Des projets d'aménagements de protection comme le projet Moïse destiné à protéger la lagune de Venise ou les systèmes de barrages mobiles sur le Rhin nécessitent une contribution importante des Sciences de la Terre, tant en termes d'hydraulique que de géotechnique.

Le désensablement de la baie du Mont-Saint-Michel illustre la fragilité de monuments qui ont traversé les siècles et le coût des mesures de sauvegarde à mettre en œuvre.

Depuis maintenant trois décennies, les géosciences s'appuient sur de nouveaux outils pour étudier l'extension des aléas naturels avec lesquels nous devons composer pour assurer un aménagement du territoire aussi harmonieux que possible.

La télédétection et la télémesure associées au GPS (Global Positioning System) constituent des outils privilégiés à disposition des géologues dans les investigations associées à ces problèmes d'aménagement et de géodynamique ; avec l'amélioration de leur performance et de leur pouvoir de résolution, ces instruments permettent d'appréhender le fonctionnement et les conditions d'évolution des mouvements du sol, l'extension des zones exposées à des séismes, avalanches ou inondations ou encore le suivi des anciens secteurs d'exploitation minière.

Déchets et matières premières

Dans le domaine des déchets, les interventions portent sur trois champs d'action complémentaires :

• réhabilitation et restauration des sites de décharges que nous avons hérités du passé afin de maîtriser l'utilisation de l'espace et les risques associés aux anciens dépôts liés à nos activités tant industrielles que domestiques. Mariant hydrogéologie et géotechnique, les techniques de réhabilitation font appel pour une large part aux Sciences de la Terre qui sont nécessaires à la mise en sécurité des décharges brutes recensées (5667 en 1994 d'après une évaluation de l'ADEME) et aux décharges sauvages encore en activité. Outre les besoins en cartographie, inventaire et gestion des données à travers des systèmes d'information géographique (SIG), reconnaissance par géophysique (infrarouge aéroporté par exemple), la reconquête de ces milieux dégradés et la suppression des dommages qui y sont associés font appel à de nombreux moyens techniques : reconnaissances directes ou indirectes par sondages, métrologie in situ ou hors site, échantillonnage, confinement à l'aide de géo-membranes ou de fondations spéciales type parois moulées, mise en place de piège hydraulique et traitement associé des effluents liquides ou gazeux avec valorisation du biogaz... couramment utilisés et mis en œuvre sous la conduite de praticiens des Sciences de la Terre.

• création de nouveaux centres de stockage de déchets.

Au-delà des efforts de recyclage, le stockage des déchets ultimes reste une voie d'élimination qui ne peut être abandonnée dans l'état des techniques économiquement disponibles à ce jour.

Des efforts significatifs ont été réalisés ces dernières années pour concevoir des centres de stockages réversibles plus soucieux du respect de notre environnement, tant au niveau du choix de leur localisation que de leur conception, de leur exploitation que de leur mise en sécurité en fin de vie. La réversibilité des dépôts consiste, en effet, à intégrer dès leur conception la possibilité de se réapproprier les déchets, dans l'hypothèse où les techniques de valorisation ainsi que les conditions économiques viendraient à évoluer dans les années à venir.

Cette logique prévaut pour les résidus ultimes issus des déchets ménagers, mais aussi pour les déchets industriels spéciaux qui font l'objet de stockage spécifique, dans des mines de sel par exemple, et pour lesquels on ne sait pas, dans l'état actuel des techniques accessibles, trouver d'autres voies d'élimination.

Les déchets radioactifs

Les déchets radioactifs relèvent d'une démarche particulière et sont classés en plusieurs catégories en fonction de leur dangerosité : très faible activité (TFA), faible et moyenne activité à vie courte (FMA VC), faible activité à vie longue (FA VL), moyenne activité à vie longue (MA VL) et haute activité à vie longue (HA VL). Chaque déchet suit une filière de traitement/élimination en fonction de ses caractéristiques. C'est au total de l'ordre de 978 150 m^3 qu'il faut éliminer, mais seulement 0,2% d'entre eux relève de la dernière catégorie qui est la plus contraignante en termes de traitement et de sécurité de stockage.

Une mention spéciale doit être réservée au stockage de déchets radioactifs en fonction de leur dangerosité et de leur durée de vie. Outre la création de stockages de surface destinés à accueillir les déchets de faible et moyenne durée de vie, la France, à l'instar d'autres pays, s'est engagée dans des programmes de recherches destinés à examiner les possibilités de sto-

Patrick Lebon
(ENSG, 1975)
Andra

Je suis entré dans la vie active en tant qu'ingénieur dans un bureau d'études géotechniques pour effectuer des études à finalité environnementale (drainage de terres agricoles en Lorraine, et surtout confortements de glissements de terrain). Orientant mes pas vers le Service Géologique Régional Lorraine du BRGM, j'ai pu alors développer l'activité liée aux risques naturels, avec l'établissement des premiers Plans d'Exposition aux Risques Majeurs, mais aussi les prestations liées aux risques industriels (stabilité des digues à stériles, réhabilitation de friches industrielles et de carrières, expertise de dégâts miniers). Fin 1988, je me tournais vers l'Agence Nationale pour la gestion des Déchets Radioactifs avec une implication de plus en plus grande dans un problème environnemental important de notre société. Cette agence a pour mission de mettre en place équipes et programmes de recherche pluridisciplinaires sur le confinement des déchets nucléaires dans les formations géologiques profondes. L'objectif est d'évaluer les perturbations, tant naturelles que liées à ce stockage, en s'appuyant notamment sur la réalisation d'expériences en laboratoire souterrain. C'est ainsi que j'assure depuis 2004 le suivi du programme de recherches sur le site de Bure dans la Meuse en liaison avec mes homologues de l'Andra, du Canada, de Suède, de Belgique, de Suisse et ce, depuis 2004.

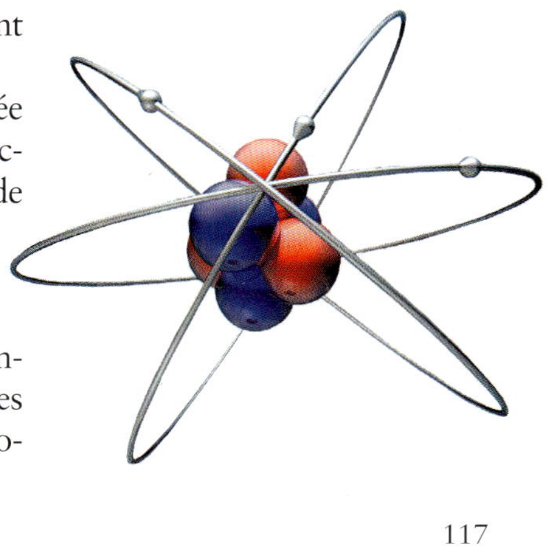

Galerie d'expérimentation du laboratoire souterrain de Bure G. Dupuy/Relais de sciences, Andra

La vitrification des déchets les plus radioactifs évite leur dispersion et facilite leur stockage grâce à des colis de volume réduit. Plus de 6 Français sur 10 réclament une décision le plus rapidement possible et l'application au plus vite de la solution choisie pour gérer les déchets radioactifs à haute activité. Quant au choix technique, ils sont partagés entre le stockage à faible profondeur (46%) et celui en profondeur (42%).

cker les déchets nucléaires de longue durée de vie en souterrain en s'appuyant sur un programme d'investigations localisé sur le laboratoire de Bure (Meuse/Haute-Marne). L'Andra, organisme public en charge de cette problématique en France, a implanté son laboratoire d'études à 490 m de profondeur au cœur d'une roche argileuse dure (argilite) âgée de 155 millions d'années (le Callovo-Oxfordien) et d'environ 150 m d'épaisseur. Depuis 1994, l'Andra a réalisé 27 forages profonds sur des distances de plus de 15 kilomètres, extrait 2,3 km d'argilites des forages et prélevé plus de 30 000 échantillons. L'observation directe du Callovo-Oxfordien et les expérimentations in situ se sont poursuivies depuis 2004 dans deux puits de 5 à 6 m de diamètre et de 500 m de profondeur puis dans un réseau de galeries de 4 m de diamètre et d'environ 100 m de longueur. La couche d'argilite étudiée est très faiblement perméable et homogène sur une grande surface et ne présente aucune faille. Elle se situe dans une zone de très faible activité sismique et, de par sa profondeur, ne sera pas affectée par les évolutions climatiques à venir (érosion, glaciation).

L'objectif d'un stockage géologique est de protéger les personnes et l'environnement d'éventuelles atteintes liées aux déchets radioactifs en interposant plusieurs barrières aptes à confiner la radioactivité durant plusieurs centaines d'années. L'approche de réversibilité demandée par la loi consiste à permettre un pilotage flexible et par étapes du stockage. L'objectif est de laisser aux générations futures une liberté de décision quant aux choix de gestion de ces déchets. La réversibilité se concrétise par la possibilité de retirer les colis stockés, mais aussi d'agir sur le processus de stockage et d'en faire évoluer la conception. Les études ont montré que la réversibilité pourrait être assurée pendant une période minimale de deux à trois siècles.

Ces techniques de traitement de déchets destinés à être stockés mobilisent tous les métiers des Sciences de la Terre, au même titre que celles auxquelles on fait appel pour la réhabilitation d'espaces dégradés. L'hydrogéologie et la géotechnique jouent un rôle moteur dans tous ces projets, de la recherche amont des sites aptes à recevoir des stockages à leur conception et à leur maintenance ou réhabilitation.

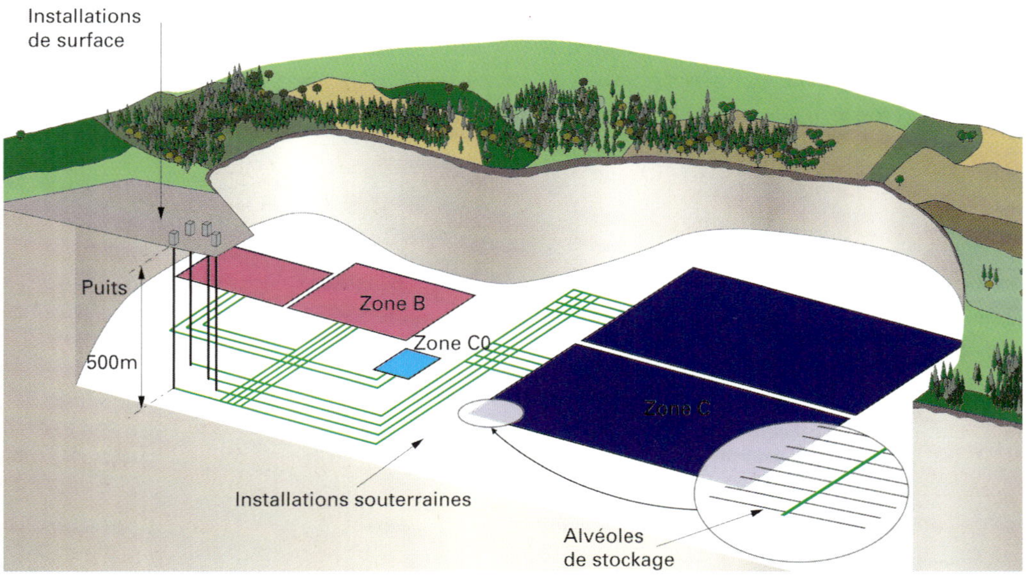

Centre de stockage des déchets radioactifs dans l'Aube de faible et moyenne activité à vie courte. Une fois remplies, les alvéoles de béton seront recouvertes d'une couche argileuse.

Valorisation des déchets et recyclage des produits en fin de vie

Il peut paraître surprenant que la valorisation des déchets en préalable à leur recyclage nécessite le concours des métiers de la géologie. En France, en 2005, pneus, batteries, papiers, verres, cartons, ferrailles... font l'objet d'une collecte de plus en plus performante à hauteur de 39 millions de tonnes/an contre 30,5 en 1999. 33 millions de tonnes sont à ce jour réinsérées dans les circuits économiques pour un nouvel usage, soit 89%.

Les technologies du traitement des minerais apportent une large contribution à ces processus de recyclage en s'appuyant sur les caractéristiques intrinsèques des déchets. Séparation par gravité, tri densimétrique, tri optique, tri magnétique ou électrostatique, flottation... sont autant de méthodes issues de la minéralurgie qui sont mises à profit pour recycler des matières premières de deuxième génération. Aujourd'hui, ces technologies permettent la réinsertion dans les circuits économiques de nombreux coproduits industriels : mâchefers, sables de fonderie, laitiers, scories, battitures...

Production de déchets ménagers :

Nous produisons, en France, 365 kg/hab/an d'ordures ménagères, soit 2 fois plus qu'il y a 40 ans.
A ce titre, les déchets de l'électronique (14 kg/an/hab) constituent une problématique spécifique nouvelle, et plus particulièrement les piles dont le taux de collecte a doublé en 5 ans.

Une pile sur trois est ainsi recyclée aujourd'hui :

- *soit par pyrométallurgie à 1 800°C pour séparer les composants par condensation,*
- *soit par pyrolyse à 600°C, filière réservée aux piles boutons et aux accus,*
- *soit par hydrométallurgie pour ce qui concerne les piles salines, alcalines et les accus.*

On peut ainsi récupérer les composants qui peuvent être réutilisés : plomb, cadmium, zinc, manganèse, etc.

Alveéole de stockage CSTFA.

Nous produisons en France 365 kg/an/hab d'ordures ménagères, soit 2 fois plus qu'il y a 40 ans. Si aucune action complémentaire n'est engagée, 3 départements sur 4 ne pourront plus traiter leurs déchets en 2010

Réhabilitation des sites

En parallèle au domaine des déchets, l'exploitation de matières premières indispensables au développement urbain et à l'approvisionnement des industries a laissé de profondes cicatrices dans nos paysages et a nécessité la mise en place de programmes de réhabilitation conséquents au cours de ces dernières décennies.

La reconquête des gravières et carrières à la périphérie des grandes agglomérations, les plans de "repaysagement" de nos bassins miniers et le traitement des séquelles qui y sont associées sont autant d'exemples des efforts entrepris pour soigner les conséquences des exploitations de matières premières minérales.

Conscients des efforts à réaliser, les professionnels de la carrière et de la mine se tournent aujourd'hui vers des mesures préventives encadrés par la réglementation afin de limiter les impacts de leurs activités. Le transfert de l'exploitation des matériaux alluvionnaires vers des roches massives permet ainsi de limiter les impacts sur les nappes alluviales plus sensibles et de préserver des écosystèmes plus rares. Si ces mesures se généralisent dans les pays développés, ces pratiques respectueuses de l'environnement doivent être étendues à l'ensemble des pays en développement. L'augmentation du prix des matières premières peut être une chance dans la reprise d'exploitation de sites dégradés et dans leur remise en état.

Protection et recyclage

L'évolution du cours des matières premières témoigne de leur raréfaction et reste un élément moteur de la réintroduction des déchets dans les circuits économiques en tant que matière première de deuxième génération. Ainsi, une meilleure utilisation de nos ressources matières et énergies passe nécessairement par la valorisation des déchets et rejets de nos activités :

- la consommation de granulats en France représentait en 2004, d'après l'UNPG (Union Nationale des Producteurs de Granulat), 408 millions de tonnes, en croissance de 7,9% par rapport à 1994. Ces besoins ont été couverts en 2004 pour 4% seulement (soit 17 millions de tonnes) par des produits recyclés.
- En 2001, 2,4% de la consommation française d'énergie étaient fournis par la valorisation énergétique des déchets et la récupération de biogaz. En 2003, sur une consommation totale de 262,2 Mtep en énergie primaire, 18,2 Mtep étaient mobilisées à partir d'énergies renouvelables dont 0,32 à partir de biogaz, soit environ 6,9%.

L'arrêté du 10 juillet 2006 définit ainsi les conditions d'achat de l'électricité produite par les installations qui valorisent le biogaz à partir de rejets et déchets.

La restauration des sites pollués

Les pollutions diffuses liées aux activités agricoles intensives, qui conduisent à une détérioration généralisée des ressources en eaux souterraines, ne peuvent guère être combattues qu'en essayant de réglementer ou rationaliser les épandages de pesticides ou d'engrais. Par contre, la lutte contre les pollutions ponctuelles sur les sites pollués a rapidement évolué depuis deux décennies par la mise au point de méthodes d'évaluation et de dépollution.

Le "Poubellien supérieur" commence il y a environ 200 ans, à la fin du XVIIIème siècle. Sans évoquer les ères géologiques qui précèdent le Quaternaire, cela ne représente qu'un bref instant par rapport à l'apparition d'Homo erectus, il y a quelque 1,7 million d'années et les premiers galets aménagés, la découverte du feu (300 000 ans), le début des représentations artistiques (35 000 ans), l'agriculture (13 000 ans), la première métallurgie du cuivre (6 000 ans), celle du fer (3 500 ans).

Si, aujourd'hui, les archéologues peuvent reconstituer les activités passées et celles de nos ancêtres en fouillant les strates récentes du sous-sol accumulées au cours de ces derniers millénaires, il n'est pas certain que, dans le futur, leurs successeurs pourront s'appuyer sur de tels témoignages. Car il est vrai que nous modifions de façon significative notre environnement : si nos déchets sont représentatifs de nos modes de vie, triés, incinérés, malaxés, compostés, broyés, ces résidus ne sont plus que le pâle reflet des activités. De même, si nos sols ont gardé l'empreinte de nos industries et de nos villes ; ils ont été traités, réhabilités, restructurés, déplacés et donnent une idée tronquée du passé.

* *Mtep millions tonnes équivalent pétrole*

Tête de forage constitutive d'une ligne de 45 ouvrages d'une barrière hydraulique interceptant un panache de solvants chlorés dans une nappe alluviale, avant le traitement des effluents par stripping et l'incinération des gaz avec traitement catalytique des fumées.

Au cours de ces deux derniers siècles, l'homme a modifié les sols au sens agronomique, les terrains sur lesquels ils reposent datant de plusieurs millions ou centaines de millions d'années, ainsi que les eaux souterraines qui y circulent, en injectant ou enfouissant - volontairement parfois, mais la plupart du temps involontairement - de nombreux déchets, effluents, ou résidus de ses activités. Alors que vient d'être célébré l'anniversaire des 200 ans de la loi de 1806 créée par Napoléon Ier sur les établissements insalubres et dangereux (ancêtres de nos Installations Classées pour la Protection de l'Environnement), quelques grands accidents et catastrophes industriels viennent nous rappeler les efforts qui nous restent à accomplir pour préserver notre environnement.

Moins spectaculaire et plus sournoise, la pollution du sol et des eaux souterraines défraye moins la chronique que celle affectant l'atmosphère ou les eaux de surface, plus visible et spectaculaire ; elle peut pourtant faire courir de sérieux risques pour la santé et l'environnement. Les coûts pour s'en protéger sont, le plus souvent, très élevés. Lors de rachats d'usines ou d'abandon d'activités, ces charges entrent dans le cadre des négociations, aboutissant à d'importantes moins-values, quand elles ne confèrent pas au terrain une valeur négative. Aujourd'hui, ce sont plus de 3,5 millions de sites industriels qui ont été recensés en Europe dont 500 000 sont pollués et nécessitent des interventions de réhabilitation.

Autant les pollutions superficielles sont parfaitement visibles quand elles se produisent, autant une installation peut se développer durant plusieurs décennies sur une pollution souterraine, sans conséquence et dommage immédiats, jusqu'au jour où elle est découverte fortuitement à l'occasion de sondages de reconnaissances ou, pire, lorsqu'elle se manifeste par des dommages sanitaires à l'extérieur du site.

Principales sources de dégradations des sols*

Dégradations	Problèmes associés	Conséquences
Physiques	Artificialisation Imperméabilisation Compaction Erosion	Perte en récoltes et terres agricoles Perte de fonctionnalités épuratrices Baisse de productivité agricole Pollution des cours d'eau, modification du fonctionnement hydrique
Chimiques	Artificialisation Imperméabilisation Compaction Pollution agricole Salinisation	Modification des fonctionnalités du sol et remobilisation des métaux Pollution des eaux de surface et des aquifères Restriction d'usage des sols Risque pour la santé humaine Toxicité du sol et de ses produits Perte en terres agricoles
Biologiques	Pesticides Perte en matière organique	Perturbation de l'activité biologique Perte de biodiversité Aggravation des dégradations physiques et chimiques Flux de gaz à effet de serre

** Sources IFEN*

Le milieu souterrain

Les sols et les roches sont constitués de petits fragments ou de grains séparés par des pores, eux-mêmes connectés par des canaux où l'eau et les gaz peuvent circuler.

On peut distinguer, à partir de la surface du sol :

• la zone non saturée qui correspond à des pores partiellement remplis d'eau ; un liquide qui s'infiltre la traverse verticalement (c'est par exemple le trajet que suit la part de la pluie qui s'infiltre pour alimenter une nappe souterraine) ;

• la zone saturée où l'ensemble des pores est rempli d'eau et où la composante horizontale des écoulements est prépondérante. A l'intérieur de la zone saturée, la pression de l'eau croît avec la profondeur. La limite où cette pression est égale à la pression atmosphérique forme la surface libre de l'aquifère : si l'on creuse un puits ou un forage, ce niveau correspondra au niveau de stabilisation de l'eau dans l'ouvrage (niveau statique de l'eau, dans le puits ou niveau piézométrique). Au-dessus de ce niveau se trouve la frange capillaire (épaisseur de l'ordre de 0,10 mètre pour un sable grossier à 2,50 mètres pour un matériau plus fin).

Le sous-sol, milieu vivant

Le sous-sol doit être appréhendé comme un milieu où l'on rencontre de nombreux organismes, et plus particulièrement une faune bactérienne diversifiée qui participe à la dégradation des éléments apportés volontairement ou accidentellement ; cette faune contribue ainsi à préserver la qualité du milieu souterrain où coexistent phase minérale, gaz et eaux en équilibre permanent avec les éléments biologiques qui y subsistent.

Origine et nature des pollutions

Un site pollué est un lieu où se sont exercées des activités ayant généré des contaminations du milieu souterrain qui peuvent entraîner, aujourd'hui ou à plus longue échéance, à l'intérieur de ses propres limites ou à l'extérieur, des dommages aux constructions environnantes, des nuisances pour les habitants et les riverains ou des limitations d'usage.

Mais qu'est ce qu'un sol ?

Un sol n'a pas la même définition suivant que l'on se place du point de vue d'un agronome, d'un aménageur ou d'une entreprise de construction. L'agriculteur a pour objectif d'assurer les meilleures productions en s'appuyant sur la tranche superficielle de quelques décimètres de sol, support des cultures. L'aménageur cherchera a produire les ressources en eaux ou en matériaux en ayant recours à la tranche la moins profonde de l'écorce terrestre, entre 0 et 30 m, rarement plus profondément. Quant au constructeur, il fondera ses ouvrages au plus juste, en fonction des caractéristiques mécaniques des terrains qu'il rencontre en surface.

La définition d'un "sol" reste donc liée à son usage.

Les statistiques montrent que l'essentiel des pollutions est concentré entre 0 et 30 m et tous les usages des sols sont concernés par la réhabilitation et, avant tout, par la protection des espaces souterrains.

Quelles activités sources de pollution des sols ?

Les activités industrielles, ainsi que celles liées à la logistique, aux activités de défense ou de stockage... utilisent ou manipulent de nombreux produits solides ou liquides susceptibles d'être à l'origine de ces problèmes.
C'est le cas des produits pétroliers et des solvants. Il fut un temps où il existait en France plus de stations-service que de communes (leur nombre est passé de 42 500 en 1975 à 13 170 en 2007, alors que 11 raffineries françaises ont été fermées au cours de ces dernières décennies).
Jusqu'aux années 1980, quand ces usines ou installations ont été abandonnées, les pollutions sur les sols et eaux souterraines étaient alors laissées en place, dans l'ignorance des conséquences et préjudices susceptibles de survenir ultérieurement. Elles sont aujourd'hui traitées dans le cadre de la nouvelle affectation foncière de ces sites.
Ainsi, il existe en France plus de 550 000 installations de nature diverse soumises à déclaration ou à autorisation susceptibles de porter atteinte à l'environnement.

Les pollutions brutales provenant, par exemple, de rejets accidentels ne sont généralement pas passées inaperçues. C'est, par exemple, le cas des ruptures de pipeline, des accidents de la route ou de transport ferroviaire, voire même d'infiltrations d'eaux d'extinction d'incendies. Elles sont en général très rapidement prises en charge avant qu'elles ne s'étendent trop. Il n'en est pas de même des pollutions chroniques provenant par exemple de fuites par corrosion sur des conduites ou des cuves enterrées, à des débits trop faibles pour avoir pu être identifiées. Ces fuites ne sont détectées que tardivement avec la découverte d'accumulations dans le milieu naturel qui se sont produites sur de longues périodes.

L'enfouissement de déchets de fabrication solides, pâteux ou liquides, dans des fosses dont la mémoire collective a souvent perdu la trace a été, au cours des trente glorieuses, une voie facile d'élimination des déchets. Les anciens sites miniers ou métallurgiques ont aussi laissé sur la place des terrils contenant divers constituants minéraux, comme à Salsigne dans l'Aude où l'exploitation d'or débutée à l'époque romaine laisse aujourd'hui les cicatrices de dépôts arséniés à traiter et à confiner.

Les terrains ayant servi à l'enfouissement de déchets ménagers posent d'autres problèmes, avec le risque de dégagement ou d'accumulation de biogaz (méthane) à des teneurs explosives et avec la formation d'hydrogène sulfuré aux nuisances olfactives insupportables, quand il n'est pas à dose mortelle dans un espace confiné.

On mentionnera enfin la retombée de fumées et poussières émises dans l'atmosphère et susceptibles de s'accumuler sur le sol à proximité des points d'émission.

Les hydrocarbures sont les polluants dont le taux d'occurrence (près de 50% des cas recensés) est le plus élevé dans la pollution des sols. Ils sont suivis par les solvants organo-halogénés (trichloréthylène, trichloréthane, chlorure de méthylène, etc.) qui ont été utilisés comme agents de dégraissage et de nettoyage. Ces fluides sont ceux le plus largement utilisés dans de nombreuses branches industrielles. Ensuite viennent les hydrocarbures aromatiques polycycliques (HAP), sous-produits des anciennes usines à gaz (pyrolyse de la houille) et les créosotes utilisés jadis pour le traitement des bois.

A côté de ces pollutions organiques, les pollutions par les métaux lourds (plomb, chrome, zinc, cadmium, cuivre, arsenic) représentent environ 25% des cas répertoriés.

On citera aussi les contaminations du sous-sol par les chlorures, les sulfates, les cyanures et les sels d'ammoniaque.

Jean-François Lafon
(ENSG, 1986) - CSD

Après avoir fondé puis dirigé pendant 15 ans CSD Azur la branche française de CSD, bureau d'ingénierie de l'environnement, du sous-sol et de la construction de 250 collaborateurs, je suis actuellement directeur Europe de CSD.
Au-delà des produits phares historiques, nous avons développé des produits tels que le conseil en HQE, en environnement et risques industriels, en aménagement du territoire pour lesquels nous avons recruté d'autres compétences : chimie, agronomie, écologie, bâtiment, process...
L'avenir est au conseil et à l'accompagnement global des problématiques clients ce qui nécessite de mêler plus intimement les compétences au sein de nos équipes. Nos jeunes recrues devront conserver une forte compétence de base en géosciences ainsi que l'approche mixte naturaliste/sciences exactes si rare et précieuse.

Répartition des accidents de pollution*	1992	1996	2005
Nombre d'accidents recensés en France	734	1 786	1 978
Avec pollution sol ou nappes	95	70	110
Dont hydrocarbures, HAP ou solvants	56	46	24
NATURE DU PRODUIT IMPLIQUE			
Hydrocarbures	48	43	13
HAP			0
Solvants non chlorés	8	2	3
Solvants chlorés	3	1	8
Avec pollution d'une nappe	17	13	12
ORIGINE			
Installations fixes	34	28	10
Transport (route, air, fer)	19	13	10
Canalisations	1	1	2
Divers (épandage, malveillance...)	2	4	5

**Répartition annuelle des accidents de pollution déclarés sur des installations industrielles fixes ou lors du transport de matières dangereuses (Source base de données ARIA du Ministère de l'Environnement)*

Le comportement des polluants dans le milieu souterrain

Lorsqu'un polluant s'infiltre dans un sol, sous forme de phase liquide ou sous forme d'une solution, une partie va migrer verticalement sous l'effet de la gravité à travers la zone non saturée du sous-sol. La suite du comportement du polluant sera liée à sa nature même et à la quantité qui s'est infiltrée.

Si cette quantité est relativement faible et si le pouvoir de rétention des terrains est suffisant, le fluide polluant restera "perché" au-dessus de la nappe en laissant des traces de son passage.

Parmi les éléments susceptibles de dégrader la qualité d'une ressource en eau, on peut distinguer :

• les éléments solubles dans l'eau : par exemple chlorures, cyanures, chromates, phénols, alcools qui se dissolvent au contact de l'eau déjà présente dans le milieu non saturé tout en laissant des traces de leur infiltration. Le panache de pollution est entraîné jusqu'au niveau de la nappe phréatique où il se dilue progressivement avec la circulation des eaux souterraines sous le site.

• Les éléments "insolubles" plus légers que l'eau : produits pétroliers principalement. Si une quantité suffisante de produit a été perdue, les hydrocarbures atteignent la frange capillaire sur laquelle ils vont commencer par flotter, puis, suivant le volume présent, "écraser" cette frange capillaire et s'étaler sur la surface de la nappe formant comme une galette.

On peut évaluer, par ailleurs, les conséquences de l'épandage de 60 m^3 de gas-oil sur une surface de 100 m^2 de sables grossiers, avec une nappe dont le niveau piézométrique est à 10 mètres de profondeur. La quantité de produit retenu au-dessus de la nappe sera de 10 m^3 et la surface maximale d'étalement au toit de la nappe sera d'un hectare.

• Les éléments plus denses que l'eau : c'est notamment le cas des solvants chlorés ou des polyaromatiques (naphtalène et au-delà) quand les composés plus légers qui les accompagnent ont disparu soit par volatilisation, soit par dissolution. Le polluant descend jusqu'au niveau de la nappe, avant de "couler" jusqu'au substratum. Cependant, alors que la surface d'un aquifère est relativement régulière, il n'en est pas de même pour le substratum, qui peut former

Exemple de pollution côtière. Sortie de l'eau du Foilex après pompage à bord du BSHM Ailette.

L'adsorption, à ne pas confondre avec l'absorption, est un phénomène de surface par lequel des molécules de gaz ou de liquide se fixent sur les surfaces solides des adsorbants selon divers processus plus ou moins actifs

des points bas dans lesquels viendront s'accumuler les produits.

A partir du corps de pollution dans le milieu non saturé et de la "galette" flottant sur la nappe dans le cas des hydrocarbures, vont se développer des auréoles gazeuses en fonction de la volatilité du produit. Ce phénomène est particulièrement développé dans le cas des solvants chlorés et des hydrocarbures légers.

Suivant la solubilité du produit, des molécules vont être emportées par l'eau qui s'infiltrera verticalement pour alimenter la nappe dans le milieu non saturé ou directement par celle circulant dans l'aquifère. Un panache de produit dissous se déplace en aval du spot de la pollution, le plus souvent à une vitesse très lente (par exemple de l'ordre de 10 à 100 m par an). Du fait de la dispersion (conséquence du cheminement tortueux de l'eau dans le milieu souterrain), les teneurs diminuent en s'éloignant du foyer de pollution. D'autres phénomènes contribuent à cette diminution des teneurs, comme par exemple l'adsorption des polluants sur les grains de terrain, et surtout la biodégradation pour les produits organiques susceptibles d'être altérés par la flore bactérienne présente dans le sous-sol.

Quels objectifs de qualité des milieux ?

Pour définir l'objectif de qualité d'un milieu, il convient au préalable de connaître sa qualité intrinsèque. C'est le fond géochimique qui a pour objet de décrire la qualité du sous-sol et des eaux souterraines dans leur état initial, en l'absence d'activités humaines. De façon générale et dans la réalité, les zones vierges de tout passif anthropique sont exceptionnelles et les états géochimiques intègrent généralement l'histoire du site.

En termes d'objectif de qualité, si l'on s'intéresse à l'utilisation d'une nappe pour fournir de l'eau potable, on pourra considérer que la limite des concentrations pour un polluant donné correspond à sa concentration maximale admissible pour sa potabilité. Ainsi c'est l'usage du milieu qui commande la qualité à préserver ou à restaurer

A contrario, un sol "agricole" destiné à un usage de cultures à finalités alimentaires conduira à retenir comme critère de qualité des objectifs permettant d'éviter la concentration des éléments nuisibles dans les plantes définies, par exemple, sur la base des normes de qualité d'épandage de boues de stations d'épuration.

Les risques

Les risques liés aux sols contaminés sont d'ordre divers et peuvent générer des dommages directs ou indirects à la suite d'exposition de courte ou de longue durée.

Les différents dommages directs associés à un sol pollué concernent successivement :

• les nuisances : certains types de polluants peuvent générer des goûts, des odeurs ou des aspects désagréables, bien avant que se manifeste un réel danger pour la santé. C'est par exemple le cas des pollutions par des hydrocarbures dans une eau potable ou dans un sous-sol.

D'autres nuisances peuvent apparaître du type corrosion ou altération accélérée des bétons des structures enterrées.

• les atteintes sanitaires : l'absorption d'eau ou la consommation de légumes ayant concentré des micropolluants, le contact de terres souillées avec la peau ou l'inhalation de vapeurs toxiques issues du sol peuvent présenter un réel danger pour la santé à court, moyen ou long terme. Un dégagement d'hydrogène sulfuré dans le fond d'une excavation peut, par exemple, être mortel avant même d'être détecté à l'odeur en surface du chantier.

• les incendies et explosions : certains produits, notamment les hydrocarbures, sont facilement inflammables, voire même explosifs en atmosphère confinée. Leur pénétration dans des ouvrages souterrains peut avoir des conséquences désastreuses. Le méthane peut ainsi présenter ce même type de danger s'il s'accumule dans les vides sanitaires de bâtiments construits sur d'anciennes décharges.

Les dommages indirects peuvent être aussi la conséquence de sites pollués. Ils concernent plus spécialement les dommages économiques liés au surcoût d'évacuation et de traitement des terres de déblais sur un chantier, aux arrêts intempestifs d'exploitation pour des raisons de sécurité, au sous-dimensionnement des fondations au regard de la corrosion, par exemple.

Associés aux risques économiques et sanitaires, les risques juridiques constituent une composante indissociable de la réalité des sites pollués, à charge du praticien des géosciences d'intégrer ces éléments dans son projet et de gérer les interfaces correspondantes.

Diagnostic et reconnaissances

L'identification et la caractérisation d'un site pollué doivent tenir compte de son usage présent, de son affectation ultérieure et de la sensibilité de son environnement. Aussi le diagnostic et les études de risque portent-ils sur l'origine des contaminants des différents compartiments de l'environnement et leur concentration (sol et sous-sol), la mobilité de ces éléments et les cibles susceptibles d'être atteintes par des dommages potentiels ; ces informations sont indispensables à un pronostic de qualité.

Hors cas d'urgence, la démarche logique d'intervention commence par le recueil de toutes les informations spécifiques au site, son contexte (carte géologique, hydrogéologique, plans, documents d'urbanisme…) qui permettent d'appréhender les enjeux réels en fonction de la destination du site et de son environnement.

Par enquête, on cherche ensuite à définir en quels endroits particuliers d'une installation (en particulier pour des usines de superficie importante) les risques d'existence d'une pollution du sous-sol sont les plus probables. Cela passe tout d'abord par un entretien approfondi avec les responsables de l'activité ou des personnes travaillant sur le site depuis longtemps, la consultation de tous documents utiles (plans des installations, réseaux de canalisations, réseaux d'égouts, implantation des stockages, données analytiques sur les rejets atmosphériques ou d'eaux usées…), qu'ils soient anciens ou récents.

Ces premiers éléments permettent de définir ensuite les moyens de reconnaissance de la pollution à mettre en œuvre. Ces moyens d'investigation directs ou indirects ont pour objectif de déterminer la nature, l'extension géographique de la pollution, le sens et la vitesse de son déplacement et d'évaluer, par conséquent, les risques qu'elle entraîne. Ils nécessitent d'intégrer les contraintes de sécurité propres à chaque site afin d'assurer la protection du personnel au cours de ces travaux.

La plupart du temps et en complément, on aura besoin de créer un réseau de points d'observation des nappes et des gaz du sol, en s'appuyant sur des piézomètres et des "piézairs".

La consultation de photographies aériennes à différentes dates disponibles à partir des années trente permet de localiser d'anciens stockages (zones d'affaissements, terrils, points bas remblayés) qui ont été éliminés depuis, mais qui peuvent avoir généré dans le passé une source de pollution, voire d'identifier des dommages liés aux guerres

Les nuisances : certains types de polluants peuvent générer des goûts, des odeurs ou des aspects désagréables, bien avant que ne se manifeste un réel danger pour la santé. C'est par exemple le cas des pollutions par des hydrocarbures dans une eau potable ou dans un sous-sol.

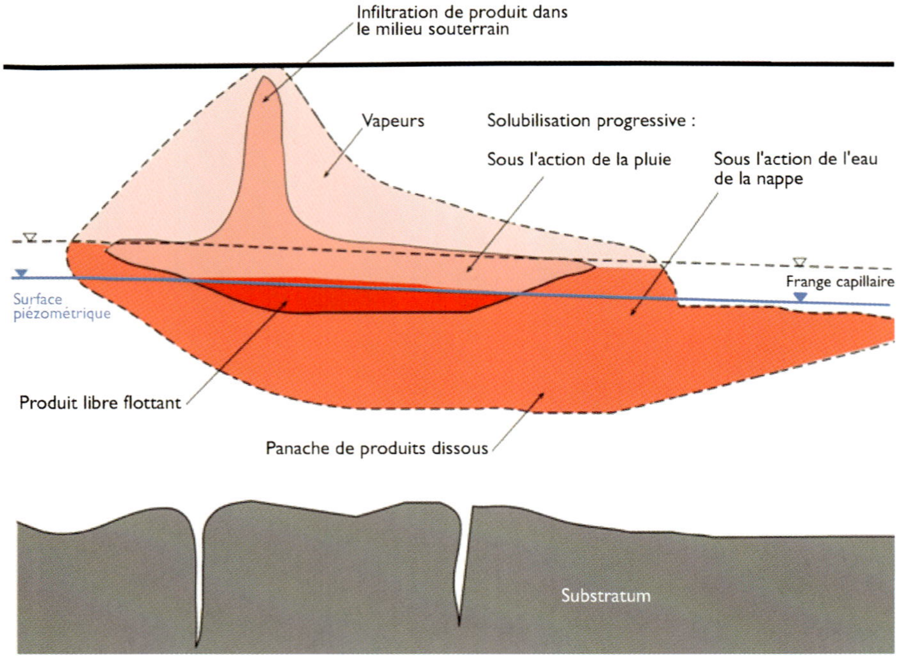

Comportement des produits dans le milieu souterrain. Cas d'un produit plus léger que l'eau atteignant la nappe phréatique.

A partir de l'ensemble des données acquises sur le site lors de la reconnaissance et des tests effectués (essais de pompage par exemple), on sait prévoir à quelles teneurs les polluants se présenteront, que ce soit sous forme liquide, dissoute ou en phase gazeuse. Ceci peut parfois se faire par des calculs relativement simples à partir de formules ou d'algorithmes de calcul. Dans d'autres cas, les calculs nécessaires sont beaucoup plus complexes et conduisent à la mise en œuvre de modèles de simulation qui prennent en compte des coefficients d'atténuation de la pollution (par biodégradation notamment).

C'est sur ces bases que l'on évaluera les conséquences de la pollution en termes de risques sanitaires, en intégrant la toxicité des produits, leur dégradabilité et les périodes potentielles d'exposition des personnes présentes.

Si ces conséquences sont minimes et si les risques ne dépassent pas un seuil admissible, les produits seront laissés en place où une surveillance de leur devenir sera simplement nécessaire. Dans le cas contraire, un traitement approprié sera décidé avec un seuil résiduel d'éléments polluants permettant de satisfaire aux usages du site.

Le diagramme ci-contre résume les différentes phases de l'intervention :

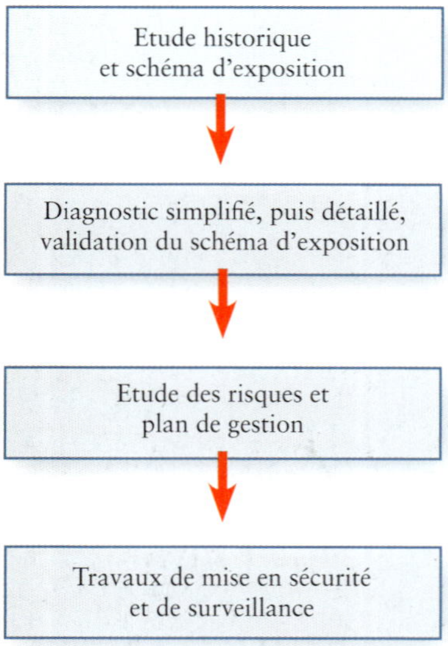

La phase de diagnostic mobilise différents métiers des Sciences de la Terre. Elle passe par une étape préliminaire d'acquisition de données qui nécessite à la fois rigueur et organisation, esprit analytique et sens de la synthèse afin de disposer ultérieurement de toutes les informations nécessaires au calage des modèles de simulation, à l'évaluation des enjeux et des risques, au choix et au dimensionnement des filières de traitement. Cette phase d'acquisition d'informations reste un passage obligé avec la maîtrise de nombreuses techniques, notamment : échantillonnage, géostatistique, analyses sur site et hors site, gestion de base de données, cadre réglementaire et communication. La qualité des étapes ultérieures de calcul et de modélisation est pour une bonne part conditionnée par ces investigations préliminaires.

Techniques de protection et moyens de restauration

Les différentes techniques de traitement des sols et des nappes nécessaires à la restauration de leur qualité se sont diversifiées aux cours de ces deux dernières décennies en s'appuyant sur des chantiers expérimentaux et sur l'expérience acquise dans d'autres pays comme les USA, l'Allemagne et la Hollande. Ce marché a acquis aujourd'hui sa maturité en France avec de nombreux intervenants qui ont développé les moyens et les filières d'intervention. Toutefois, certains cas spécifiques, comme celui qui concerne le mercure, sont trop peu nombreux pour permettre de développer des filières pertinentes à l'échelle nationale et conduisent à des approches d'un niveau géographique plus étendu.

Traditionnellement, ces techniques de traitement sont classées en fonction de la localisation des moyens mis en œuvre : "hors site", "sur site", ou "en place".

Dans certains cas, le confinement hors site et la mise en décharge contrôlée des terres excavées sont les seules solutions envisageables ; les terres contaminées par des métaux lourds sur un chantier en zone urbaine qui nécessitent des temps d'intervention très courts ou qui ne permettent pas le recours à des solutions alternatives sur site du fait des contraintes d'environnement conduisent à retenir ce type de solution.

Le confinement sur site des secteurs intéressés par la pollution représente un deuxième type de solution. Le confinement du sol en place vise alors à empêcher la migration des substances polluantes jusqu'aux cibles vulnérables par la mise en place de barrières physiques de nature très diverses (barrière en argile, géomembrane, barrière constituée de matériaux réactifs). De telles solutions sont en général associées à des servitudes de construction qui peuvent être une gêne ou une limitation à la reconversion des espaces disponibles.

Le confinement hydraulique, avec la création d' écoulements souterrains convergents, constitue très souvent une bonne méthode pour protéger un point sensible (captage en aval par exemple) et constitue une autre possibilité quand les propriétés hydrauliques du milieu s'y prêtent. Ce type d'intervention est, le plus souvent, associé au traitement des effluents liquides ou gazeux extraits par pompage. Il nécessite de conjuguer de façon concomitante l'extraction des fractions liquides et gazeuses par pompage et ventilation forcée du sous-sol (méthode de venting) et le traitement avant rejet in situ ou au réseau.

L'inertage des sols sur site obtenu par l'incorporation de composants du type chaux, cendres volantes ou ciments, permet de limiter la mobilité des éléments indésirables tout en améliorant les caractéristiques mécaniques du milieu. Cette solution, qui s'appuie sur des techniques éprouvées en terrassement, peut être une source d'économies importantes, mais elle modifie de façon significative les caractéristiques biologiques du sol.

Les traitements par biodégradation sont souvent appliqués dans le cas des pollutions organiques ; ils sont plus aisés à pratiquer sur les hydrocarbures (aromatiques ou aliphatiques) ou les solvants légers. Mis en œuvre hors site en centre spécialisé dénommé biocentre, sur site ou en place, le projet consiste alors à optimiser l'action des micro-organismes présents dans le sol en leur fournissant des nutriments (sulfates et nitrates, par exemple) et surtout de l'air ou de l'oxygène. Ces techniques sont toutefois limitées dans leur champ d'application à des molécules légères en concentrations peu élevées.

Les traitements par désorption thermique sont parfois utilisés sur des chantiers

Equipe de décontamination dans le chantier de destruction d'une usine

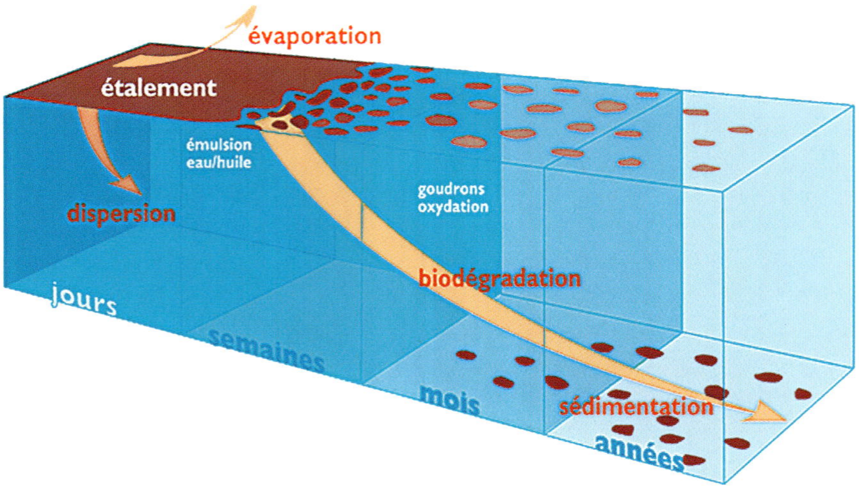

La biodégradation est la décomposition/dégradation de matières organiques par des micro-organismes (bactéries, champignons et algues).
Les matériaux sont convertis en dioxyde de carbone (gaz carbonique), eau et en biomasse (cellules des micro-organismes qui utilisent le matériel comme une source de carbone pour se développer).

où les emprises sont suffisantes pour le faire ; le sol, après préparation éventuelle, est chauffé à 350° dans un four et les terres peuvent, alors, être réemployées sur place. Les éléments polluants doivent toutefois justifier d'un tel traitement (qui figure parmi les plus coûteux) tant par les quantités à traiter que du fait de leur qualité. Cette voie peut être pénalisante pour des terres trop riches en eau ou quand la nature des éléments indésirables nécessite une température plus élevée, voire le traitement des gaz (comme par exemple pour les organochlorés).

Les traitements par voie chimique in situ comprennent les réactions d'oxydation et de réduction, mais aussi les complexations et les précipitations. Le traitement in situ des pollutions par solvants chlorés à l'aide de permanganate est aujourd'hui de plus en plus appliqué.

Toutes ces techniques peuvent se marier ou se combiner de manière à optimiser la cinétique des travaux en fonction des caractéristiques du milieu. On pourra, par exemple, associer ventilation du milieu avec biodégradation dopée in situ et parler de bioventing.

C'est donc des solutions sur mesure que l'ingénieur géologue sera amené à proposer en optimisant les différents éléments inhérents au chantier qui lui est confié. Contraintes d'espace et d'environnement, caractéristiques hydrauliques et géo-mécaniques du milieu, nature et concentration du polluant à éliminer, contraintes de temps et de budget, objectifs réglementaires à atteindre et cadre juridique sont autant d'éléments à intégrer dans le dimensionnement du projet.

Le traitement in situ des pollutions par solvants chlorés à l'aide de permanganate est aujourd'hui de plus en plus appliqué.

Quel marché en France ?

Le marché de dépollution des sites et sols pollués se développe régulièrement depuis plusieurs années ; en France, il est passé de 643 millions d'euros en 2001 à 709 millions d'euros en 2005, sur la base du chiffre d'affaires des entreprises adhérentes à l'Union Professionnelle des Entreprises de Dépollution de Sites (UPDS).

Si des chantiers phares occupent le devant de la scène, comme ceux de Métaleurop à Noyelles-Godault, du stade de France à Saint-Denis ou du site Renault à Boulogne-Billancourt, les progrès en ce domaine sont permanents depuis 10 ans et touchent de nombreuses entités industrielles dont le foncier est en cours de reconversion.

Sur un ancien site d'usine à gaz, la réhabilitation des sols du stade de France a nécessité la mise en place d'un confinement par parois moulées, pompage des hydrocarbures flottants, venting et traitement des effluents gazeux par incinération catalytique.

Les progrès observés aujourd'hui dans le domaine du traitement des sols pollués résultent à la fois d'une meilleure estimation des risques avec des scénarii justifiés par l'expérience de terrain, et d'une amélioration significative des performances des technologies disponibles dont la fiabilité est reconnue par l'ensemble des décideurs.

D'autres techniques sont en cours d'expérimentation ou d'étude. A ce jour, elles offrent toutes des limitations de mise en œuvre, ce qui explique qu'elles en sont restées à l'état de pilote sans développement industriel significatif. C'est notamment le cas de la phyto-remédiation (traitement des sols à l'aide de végétaux supérieurs), de la vitrification in situ ou de l'électro-filtration.

En guise de conclusion

La protection des sols contre les pollutions et leur restauration en cas de dégradation est un concept récent ; longtemps considérés comme le réceptacle inconditionnel des déchets générés par les activités humaines, qu'elles soient urbaines, agricoles ou industrielles, les sols sont aujourd'hui au centre de nos préoccupations au même titre que les autres compartiments de l'environnement, l'eau, l'air ou la biosphère.

Nous ne sommes plus, comme il y a quelques années, démunis devant les problèmes posés par les sites et sols pollués. Les connaissances acquises sur le comportement des pollutions dans le milieu souterrain permettent de mieux les déceler, d'en évaluer l'importance, d'en prévoir l'impact et enfin de leur trouver remède lorsque c'est nécessaire ; l'approfondissement de ces connaissances par des recherches sur le terrain ou en laboratoire nous permettra d'affiner diagnostics et méthodes de traitement. Ceci devrait conduire à réduire les coûts afférents à ces pollutions qui ne sont que les résidus improductifs et parfois nuisibles d'industries souvent disparues.

Depuis le début des années 1990, l'activité dans le domaine du diagnostic et du traitement des pollutions du milieu souterrain s'est très fortement accrue. De nombreux géologues œuvrent aujourd'hui dans ce domaine. Compte tenu du nombre de sites potentiellement pollués existant en France (de l'ordre de 300 000) et dans le monde, cette tendance n'est pas près de s'inverser. Les compétences des praticiens des Sciences de la Terre sont nécessaires à toutes ces activités. Elles correspondent, en premier lieu, au savoir-faire de l'hydrogéologue, l'eau étant un des moteurs de dispersion de la pollution, des géochimistes, des modélisateurs, et enfin des géotechniciens. Mais la gestion des nombreuses interfaces propres à l'organisation des projets, les contraintes de sécurité et d'hygiène, les aspects réglementaires et juridiques, conduisent l'homme de l'art à acquérir une culture multiforme nécessaire à l'optimisation des interventions de traitement des sols.

La prévention reste toutefois le meilleur remède aux problèmes rencontrés aujourd'hui et qui représentent les séquelles de l'industrialisation des XIXème et XXème siècles. A titre d'exemple, le traitement d'une tonne d'huile usée permet de régénérer environ le tiers de ce tonnage pour un nouvel usage et pour un coût hors taxes de 350 à 490 euros/tonne. A contrario, le rejet de ces déchets en sous-sol

Exemple de réhabilitation d'anciennes carrières

Une habitation peut être chauffée par une sonde géothermique. C'est un puits vertical (diamètre 17cm) foré dans lequel on introduit des tubes en polyéthylène spéciaux afin d'y faire circuler un fluide qui est raccordé à la pompe à chaleur pour y produire de la chaleur (ou du froid) pour chauffer (ou refroidir) une maison, des bureaux, ...

peut provoquer une pollution majeure des eaux souterraines par des hydrocarbures aromatiques et conduire à des dépenses de plusieurs dizaines de milliers (voire millions d'euros dans des contextes difficiles) pour réhabiliter le milieu et le rendre apte à son usage initial.

Les innovations du domaine

La poursuite du développement des connaissances de base s'appuyant sur l'observation et l'expérimentation, le développement de la métrologie (fonds géochimiques, mesures indirectes in situ ou sur site), de meilleures performances dans l'interprétation des données de terrain (géostatistique), la cartographie en 3 D (SIG) ayant recours à la modélisation et la prévision du comportement des milieux, constituent autant de moteurs de l'innovation dans le domaine des Sciences de la Terre et du développement durable. Ceci ne doit pas faire oublier les opportunités d'innovations nouvelles créées par les interfaces entre les biologistes, les économistes, les juristes et les professions de la santé pour développer des voies de recherches novatrices avec les professions des Sciences de la Terre.

Le développement urbain constitue aussi une voie privilégiée d'innovation dans le domaine des géosciences, en particulier dans les méthodes de reconnaissance à l'avancement, dans l'utilisation de structures de fondation pour le chauffage basse température des immeubles ("puits canadien" associé à des pompes à chaleur), dans la gestion des eaux pluviales et des interfaces avec les eaux souterraines en utilisant des structures de stockage souterraines des crues.

Ces quelques exemples ne sont pas limitatifs des innovations que l'on peut attendre dans les années à venir. L'exemple des terrassements sans tranchées développés au cours de ces dernières années et destinés à limiter la gène aux usagers et à l'environnement montre que le champ des "possibles" reste conséquent.

Les aspects économiques

Tous les éléments ayant trait à notre milieu de vie concourent aujourd'hui à développer le marché et les emplois associés à l'efficience énergétique, à l'aménagement urbain soucieux de "haute qualité environnementale", aux transports économes d'énergie, au recyclage des déchets, à la

Modèle numérique de terrain des Alpes.

desserte en eau et au traitement des déchets ou effluents, à la protection des sols et des milieux sensibles.

Pour la seule restauration des sols en France, le marché géré par l'Union Professionnelle de Entreprises de Dépollution de Sites (UPDS) était estimé, en 2005, à 709 millions d'euros générant de 700 à 1000 emplois directs. Ce marché ne représente que 50 à 60% du marché national, le solde étant effectué en direct par les maîtres d'ouvrage avec leurs moyens propres. A titre de comparaison, ce marché est estimé à 8 milliards de dollars/an aux USA.

De nouveaux métiers apparaissent ainsi dans l'accompagnement des éco-industries dont le poids progresserait à un rythme de plus de 5% par an et qui était estimé à 550 milliards d'euros en 2002 au plan mondial, soit au même niveau que les industries aéronautiques et pharmaceutiques.

La France dispose d'un savoir-faire incontesté dans les services dédiés à l'environnement, notamment dans le marché de l'eau, avec des entreprises leaders occupant les deux premières places du marché mondial et de nombreuses PME fédérées par l'Etat français. Avec des attentes estimées par la banque mondiale à 45-60 milliards d'euros/an au cours de cette prochaine décennie, les besoins s'avèrent énormes et les possibilités de développement significatives pour les entreprises françaises rompues à ces métiers.

Portées par une réglementation de plus en plus contraignante et par une flambée du prix des matières premières et de l'énergie, des perspectives attrayantes se font jour dans le domaine du traitement des déchets et du recyclage. C'est le cas en France avec un taux de recyclage des déchets ménagers qui ne dépasse pas actuellement 13% sur les 26 millions de tonnes d'ordures ménagères produites en 2004. Mais des demandes croissantes se font jour dans tous domaines, notamment dans les pays en développement comme la Chine et l'Inde.

L'Union Professionnelle des Entreprises de Dépollution de Sites (U.P.D.S) est un syndicat professionnel ouvert à toutes les entreprises ; il regroupe en France la plupart des entreprises spécialisées dans la réalisation des études et/ou travaux relatifs aux sites pollués. Actuellement, l'U.P.D.S met en place le label Qualipol pour mettre en valeur les entreprises qui répondent à des exigences en matière technique, juridique et relative à l'hygiène et la sécurité.

Le piégeage et le stockage du dioxyde de carbone (CO_2) émanant des centrales électriques et des usines avant qu'il ne pénètre dans l'atmosphère pourraient contribuer dans une large mesure à limiter les changements climatiques. C'est ce qui ressort d'un nouveau rapport d'évaluation du Groupe d'experts intergouvernemental sur l'évolution du climat (GIEC).

"Si l'efficacité énergétique et les sources d'énergie plus propres demeurent la solution la plus adéquate au problème du changement climatique, ce nouveau rapport démontre que le piégeage et le stockage du dioxyde de carbone peuvent constituer une mesure complémentaire", a déclaré Klaus Töpfer, Directeur exécutif du Programme des Nations Unies pour l'Environnement (PNUE).

Les rôles des entreprises du secteur et les métiers

D'après une récente enquête de l'IFEN, les emplois recensés dans le domaine de l'environnement étaient de 370 500 en 2004, contre 300 000, 7 ans plus tôt, en 1997. L'eau et les déchets représentent plus de 69% des postes occupés alors que le solde est destiné à satisfaire des activités transversales ainsi que la gestion et la protection du cadre de vie.

En majorité, l'exercice de ces fonctions s'effectuent dans l'industrie ou en bureau d'études avec des personnels ayant reçus une formation de technicien pour 22% et d'ingénieur pour 43%.

Deux enquêtes récentes menées par l'Union Française des Géologues en 2003 et 2006 conduisent à conclure que la population de la profession a crû de 24,4% en 3 ans, passant de 5 675 à 7 060 personnes. Le domaine de l'exploitation des matières premières se taille la part belle dans cette évolution, avec 920 emplois supplémentaires pour les hydrocarbures, mines et carrières ; la recherche voit ses effectifs croître de 160 emplois et l'ingénierie de 500 personnes. A travers tous ces éléments, il est difficile d'apprécier la part dédiée de façon spécifique à l'environnement, tant il est vrai que cet élément est une composante de tous les nouveaux projets. On peut toutefois constater que les préoccupations liées au sol et au sous-sol conduisent de nombreuses activités à intégrer des géologues dans les rangs de leur personnel. C'est en particulier le cas du monde de la finance et de l'assurance qui a perçu tout l'intérêt qu'il pouvait y avoir à disposer de profils de formation capables d'apprécier les dimensions économiques associées aux matières premières ou à la gestion des risques.

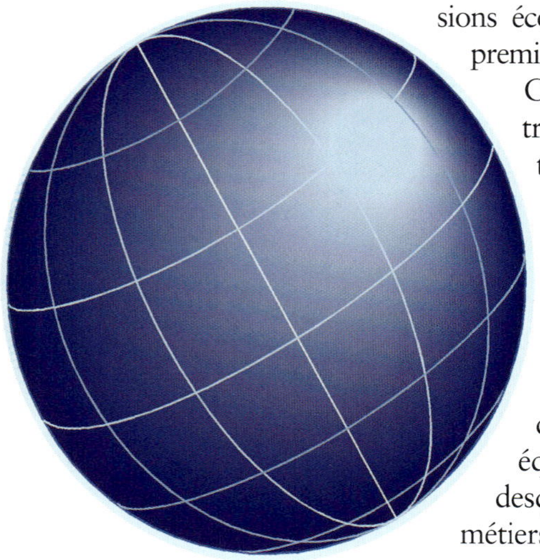

C'est aussi le cas de nombreuses entreprises qui intègrent les contraintes liées au nouveau cadre comptable international exigeant la prise en compte des passifs environnementaux dans la publication annuelle de leurs résultats ou lors de transactions de fusion ou d'acquisition. Ces mesures s'appuient sur des audits qui font intervenir des équipes pluridisciplinaires au sein desquelles interviennent géologues et métiers des Sciences de la Terre.

L'environnement offre ainsi de nombreuses opportunités de développement d'activités pour les géologues, sans que l'on puisse clairement identifier le nombre de personnes qui s'y consacrent à plein temps, car il est vrai que l'environnement devient une préoccupation de tous, du généraliste au spécialiste.

La prospective

Les changements à venir posent de nombreux défis pour assurer un développement durable et la satisfaction des besoins élémentaires de l'humanité. De nombreux paris devront être relevés dans le domaine de la recherche des matières premières et du recyclage, de la gestion et de la protection des eaux, des transports et de l'efficience énergétique, du développement urbain et de la protection des milieux sensibles.

Si les solutions curatives sont aujourd'hui d'actualité pour résorber le passif des décennies de développement d'après-guerre, il est clair que les solutions préventives sont préférables et sont progressivement intégrées à toute nouvelle installation de production. Toutefois, cette internalisation des coûts liés à la protection de l'environnement ne peut être que progressive en fonction des meilleures technologies disponibles sur le marché.

Les géosciences voient s'ouvrir des champs d'action importants, en particulier dans la compréhension des systèmes complexes qui nécessitent de savoir marier l'observation à différentes échelles, l'expérimentation en laboratoire, la modélisation et l'expérimentation in situ. Ces qualités de confrontation du savoir observer, mesurer, comprendre des systèmes complexes naturels trouvent leur pleine valeur ajoutée dans les défis qui nous attendent.

Les villes et l'encombrement du sous-sol

Pour préserver la qualité de son environnement en surface, limiter les déplacements quotidiens de la population, (consommateurs d'espace et d'énergie, mais aussi sources de pollution), les mégapoles ont tendance à occuper le domaine souterrain et à reporter un nombre croissant d'activités en sous-sol.

La ville de Paris est, à ce titre, exemplaire de cette évolution. Avec les carrières souterraines nécessaires à la construction de la ville (835 hectares recensés pour Paris intra muros), puis du cabinet souterrain de minéralogie créé en 1816 et du laboratoire du Jardin des Plantes créé en 1897, fermé en 1914, des premières champignonnières en 1814, des brasseries au nombre de 11 au XIXème siècle, des réseaux d'électricité (120 km), de chauffage (413 km), de climatisation (44 km et 12 000 m^3 de réservoir), du téléphone (15 km en carrières et 50 km en galeries, sans intégrer les réseaux en caniveaux), du pneumatique détrôné par internet (425 km en 1984), de l'eau potable (1800 km), des égouts (2300 km de galeries accessibles), des caves et cryptes, catacombes, réseaux ferroviaires (totalisant 200 km de tunnels et 300 stations), l'encombrement urbain du sous-sol de notre capitale se densifie chaque jour un peu plus, alors que de nouvelles utilisations se font jour (centre commercial, poste de sécurité civile, voies rapides de transfert ferroviaire, développement de 10 000 km de fibres optiques…). Ces nouveaux défis sont l'occasion pour tous les métiers des Sciences de la Terre de faire preuve de créativité pour assurer un développement harmonieux de la ville en trois dimensions et permettre la reconquête des espaces préservés en surface.

Maîtrise du développement de la ville en trois dimensions avec une occupation accrue du sous-sol pour tenter de juguler l'étalement des grandes mégapoles, géothermie sèche en utilisant le sous-sol à grande profondeur comme échangeur dans les secteurs de fort gradient géothermique, stockage réversible des déchets nucléaires en souterrain,

Usine de traitement (Enerflex)de dioxyde de carbone destinée à filtrer 6 000 000 de m^3 de CO_2 par jour.

Selon diverses études, les technologies qui seraient mises en œuvre dans ce contexte pourraient abaisser de 30% ou plus le coût de la lutte contre les changements climatiques, et pourraient représenter 15 à 55% de la totalité des réductions d'émissions requises (entre 220 et 2 200 gigatonnes de CO_2) d'ici à 2100 pour pouvoir stabiliser les concentrations de gaz à effet de serre dans l'atmosphère.

La formule la plus économique pour le stockage du CO_2 consiste à l'injecter dans des formations géologiques, d'autant plus que l'industrie pétrolière et gazière a acquis une certaine expérience dans ce domaine. Ces réservoirs de stockage potentiels sont les champs pétrolifères et de gaz naturel, les veines de charbon inexploitables et les aquifères salins profonds. Sans omettre le stockage naturel dans les végétaux, par photosynthèse.

développement de la bio-extraction de matières premières par voie statique ou dynamique, stockage de gaz carbonique en souterrain dans le but d'apporter une contribution à la réduction des rejets de gaz à effets de serre, investigation indirecte (thermographie infrarouge, résistance magnétique nucléaire RMN, radar) et développement de nouveaux outils de mesures sur site faisant appel à des techniques de pointe comme la bio-fluorescence (propriété propre à certaines bactéries et qui peut varier en fonction du niveau de dégradation du milieu), gestion de la donnée en temps réel et modélisation, prévision des catastrophes naturelles et télé-suivi, constituent quelques-unes des voies d'avenir dans lesquelles les Sciences de la Terre peuvent apporter une contribution significative dans les prochaines années pour assurer un développement durable.

Stockage du gaz carbonique, quel avenir ?

Différentes expériences de captage et stockage en sous-sol de gaz carbonique sont menées dans le monde.

En mer du Nord, le pétrolier Statoil injecte du CO_2 dans un aquifère salin à 1 000 m de profondeur sous le plancher océanique alors que la Pologne accueille le projet Recopol qui vise à stocker le CO_2 dans une veine de charbon et que le Danemark, associé à l'IFP, a mis en place le projet Castor avec un objectif similaire.

En France, Total projette une expérience de captage et de stockage de 150 000 tonnes de CO_2 dans le bassin de Lacq à 4 500 m de profondeur près de Pau, expérience évaluée à 60 millions d'euros et qui associe Air Liquide, IFP et BRGM au pétrolier.

Des progrès conséquents sont toutefois nécessaires pour rendre cette filière attractive ; les technologies actuelles laissent entrevoir un prix de revient de 60 à 100 euros à la tonne évitée alors que le gaz carbonique s'échange actuellement entre 1 et 2 euros sur le marché européen.

Outre les aspects économiques, ces projets nécessiteront des recherches et progrès dans différents domaines : évaluation de l'incidence des hétérogénéités physiques et minéralogiques sur les processus physico-chimiques associés au captage du CO_2 dans une formation aquifère, modélisation des échanges entre gaz carbonique et encaissant, sécurité des stockages et scénarii de défaillance, contacteur innovant pour la capture du dioxyde de carbone, rôle des gaz annexes sur l'injection du CO_2, technologies et matériaux pour le puits, développement d'une méthode de surveillance sismique associant méthodes actives et passives...

Si les premiers pas ont été faits dans certains secteurs, des progrès significatifs restent à accomplir, voire des transpositions à d'autres domaines d'application. C'est le cas, en particulier, pour le transfert des techniques de bio-lixiviation mises au point dans le domaine minier pour la récupération du cuivre et du cobalt vers le traitement des déchets issus de l'électronique ou à la régénération des terres contaminées par des solvants ou des hydrocarbures.

Enfin, il convient de ne pas omettre l'apport des Sciences de la Terre à la compréhension globale du fonctionnement de la géosphère par le biais des recherches menées en partenariat avec d'autres disciplines. Cet élément est essentiel pour assurer une meilleure gestion des ressources et une adéquation optimale entre le développement durable et les besoins croissants de l'humanité.

Types de réservoirs potentiels de CO_2

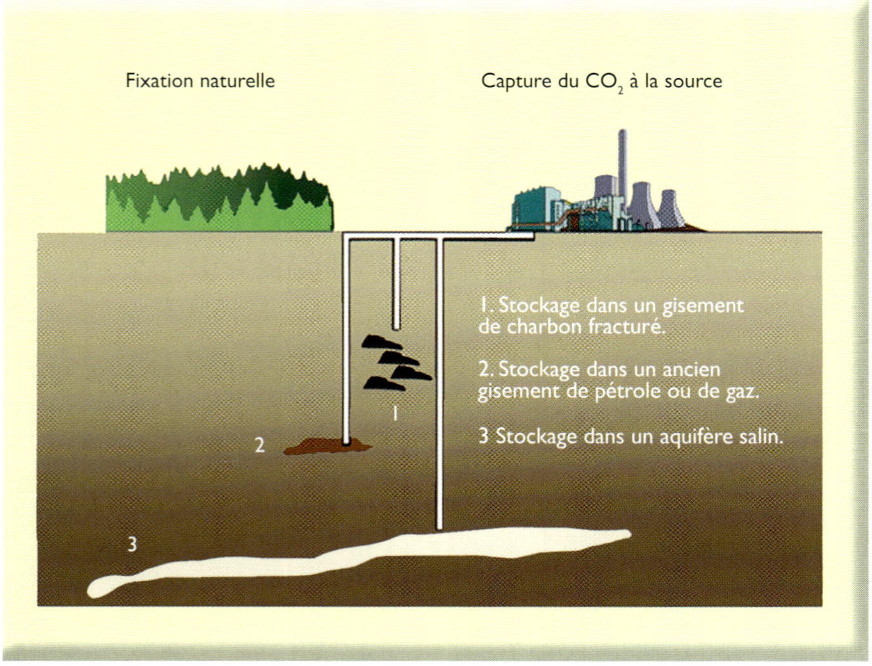

Forêt pétrifiée, National Park, Arizona.

Les minéraux naturels divisés et leurs applications

Jean-Maurice Cases & Jean-Eric Poirier

De tout temps, l'Homme a été fasciné par les minéraux. Il s'en est servi pour faire des objets de culte, des ornements et des outils. Au fur et à mesure des observations, il est parvenu à sélectionner les argiles les plus aptes à fabriquer des statues, les pigments les plus lumineux pour décorer ses grottes ou son visage, les minéraux les plus adaptés à produire les métaux qui lui ont permis avec le feu de transformer son monde. A force d'expériences et de réflexions, il a compris le rôle de ces minéraux dans la plus ou moins grande fertilité des sols qu'il cultivait. Il reste cependant encore un peu de travail avant que la pierre philosophale ne soit d'usage courant.

A force d'observations, la progression des connaissances a permis aux géologues d'appréhender sans complexe l'extrême hétérogénéité des milieux naturels, puis de comprendre et enfin de modéliser les interactions des minéraux des roches avec le milieu dans lequel ils sont plongés. La maîtrise de ces phénomènes a trouvé des applications dans différents domaines. Sans être exhaustif, on peut illustrer ces savoir-faire par les exemples suivants.

L'exploitation des ressources minérales

La plupart du temps, la valorisation des substances minérales passe par des opérations de broyage-classification qui visent à obtenir une libération des minéraux de manière à faciliter, dans une deuxième étape, la production de phases minérales épurées. Ces phases peuvent être obtenues, par exemple, par flottation différentielle, c'est le cas notamment des minéraux porteurs de cuivre, de plomb et de zinc séparés sélectivement de leur gangue pyriteuse, ou plus simplement par broyage-classification à sec, ou en voie humide pour l'obtention d'argiles kaoliniques pour la charge ou le couchage du papier. Le broyage crée, suivant la nature des minéraux, des surfaces nouvelles plus ou moins hétérogènes. Les propriétés de ces surfaces ont une influence capitale sur le comportement des solides placés dans des environnements divers.

La récupération assistée du pétrole

Les craintes concernant la disponibilité de cette ressource d'énergie fossile ont été identifiées par les experts depuis plusieurs décennies. Les enjeux de l'économie mondiale, ceux du développement durable en ont fait un sujet qui préoccupe tout un chacun. On sait bien maintenant les difficultés qu'il y a pour extraire tout le pétrole d'un gisement donné. Il est devenu inacceptable de ne récupérer que 30 à 40% de l'huile en place. Le problème à résoudre réside en partie dans la maîtrise de l'affinité

Un peu de prospective

Tout récemment des chercheurs ont démontré qu'on pouvait disperser une argile dans de l'eau et donner à cette suspension des propriétés identiques à celles des cristaux liquides. Aujourd'hui, ces matériaux qui sont utilisés dans de très nombreux systèmes d'affichage sont obtenus à partir de molécules organiques dont la synthèse est coûteuse.
Il n'est pas impossible que dans quelques années les écrans de nos ordinateurs soient élaborés à partir de ces suspensions argileuses....

des molécules hydrocarbonées pour les surfaces minérales des pores de la roche réservoir. Pour permettre la migration du pétrole vers les puits de production, il est nécessaire de diminuer ou mieux de supprimer cette affinité, afin de permettre à l'eau qui baigne le réservoir de déloger le pétrole en place. On y arrive en injectant des substances tensio-actives qui vont, si tout se passe comme prévu, modifier les interactions du ménage à trois constitué par les surfaces minérales, l'eau et l'hydrocarbure.

Le traitement des eaux

Que ce soit d'eau pour la consommation ou d'eaux usées, il s'agit d'éliminer les substances minérales et organiques, souvent intimement associées qui y sont dispersées. Les plus gros éléments sont éliminés par décantation et filtration. Mais ces procédés deviennent inefficaces pour atteindre les solides finement divisés qui restent donc dans l'eau sous forme de suspensions colloïdales stables. On fait alors appel à des additifs, en général des sels d'aluminium ou de fer, qui vont déstabiliser ces suspensions. En se fixant à la surface des colloïdes, ces additifs modifient la nature des interactions entre les solides dispersés. Il s'ensuit une floculation qui conduit à la formation d'agrégats suffisamment gros pour décanter ou être filtrés.

Construction et entretien des routes

A la différence de la récupération du pétrole, ici il faut trouver des moyens pour favoriser la liaison entre le bitume et les granulats, qui composant les enrobés ou les enduits bitumineux, constituent la très grande majorité des chaussées. Améliorer cette liaison, c'est assurer une plus grande durabilité des performances d'usage de la chaussée. On y arrive en utilisant des tensio-actifs qui vont se fixer à la fois à la surface des minéraux qui composent les granulats et à la surface du bitume. La France s'est fait une spécialité mondiale dans ce domaine en utilisant le bitume sous forme d'émulsion, c'est-à-dire en dispersion dans l'eau. Les procédés fondés sur l'utilisation des émulsions, s'ils nécessitent un grand savoir-faire, permettent de réduire les coûts énergétiques de construction et d'entretien des chaussées. Ce savoir-faire a été tiré de la meilleure compréhension des interactions entre les surfaces des granulats et les composants de l'émulsion.

Les cosmétiques

L'utilisation de minéraux fins pour la composition de fards et de crèmes remonte à la nuit des temps, sans doute au jour où le premier homme et la première femme cherchèrent à se séduire. L'enjeu consiste, entre

autres, à réaliser des préparations qui soient stables dans le temps lorsqu'elles sont stockées dans leurs flacons. Rien de plus désagréable au moment de se maquiller que de découvrir que les particules de mica sensées recouvrir délicatement et de façon homogène les paupières sont agglomérées dans le fond du pot en grumeaux disgracieux. A nouveau la maîtrise de cette stabilité passe par un savoir-faire qui concerne les propriétés de surface de ces micas dans le mélange.

Le génie minéral

Comme on l'aura remarqué au travers des exemples proposés, la connaissance des propriétés de surface des minéraux, de leurs interactions avec le milieu revient comme un leitmotiv. Elle est également impliquée dans la maîtrise d'autres applications comme le traitement et le recyclage des déchets, le traitement des sols pollués, la prévision du gonflement des sols, la fertilisation et, amendement des sols cultivables, etc.

Pour résoudre ces problèmes complexes, il n'y a pas, pour chacun de ces domaines d'application, une science, c'est-à-dire des concepts et des méthodes spécifiques. Il a été nécessaire d'utiliser une approche globale qui prend en compte non seulement la connaissance la plus approfondie possible des milieux géologiques mais aussi celle des lois de la minéralogie et de la cristallographie, de la croissance cristalline, de la physique et tout particulièrement de la thermodynamique, de la chimie, de la physicochimie des surfaces. Ceci nécessite l'utilisation la plus pertinente possible de techniques d'investigation adéquates, performantes et éprouvées, susceptibles de permettre des observations ou des mesures à différentes échelles lorsque cela s'impose.

D'un point de vue industriel, quel que soit le domaine d'application considéré, si l'objectif final est d'améliorer le comportement d'un ou plusieurs minéraux dans différents milieux, la procédure d'investigation exige tout d'abord une bonne connaissance de la composition, de la structure et de la texture des solides suivie de la caractérisation de l'interface solide/liquide. Ce dernier point a comme ambition de comprendre, contrôler et optimiser, si nécessaire, de nombreux mécanismes moléculaires ou particulaires

La connaissance des propriétés des phases solides avant et après immersion en phase aqueuse, par exemple, passe par plusieurs étapes obligées et l'utilisation à chaque étape de nombreuses techniques expérimentales.
De ces constatations est née, il y a une quarantaine d'années, une méthode maintenant suffisamment élaborée pour pouvoir être appelée "Génie Minéral" développée dans un premier temps au Centre de Recherche sur la Valorisation des Minerais, puis au Laboratoire Environnement et Minéralurgie de l'E.N.S.G
Les principes de cette méthode serviront de fil conducteur pour exposer les relations entre les propriétés des minéraux et l'usage industriel qui en est fait.

intéressant les phases superficielles (adsorption, échange, condensation tridimensionnelle sur support, adhésion, dispersion, coagulation, floculation, rhéologie, etc.). La connaissance des propriétés des phases solides avant et après immersion en phase aqueuse, par exemple, passe par plusieurs étapes obligées et l'utilisation à chaque étape de nombreuses techniques expérimentales : c'est le prix à payer pour améliorer nos connaissances sur les milieux hétérogènes naturels. On n'abordera pas ici l'étude des propriétés superficielles de la phase solide après immersion dans la phase aqueuse ainsi que les phénomènes de rétention.

Propriétés minéralogiques, structurales et cristallochimiques des minéraux

Il faut ici connaître, le plus précisément possible, la composition minéralogique tant qualitative que quantitative des échantillons prélevés et obtenir le maximum de renseignements sur la cristallochimie des diverses phases minérales. Les méthodes utilisées révèlent, aux différentes échelles, les compositions et les structures : il s'agit des spectroscopies de vibration et des méthodes diffractométriques.

A partir de ces premières données, le rôle de l'hétérogénéité minéralogique et cristallochimique a permis de comprendre les phénomènes d'adsorption, de déterminer le statut des polluants minéraux dans les sols, de rechercher des matériaux de confinement ou de rétention pour le stockage des déchets radioactifs, d'étudier les substances résiduaires.

En ce qui concerne l'élaboration de minéraux industriels ou de substances utiles, il s'agit le plus souvent d'identifier le plus rapidement possible quelle qualité de minéral est apte à entrer dans la fabrication d'un matériau en vue d'une utilisation donnée et sous quelles conditions.

Dans le cas notamment des argiles, ces applications couvrent des domaines très larges, allant de produits destinés à la charge et au couchage du papier (argiles kaoliniques, talc et aussi carbonates), à la charge des polypropylènes, aux boues thermales et fluides de forages et peintures (smectites, carbonates, talc), aux substances d'enduction tels les vernis et les mastics, à la fabrication d'argiles cuites (tuiles et briques) et de céramiques (kaolin auquel sont ajoutés des dégraissants comme le quartz ou des fondants comme les feldspaths). D'autres applications couvrent les litières pour animaux (smectites, sépiolite, palygorskite), la fonderie (smectites), la pharmacie (smectites palygorskite), la parapharmacie (smectites, talc, kaolin…), les cosmétiques (hectorite), les matériaux de confinement ou d'inertage (smectites notamment).

Il s'agit aussi d'optimiser les opérations de broyage-classification à sec destinées soit à purifier des mélanges, soit à préparer des fractions de morphologie contrôlée, par exemple talc-chlorite, ou encore de micronisation par voie humide pour obtenir des produits de grande surface spécifique utilisables dans les matières plastiques, pour améliorer leur aspect, leur vieillissement, leur ouvrabilité ou leurs propriétés mécaniques, dans des applications aussi diverses que l'électroménager, le mobilier d'extérieur, l'emballage, les huisseries... Ainsi, une voiture contient 30 kg de talc répartis dans environ mille pièces !!!

Ces tris permettent de fabriquer des concentrés minéraux, mais aussi d'éliminer des fractions mineures indésirables dans certaines applications. L'utilisation directe de données descriptives comme la composition chimique, la minéralogie quantitative, les propriétés structurales, la couleur, la taille, la forme, ou l'abrasivité, est d'une grande richesse d'application puisque ces

Carrière de Quessoy

On remarquera l'hétérogèneité de la carrière tant horizontalement que verticalement. Le dépôt s'est effectué sur plusieurs centaines de milliers d'années. Les divers usages du kaolin nécessitent un choix rigoureux lors de l'exploitation.

Carrière de talc de Trimouns (Luzenac–Ariège)

La formation initiale est une série sédimentaire du Cambro-Ordovicien (de l'ordre de 500 millions d'années) appuyée sur le massif de St Barthelemy. La transformation des micaschistes et des pegmatites en chloritoschistes et des roches siliceuses en talc résulte d'une métasomatose magnésienne intervenue deux cents millions d'années plus tard. Ce mécanisme a libéré de la silice, qui à son tour a formé du talc massif à partir de dolomies, en libérant du calcium que l'on retrouve partiellement sous forme de calcite. On trouve aussi de la chlorite, ainsi que de la pyrite, de la pyrrhotite et du graphite. (document Société des Talcs de Luzenac S.A.)

caractères de composition ou de structure induisent d'une part des comportements spécifiques et d'autre part renseignent sur les conditions de genèse. Par exemple, la teneur en quartz grossier est capitale pour un kaolin destiné au couchage du papier car elle provoque l'usure prématurée d'organes de fabrication et même d'impression.

En ajoutant à la description obtenue des données technologiques, on peut classer les fractions minérales par aptitudes. Pour des raisons économiques, ce classement sera mis en œuvre avec le minimum de critères, aussi faciles à mesurer que possible. L'utilisation de la statistique descriptive par des géologues-minéralogistes confirmés permet alors de construire des typologies par propriétés d'usage, chaque fois qu'on peut déterminer quelle conjonction de grandeurs descriptives et de caractéristiques de préparation engendrent les meilleurs résultats.

On notera pour finir que l'approche géologique traditionnelle garde toute sa pertinence malgré la complexité des paramètres qui viennent d'être présentés. En effet, on a pu montrer que les classements par type d'utilisation étaient le plus souvent superposables aux classements par condition de genèse, et même, à une échelle plus fine, par faciès. La reconnaissance des environnements géologiques puis, à l'extrême, de la répartition géographique permet alors d'estimer l'aptitude à une application donnée. Ainsi, ces recherches, outre la connaissance des mécanismes réactionnels (par exemple les micas sont néfastes à presque toutes les applications des kaolinites), fournissent des guides de prospection, d'abattage et de traitement efficaces.

Cette démarche a été appliquée fructueusement à de nombreux problèmes :

• L'étude de la stabilité à long terme des déchets ménagers incinérés et stabilisés dans du ciment.

• L'analyse des boues de réseaux d'assainissement urbain. On y retrouve à peu près tous les constituants des matériaux (charges minérales, liants hydrauliques...), tous ceux qui entrent dans la composition des véhicules, ceux liés à l'activité quotidienne (engrais de jardins, lessives, piles...) associés à des sulfures. Alors on a pu :

On retrouve dans les sédiments des boues des réseaux d'assainissement urbain à peu près tous les constituants des matériaux (charges minérales, liants hydrauliques...) : les éléments qui entrent dans la composition des véhicules, ceux liés à l'activité quotidienne (engrais de jardins, lessives, piles...) associés à des sulfures.

Une montmorillonite du Wyoming.

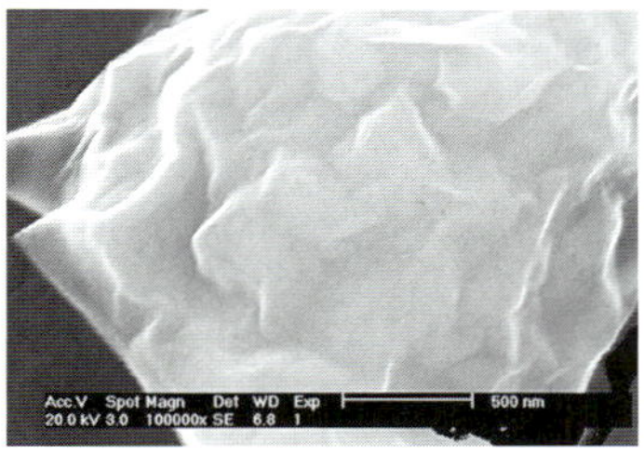

- identifier les différentes sources de particules dans les rejets urbains par temps de pluie (lessivage des surfaces urbaines, érosion des sols, remise en suspension des sédiments de réseaux) ;
- évaluer leurs contributions relatives au cours du temps : les sulfures sont une signature des sédiments de réseau et leur abondance suit l'hydrogramme de crue alors que les oxyhydroxydes de fer porteurs de métaux lourds sont décalés dans le temps et proviennent de l'érosion des sols.
- La prospection des argiles gonflantes (smectites) aptes à donner des gels utilisables dans l'industrie. Les propriétés rhéologiques de smectites de diverses provenances ont été corrélées à la distribution des ions fer au sein de la couche octaédrique. Pour les argiles apportant une bonne rhéologie les atomes de fer sont uniformément répartis ; pour les argiles donnant une rhéologie médiocre, les atomes de fer sont concentrés en petites zones très riches.
- La fabrication des bétons de poudres réactives (BPR) ou bétons à ultra-hautes performances. Ces bétons sont caractérisés par le choix rigoureux de leurs composants initiaux et des traitements en cours de prise. L'objectif des recherches était d'améliorer leurs propriétés de service par la compréhension de leur spécificité et par l'identification des effets des traitements thermiques sur la composition, la microstructure et la texture.

Propriétés des surfaces des minéraux

Une fois les phases minérales correctement caractérisées et leurs propriétés en volume connues, les propriétés de leurs surfaces sont étudiées. C'est en effet par le biais de leurs surfaces que les minéraux réagissent ou interfèrent avec leur milieu ambiant. On distingue deux types de propriétés. Les propriétés superficielles intensives concernent la nature, l'arrangement, la distribution des sites appartenant à des faces cristallographiques différentes et susceptibles de réagir avec les gaz ou les liquides du milieu qui les entoure. Les propriétés extensives de ces mêmes phases sont des grandeurs telle la surface spécifique qui peut se décomposer en surface interne et externe suivant la nature du minéral. Par exemple, dans le cas des particules lamellaires, il sera nécessaire de déterminer leur facteur de forme et, pour d'autres minéraux, les différents types de porosité (pores à parois cylindriques, à parois parallèles et, ou en biseau selon les cas).

Capacité de rétention des argiles microporeuses

Pour la déterminer, on utilise principalement des méthodes d'adsorption de gaz (azote, argon, H_2O, CO_2) couplées avec des mesures de microcalorimétrie qui donnent accès à l'aspect énergétique des phénomènes. Une étape préalable consiste à déterminer l'état de référence du solide étudié, état dans lequel ses qualités texturales et superficielles ne sont pas altérées. Une argile fibreuse naturelle, la sépiolite, utilisée comme tamis moléculaire ou, plus prosaïquement, comme litière pour chat a vu ainsi son traitement optimisé. On a pu identifier les conditions de prétraitement qui maximisent la capacité de rétention de ce minéral.

Gonflement intracristallin des smectites et ses conséquences

C'est dans le domaine de l'étude des mécanismes intimes du gonflement intracristallin (pressions relatives en vapeur d'eau à 25°C, inférieures à 1,0) des montmorillonites homoioniques que les progrès les plus intéressants ont été obtenus. Ces smectites, à l'état sec, sont constituées de feuillets élémentaires à trois couches, empilés les uns sur les autres de manière turbostratique.

Ces agrégats sont appelés cristallites ou encore tactoïdes. Leur taille dépend de la nature du cation compensateur mais aussi comme on le verra ci-dessous, du taux d'humidité de l'échantillon. La morphologie du feuillet élémentaire, hors cation compensateur, peut être comparée à celle d'un tapis (dimensions de base de 30 à 500 nanomètres pour une hauteur de 0,8 nanomètre), ce qui explique sa flexibilité. Dans les sols meubles, on définit trois niveaux d'organisation : on appelle particules l'association désordonnée de cristallites et assemblages l'association désordonnée de particules. De ces organisations découlent différents types de porosité : porosité inter- ou intra-particulaire et porosité inter- ou intra-assemblage.

Le réseau cristallin des montmorillonites présente des défauts qui sont à l'origine de leur capacité d'échange cationique. Les cations compensateurs qui la saturent sont situés sur les faces basales des feuillets et assurent les liaisons interfeuillets. Dans l'état sec, la taille des cristallites dépend de la nature des cations compensateurs, mais aussi de l'histoire de l'échantillon et de son mode de préparation.

Par exemple, le cas d'une montmorillonite du Wyoming, rendue homoionique sodique : ses cristallites élémentaires sont constituées par des empilements d'environ 15 feuillets (surface spécifique de l'ordre de 43 m^2 par gramme de solide). Pour les valeurs de pression relative inférieures à 0,15, l'adsorption des molécules d'eau est limitée aux faces externes des tactoïdes. Les cristallites se délitent, la surface spécifique croît et atteint 116 m^2 par gramme. L'espace interlamellaire s'ouvre ensuite progressivement à une couche d'eau, avec l'accroissement de la pression relative de vapeur d'eau, pour atteindre 50% du total (et donc 50% de l'espace à zéro couche). La taille des cristallites évolue pour atteindre 125 m^2 par gramme (les cristallites sont alors formées de cinq à six feuillets) lorsque la pression relative est voisine de 0,6. Pour les valeurs supérieures, les espaces interlamellaires s'ouvrent progressivement pour atteindre deux et trois couches. Pour une pression relative de 0,9, on a pu observer 10% d'espace à une couche, 75% à deux couches et 15% à trois couches.

Une argile naturelle, la sépiolite, utilisée comme tamis moléculaire ou, plus prosaïquement, comme litière pour chats.

Le moteur premier de cette hydratation dans le domaine du gonflement intracristallin est la chaleur d'hydratation du cation. La pénétration des molécules d'eau dans les espaces interlamellaires est d'autant plus facile que l'affinité des molécules d'eau pour le cation compensateur est grande.

On notera que le passage 0-1 couche ou 1-2 couches d'eau sans contrainte appliquée correspond à un premier gonflement important en volume de l'argile. Ce résultat met en relief l'origine des dégâts provoqués en génie civil par l'hydratation des smectites, tout particulièrement dans les cas de maisons individuelles construites sur terrains riches en argiles gonflantes.

On voit ainsi comment des études théoriques sur le gonflement des argiles s'applique directement à des problèmes concrets.

Dans plus de 85% des recherches évoqués dans ce texte, des anciens élèves de l'ENSG ont joué un rôle important. Ils avaient tous un point de vue commun, la nécessité de comprendre dans leurs domaines de compétence le monde qui les entoure et d'appliquer cette compréhension dans de nombreux secteurs de l'activité économique. Certains d'entre eux étaient aussi animés par l'impérieuse nécessité d'enseigner cette compréhension. Ces recherches destinées à résoudre des problèmes à fortes incidences sociales, économiques et environnementales, ont pu être menées à bien dans la mesure où leur échelle d'observation a atteint le nanomètre avec l'aide des grands moyens lourds d'investigation actuellement à notre disposition. Elles ont été conduites dans le cadre d'actions du CNRS, de la Délégation Générale à la Recherche Scientifique et Technique, du Ministère de la Recherche, des Commissions des Communautés Européennes, du Centre Franco-Indien pour la Promotion de la Recherche Avancée (CEFIPRA), en collaboration avec un ou plusieurs industriels.

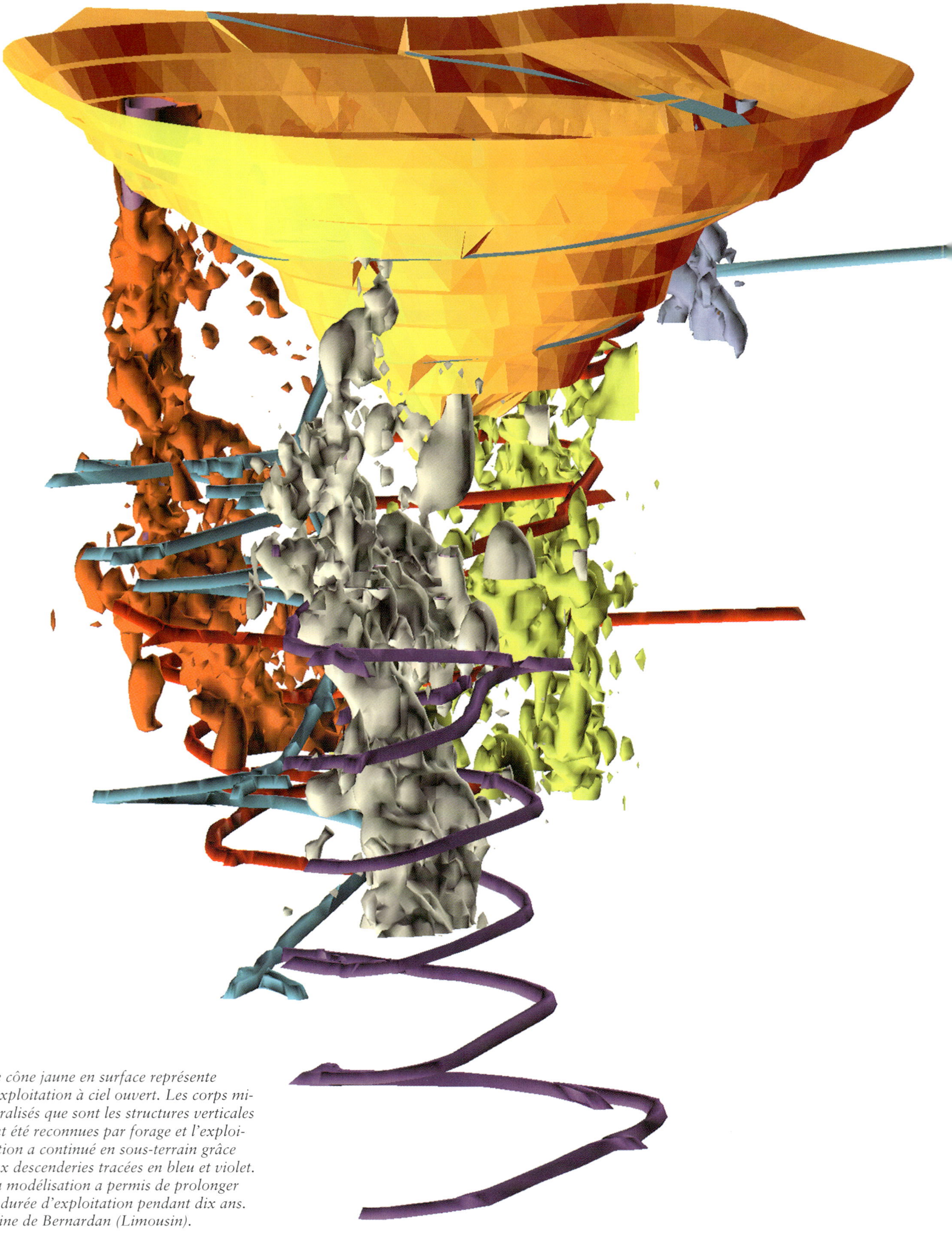

Le cône jaune en surface représente l'exploitation à ciel ouvert. Les corps minéralisés que sont les structures verticales ont été reconnues par forage et l'exploitation a continué en sous-terrain grâce aux descenderies tracées en bleu et violet. La modélisation a permis de prolonger la durée d'exploitation pendant dix ans. Mine de Bernardan (Limousin).

La géomodélisation : une aide à la décision

Jean-Laurent Mallet

CHAPITRE VII

Après avoir acquis des données d'exploration (études géophysiques et forages de puits d'exploration) et avant de développer un champ de pétrole ou de gaz, les géologues se posent trois questions.

Est-il préférable de renoncer à développer le champ et de limiter les pertes au coût de la phase d'exploration ? Vaut-il mieux acquérir de nouvelles données sismiques ou de puits afin de réduire les incertitudes ? Ou bien faut-il prendre le risque de développer le champ ? Le choix est décisif et engage des dizaines, voire des centaines de millions de dollars.

Pour prendre une décision de la façon la plus rationnelle possible et donc la moins risquée, les ingénieurs s'appuient sur un "géomodèle" numérique, une représentation virtuelle en trois dimensions du réservoir qui synthétise toutes les informations disponibles et permet d'évaluer les incertitudes liées à sa géométrie, ainsi que celles liées aux propriétés pétrophysiques des structures géologiques.

Le coût de construction d'un géomodèle numérique, à l'aide d'un logiciel spécialisé appelé "géomodeleur", est de loin inférieur aux coûts d'exploration et de développement du champ. Cependant, en dépit de son faible coût relatif, la réalisation d'un tel modèle constitue une étape essentielle, car des erreurs de modélisation peuvent conduire à des décisions catastrophiques. Si l'on ne veut pas courir ce risque, il est important que le géomodèle ne comporte pas d'approximations trop hasardeuses et qu'il prenne en compte toutes les données disponibles. En particulier, il doit intégrer les connaissances géologiques (l'art du géologue) afin de ne pas être le simple reflet d'une méthode purement mathématique. La qualité de l'image dépend, en effet, de la conception du logiciel. Or, nombre de géomodeleurs ne modélisent pas correctement les structures complexes comme les failles inverses, les plis couchés, les dômes de sel ou les intersections de failles en "Y", en raison d'une pratique trop courante, dangereuse et condamnable consistant à simplifier à l'excès ces structures pour les modéliser.

Voir l'invisible

La géomodélisation se définit comme "l'ensemble des méthodes mathématiques permettant de modéliser de façon unifiée la topologie, la géométrie et les propriétés physiques des objets géologiques tout en tenant compte de tous les types de données liés à ces objets". Elle sert en quelque sorte à représenter l'invisible et à fournir une image la plus exacte possible d'un réservoir, le plus souvent enfoui à quelques milliers de mètres de profondeur dans le sous-sol et mal connu, car

Texte extrait de la revue "Energies" publiée par le groupe Total.

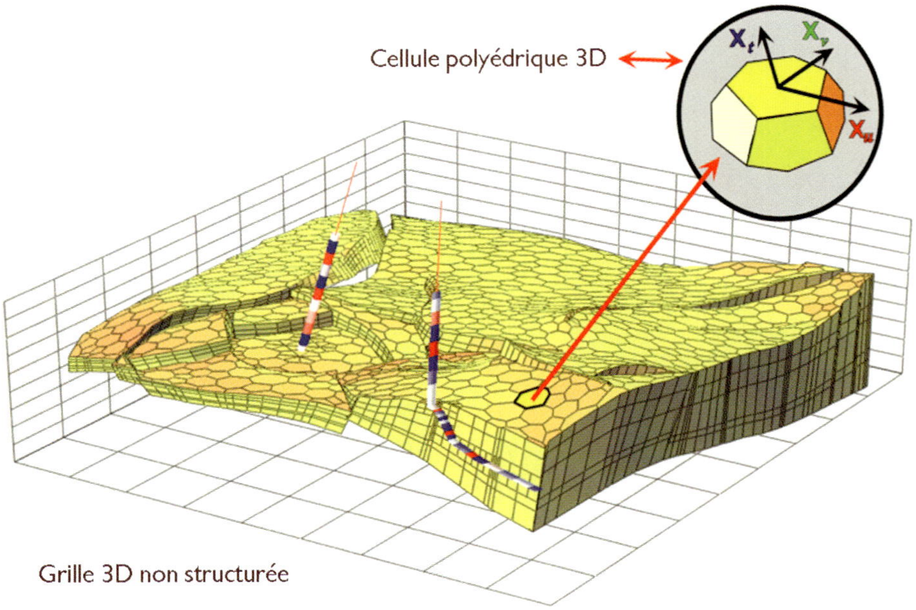

Grille stratigraphique non structurée. Les propriétés physiques (perméabilité, porosité) de chaque cellule sont estimées à l'aide de méthodes géostatistiques prenant en compte la variabilité spatiale des données observées le long de la trajectoire des puits.

apprécié de façon indirecte à partir de données sismiques, ou de façon très partielle à partir des données numériques de puits. Par comparaison avec la modélisation d'objets industriels, la modélisation des objets géologiques apparaît beaucoup plus difficile, ceux-ci étant plus complexes. Contrairement aux objets industriels, il n'y a pas d'axes ou de plans de symétrie et les surfaces limitant les objets géologiques ne peuvent pas être décrites par des fonctions algébriques respectant toutes les données. Par ailleurs, les données sont d'autant plus complexes qu'elles sont hétérogènes, irrégulièrement distribuées et plus ou moins précises.

De plus, pendant la phase de modélisation, la topologie (c'est-à-dire les relations de voisinage) des objets peut changer, notamment en fonction des relations avec les formations géologiques adjacentes. Ainsi, des failles peuvent être ajoutées ou supprimées au cours de la modélisation pour prendre en compte de nouvelles données. Ces modifications topologiques sont incompatibles avec les techniques de modélisation classiques. Celles-ci, utilisées en conception assistée par ordinateur (CAO), supposent que la topologie des objets soit connue avant de commencer le processus de modélisation.

Pour toutes ces raisons, il apparaît nécessaire dans l'exploration pétrolière d'utiliser des outils de modélisation spécifiquement dédiés aux besoins des géosciences.

Modéliser la géométrie et la topologie

Au tout début de la modélisation des objets géologiques, des grilles en deux dimensions furent utilisées pour construire des surfaces géologiques représentées par des équations exprimant l'altitude "z" des horizons géologiques en fonction des coordonnées géographiques (x,y). Malheureusement, ce type de modèle est trop simpliste pour modéliser des surfaces géologiques, dès lors que celles-ci présentent plusieurs valeurs d'altitude pour une même paire (x,y) de coordonnées géographiques ; ce qui est le cas lorsque l'on se trouve en présence de plis couchés, de failles inverses ou de dômes et de lentilles de sel (cf. figure ci-contre). Pour surmonter ce genre de difficulté, on représente désormais les objets géologiques par des ensembles de points interconnectés : les coordonnées de ces points définissent la géométrie des objets géologiques, tandis que leurs connections définissent leur topologie. Ces ensembles interconnectés de points permettent de représenter tout aussi bien des surfaces que des volumes, et ceci quelle que soit la complexité des objets géologiques.

Cette approche de la modélisation géologique, appelée "modélisation discrète", permet de construire la géométrie et la topologie des géomodèles les plus complexes sans aucune limitation, ce qui est très important. En effet, le géomodèle va devenir le porteur de la connaissance du domaine géologique étudié. Toute distorsion introduite artificiellement pour contourner une limitation du géomodeleur propage inévitablement une image fausse de la réalité… Et, au bout d'un certain temps, cette image fausse a toutes les chances, ou plutôt la malchance, d'être confondue avec la réalité ! Dès lors, l'utilisation d'un géomodeleur intégrant sans limitation toutes les connaissances relatives au domaine géologique étudié s'impose.

Pour mener à bien la construction du modèle géométrique, il faut inclure les données (numériques) issues de l'interprétation sismique et concernant à la fois les failles et les horizons, les données (numériques) de puits, en particulier la position et le pendage des horizons principaux obser-

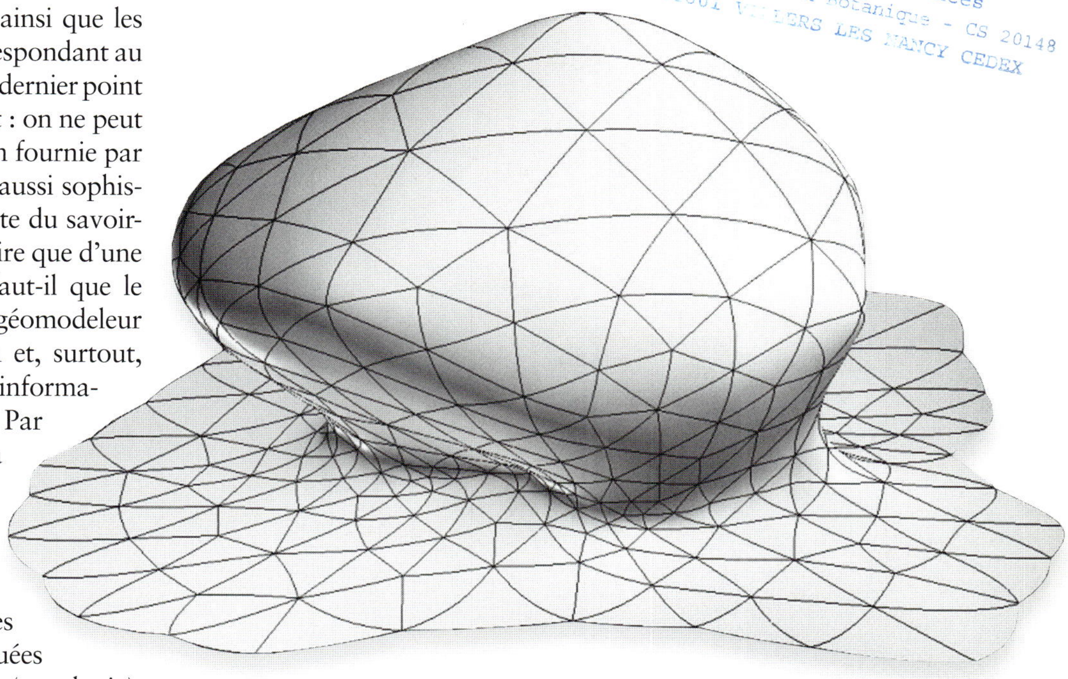

Les objets géologiques les plus complexes, comme ici un dôme de sel peuvent être représentés grâce à la "modélisation discrète".

vés à l'intersection des puits, ainsi que les données non numériques correspondant au "savoir-faire du géologue". Ce dernier point est particulièrement important : on ne peut pas se contenter d'une solution fournie par un algorithme mathématique aussi sophistiqué soit-il. La prise en compte du savoir-faire du géologue ne peut se faire que d'une manière interactive. Encore faut-il que le "moteur mathématique" du géomodeleur permette une telle interaction et, surtout, soit capable d'intégrer les informations fournies par le géologue. Par exemple, celui-ci doit avoir la possibilité de modifier de façon interactive la géométrie ou le pendage des horizons ou couches constituant le réservoir, les connections latérales entre les couches réservoirs situées de part et d'autre d'une faille (topologie), de spécifier le type d'une faille (directe ou inverse), de fournir des indications structurales sur la direction générale d'un pli, etc. La nécessité de prendre en compte ces types d'informations, ainsi que leur plus ou moins grande précision relative est à l'origine de la méthode "Discrete Smooth Interpolation" (DSI), qui constitue le coeur du géomodeleur Gocad. Celle -ci permet d'interpoler la géométrie et des propriétés attachées à un ensemble de points interconnectés, tout en tenant compte d'un large éventail de contraintes utilisées pour décrire les informations géologiques disponibles.

L'approche "GeoChron"

Pour modéliser les propriétés physiques des volumes géologiques, comme la perméabilité ou la porosité, il est nécessaire de définir un "support" auquel ces propriétés seront attachées. Classiquement, on utilise des "grilles stratigraphiques" (SGrids) en trois dimensions consistant en une décomposition du sous-sol en cellules polyédriques 3D (cf. figure ci-contre). Chacune de ces cellules est supposée suffisamment petite pour que les propriétés physiques puissent être considérées constantes à l'intérieur de chacune d'elles. Les grilles stratigraphiques utilisées jusqu'à ce jour par l'industrie pétrolière sont construites à l'aide d'un procédé "d'extrusion" consistant à balayer le long de piliers, parallèles aux failles, une grille en 2D composée soit de quadrangles (SGrid structurée), soit de polygones (SGrid non structurée). Malheureusement, la construction de tels piliers n'est pas toujours aisée et devient même impossible dans le cas de réseaux de failles trop compliqués. Cette limitation conduit trop souvent à "simplifier" le réseau de failles de façon à rendre possible la construction de la grille stratigraphique. Ceci est tout à fait dommageable, car la simplification exigée par la grille contribuera à véhiculer une image fausse du sous-sol à partir de laquelle des décisions capitales risquent d'être prises.

Comment se débarrasser de ce genre de restriction? Pour résoudre cette difficulté, un nouveau modèle mathématique appelé "GeoChron" a été récemment proposé par l'équipe Gocad de l'École de géologie de Nancy : il permet successivement de construire numériquement des transformations X (u,v,t) et U (x,y,z). Le modèle GeoChron donne, en effet, la possibilité de replacer tout point de l'espace géologique actuel (x,y,z) dans l'espace paramétrique (u,v,t), appelé aussi espace de Wheeler. Entre un temps "t" quelconque et l'actuel, les relations spatiales entre les différents points de l'espace peuvent avoir été modifiées en raison des déplacements et déformations relatives aux différents phé-

Mise en correspondance mathématique de l'espace géologique et de l'espace paléo-géographique appelé "espace de Wheeler" : la perméabilité du réservoir est modélisée dans l'espace (u,v,t) et rapatriée ensuite dans l'espace géologique (x,y,z).

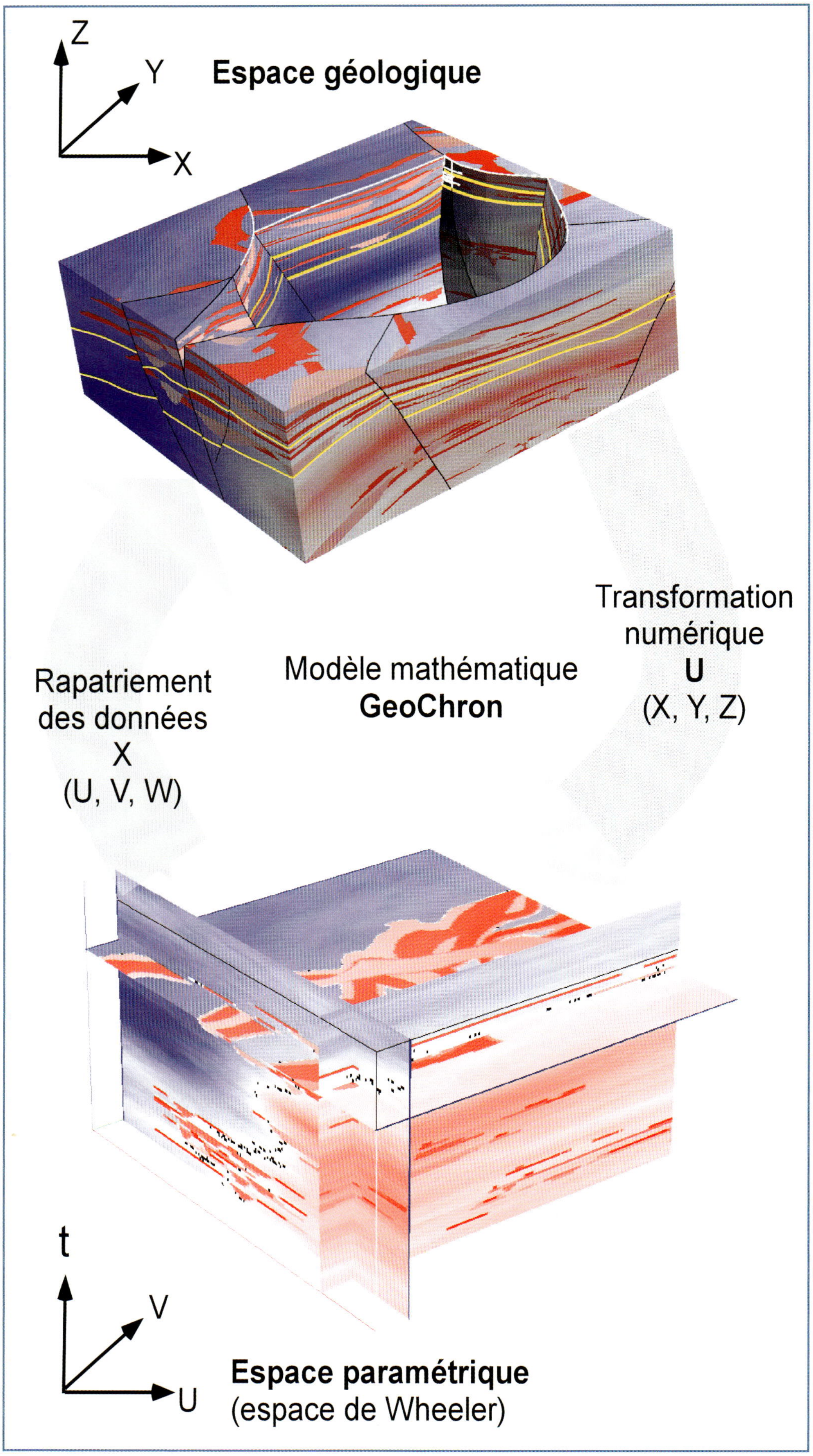

u

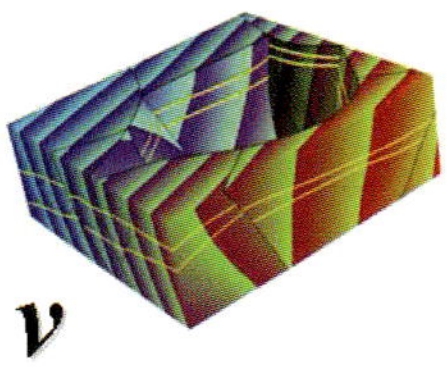

v

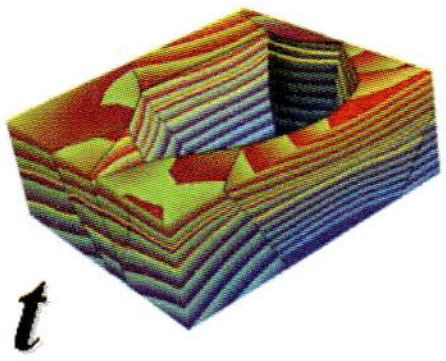

t

Faciès

Chenaux | Levées (talus) : Réservoir

Non-réservoir (flooding plain)

X, Y = Coordonnées géographiques
Z = altitude

U, V = coordonnées paléo-géographiques
t = temps

nomènes géologiques. Si l'on est capable de connaître les relations entre les coordonnées dans l'espace actuel et celles dans l'espace paramétrique au moment de la sédimentation du réservoir, on pourra modéliser correctement le phénomène sédimentaire dans les coordonnées adéquates avant de revenir dans l'espace géologique actuel.

Ce faisant, comme le montre la figure ci-contre (à droite), on arrive à modéliser de façon très réaliste les propriétés telles que la perméabilité, la porosité ou le faciès géologique sans procéder à une simplification du réseau de failles.

Par ailleurs, le modèle GeoChron fournit un cadre mathématique rigoureux qui permet de développer de nouveaux algorithmes de modélisation des propriétés reposant sur des concepts géologiques. Dans cette perspective, on peut citer deux avancées récentes : le modèle “Neptune”, initialement conçu par Total et développé ensuite en partenariat avec l'équipe du Gocad, qui intègre le concept de paléo-bathymétrie dans la modélisation des carbonates ; le modèle “YACS”, développé par la société Earth-Decision/Paradigm, qui intègre le concept de paléo-topographie d'une vallée dans le cadre de la modélisation d'un système de chenaux.

Modéliser les incertitudes

Quand bien même un géomodèle respecterait parfaitement toutes les données et recueillerait l'agrément de l'ensemble des géologues, cela ne prouverait en aucune manière qu'il représente la réalité. En effet, les données utilisées pour construire un tel modèle sont très partielles et incertaines. Le fait que la sismique produise une zone d'ombre au voisinage des failles engendre une incertitude sur le positionnement de celles-ci ainsi que sur leurs jonctions éventuelles. De même, les variations haute fréquence des propriétés pétrophysiques ne permettent pas de les interpoler de façon certaine à partir des observations le long des puits. Ne pas prendre en compte les incertitudes dans l'évaluation des réserves et dans la prise de décision de développer ou non un champ peut s'avérer catastrophique. Pour le faire, on est donc amené à générer non pas un géomodèle unique, mais une infinité de géomodèles équiprobables dont chacun respecte l'ensemble des données disponibles. Conscient de l'importance de ce problème, Total, en partenariat avec Earth-Decision/Paradigm et l'équipe de recherche du Gocad, a été amené à concevoir et à développer une suite de trois outils complémentaires appelés “Alea”, “Jacta” et “Est”. Le but de ces trois outils est de modéliser respectivement les incertitudes portant sur la géométrie, les propriétés statiques et les propriétés dynamiques d'un réservoir. A chacune de ces étapes, des milliers de modèles géométriques, statiques et dynamiques équiprobables sont ainsi générés automatiquement. Une telle approche est désormais indispensable pour prendre des décisions en connaissance de cause. Comme le disait le célèbre économiste John Maynard Keynes, “je préfère être à peu près dans le vrai que précisément dans l'erreur”.

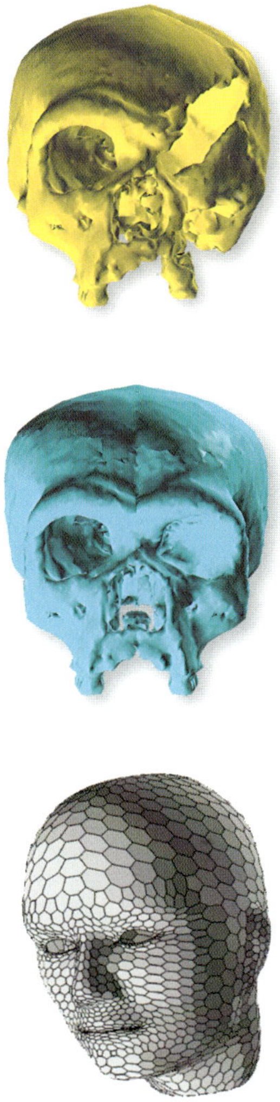

Gocad a bien d'autres applications, comme la paléoanthropologie.

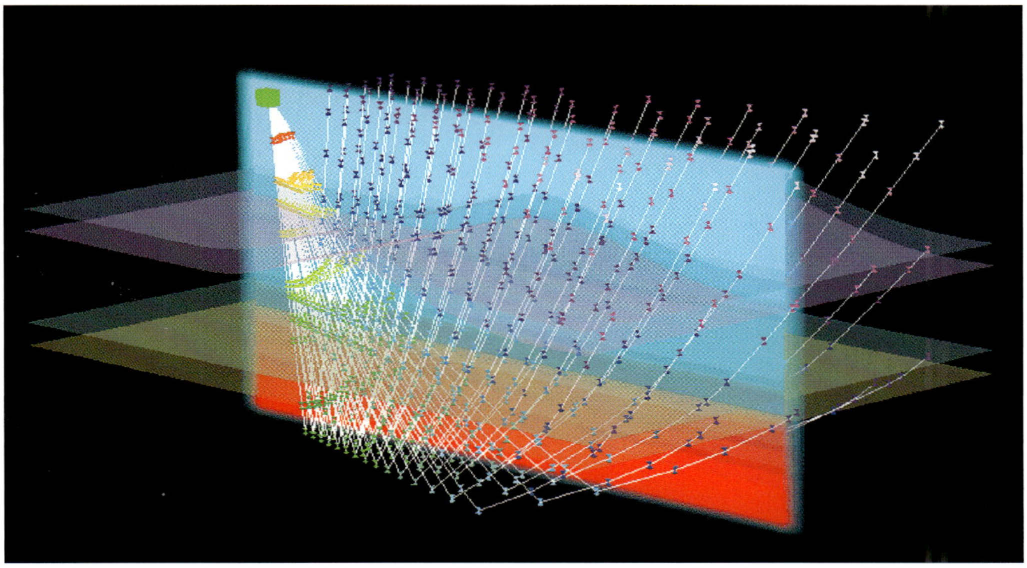

Simulation de lancer sismique dans le sous-sol.

La géologie "extraterrestre"

Marc Chaussidon & Bernard Marty

CHAPITRE VIII

L'homme a toujours été en quête de nouvelles frontières et de nouveaux espaces. Si les continents et les océans terrestres ne recèlent aujourd'hui quasiment plus d'espaces vierges, le système solaire et les planètes qui nous entourent sont encore largement inexplorés. Il a fallu presque 2 000 ans, depuis Aristote et Ptolémée au IIème siècle avant Jésus-Christ, pour que Copernic en 1543 propose que les planètes sont en rotation autour du Soleil, pour que Brahé et Kepler décrivent correctement le mouvement des planètes et pour que Galilée en 1610 invente la lunette astronomique et par ses observations démontre la validité des théories coperniciennes. Au tout début du XVIIIème siècle, Newton en découvrant la gravité établit les lois de la mécanique céleste qui décrivent le mouvement des planètes. La solution mathématique au problème des trois corps que le nancéien Henri Poincaré avait établi en 1904 n'a été trouvée qu'en 2006 ! Même si les Grecs s'étaient déjà rendu compte que la Terre et les planètes n'étaient pas plates et avaient mesuré le rayon de la Terre assez justement, il a fallu attendre les premières photos de la Terre prises de l'espace par un satellite en orbite pour que la forme de la Terre soit quelque chose sur lequel plus aucun courant de pensée ne puisse revenir en arrière. En 1961, le Russe Yuri Gagarine fut le premier homme dans l'espace et le président américain John Kennedy lançait le programme lunaire de la NASA : 8 ans plus tard, le 20 juillet 1969, Neil Armstrong posait le pied sur la Lune.

Il est difficile de prévoir à quelle vitesse l'exploration du système solaire se fera dans le futur et encore plus difficile de prévoir ce qu'elle nous permettra de découvrir, mais une chose est sûre : elle se fera. Elle se fera d'abord parce que c'est dans la nature humaine de conquérir de nouveaux territoires. Elle se fera également parce qu'aujourd'hui l'homme est confronté à la question de son futur sur la Terre. L'homme a maintenant les moyens de jouer à l'apprenti sorcier avec la Terre et il est crucial, pour prévenir toute action irresponsable, d'avoir une connaissance globale des processus qui déterminent l'évolution d'une planète. Cette connaissance globale vient bien sûr d'abord de la géologie qui est l'étude de l'histoire et du fonctionnement de la Terre mais l'étude de notre système solaire nous montre de plus en plus que la Terre n'est qu'un cas très particulier d'un processus beaucoup plus global d'évolution planétaire dans lequel de subtiles différences dans les conditions initiales ont des conséquences drastiques dans l'évolution des planètes. La nature a déjà réalisé pour nous certaines expériences sur Mars, sur Vénus ou ailleurs. Ces expériences nous montrent que l'évolution d'une planète ne peut être vraiment comprise qu'en la replaçant dans son environnement dans le système solaire et qu'en cherchant à bien comprendre toutes les interactions entre les processus internes et externes. La

Jules Verne
1828 Nantes - 1905 Amiens

Dans "De la Terre à la Lune" et "Autour de la Lune" en 1865 l'auteur imaginait une capsule avec 3 hommes à son bord, qui était tirée de Floride tout près de Cap Canaveral et qui revenait en amerrissant dans l'océan, tout cela un siècle avant Apollo !

Henri Poincaré
1854 Nancy - 1912 Paris

Mathématicien, physicien et philosophe, théoricien de génie, ses apports à maints domaines des mathématiques et de la physique ont radicalement modifié ces deux sciences. Parmi ceux-ci, citons ses travaux en optique, en relativité, sur le problème des trois corps, en calcul différentiel et en théorie du chaos.

vie sur Terre n'est par exemple possible que parce que, entre autres, les mouvements de convection dans le noyau métallique partiellement liquide de la Terre produisent un champ magnétique qui nous protège des particules du vent solaire qui nous bombardent en permanence.

Quelles sont les conditions favorables à l'apparition, au développement et au maintien de la vie sur une planète ? La géologie nous enseigne que la Terre au cours de son histoire a connu de nombreuses fois des épisodes d'extinction massive pendant lesquels une grande partie des espèces vivantes a disparu. Si aujourd'hui nous étions en train de vivre une telle période, serions-nous capables de nous en rendre compte et surtout serions-nous capables de comprendre les processus en jeu et donc de réagir ? Cette question nous amène bien sûr à une autre des quêtes fondamentales, celle de nos origines. Mars est un endroit où la vie aurait pu apparaître, évoluer et disparaître. Qu'en est-il ? Certaines météorites datent d'une époque où les planètes n'existaient pas encore et ce sont donc des échantillons que le géologue a dans les mains pour reconstituer les premiers temps du système solaire. L'étude de certains composants des météorites nous oblige à replacer la formation des planètes et du système solaire dans un contexte encore plus général qui est celui de l'évolution de notre galaxie et de l'évolution des éléments chimiques : tout l'hydrogène de l'Univers a été fabriqué lors du Big-Bang il y a de l'ordre de 15 milliards d'années et depuis les étoiles comme le Soleil fonctionnent en le détruisant !

La science-fiction et Hollywood se sont déjà emparés de toutes ces questions, en allant capturer une comète pour ravitailler en eau une station spatiale au bout de ses réserves ou en allant détruire un astéroïde qui risque d'entrer en collision avec la Terre. Certaines de ces idées ne sont peut-être pas si farfelues. Jules Verne dans "De la Terre à la Lune" et dans "Autour de la Lune" en 1865 imaginait une capsule avec trois hommes à son bord, qui était tirée de Floride tout près de Cap Canaveral et qui revenait en amerrissant dans l'océan, tout cela un siècle avant Apollo ! Les orbites des astéroïdes géocroiseurs, c'est-à-dire ceux dont l'orbite peut croiser un jour celle de la Terre, sont surveillées de plus en plus sérieusement. En 1995 un objet de 300 m de diamètre est passé entre la Terre et la Lune à seulement 100 000 km de la Terre. La fréquence des collisions d'objets de cette taille avec la Terre est estimée à environ une collision tous les 1 000 à 100 000 ans. Pour donner une idée de l'effet de l'impact d'un tel bolide, le diamètre du cratère produit serait de l'ordre de 30 à 50 fois la taille de l'impacteur : un objet d'environ 10 km de diamètre est responsable de l'impact de Chixulub, que certains considèrent comme une des causes de la disparition des dinosaures il y a 60 millions d'années à la limite Crétacé-Tertiaire. La fréquence d'impacts de cette taille est très mal connue et est sans doute de l'ordre de un pour 500 millions d'années. Par contre, la possibilité de collisions avec des objets kilométriques est à considérer sérieusement. Il y a par exemple une probabilité non nulle que l'astéroïde 1950DA qui fait 1 km de diamètre, entre en collision avec la Terre en 2880 : tout l'enjeu des travaux en cours est de savoir comment améliorer la précision des calculs de trajectoire. Il n'est pas irréaliste d'imaginer dans le futur de dévier un tel objet bien avant qu'il n'entre en collision avec la Terre. Nous sommes donc dans une période assez extraordinaire de l'exploration spatiale : les progrès technologiques des 50 dernières années permettent d'envisager d'aller explorer les confins du système solaire. La sonde Voyager I (lancée en 1977), après avoir exploré Jupiter,

Le cratère de Chicxulub au nord de la péninsule du Yucatán est d'après plusieurs scientifiques un cratère provoqué par la chute d'une météorite de près de 10 km de diamètre qui se serait abattue sur la Terre il y a environ 65 millions d'années, c'est-à-dire à la fin du Crétacé.

L'image supérieure est une image en relief ombragée du nord-ouest de la péninsule de Yucatan produite grâce aux données de la mission de topographie de radar de la navette (SRTM).

L'image inférieure montre le même secteur vu par le satellite de Landsat. Les couleurs infra-rouges ont été choisies pour maximiser le contraste entre les différents types de végétation et nature des sols.

Taille : 261 par 162 km
Source NASA

Saturne et certaines de ses lunes, est sortie en décembre 2004 du système solaire en traversant à 94 UA (1 Unité Astronomique est la distance Terre-Soleil soit 150 millions de km) une perturbation électromagnétique correspondant à la fin de la zone d'influence du vent solaire dans l'espace interstellaire. Les télescopes modernes permettent de détecter de mieux en mieux les planètes extra-solaires et le jour est certainement proche où des planètes très semblables à la Terre seront détectées : que serons-nous capables de trouver dans ces planètes ?

Nous nous concentrons dans la suite sur la géologie des objets que nous connaissons le mieux autour de nous dans le système solaire, c'est-à-dire la Lune notre satellite, la planète rouge Mars qui a sans doute eu dans son passé lointain une histoire très proche de celle de la Terre et les astéroïdes, situés entre Mars et Jupiter qui sont les corps parents de l'essentiel des météorites qui tombent sur Terre. La géologie de ces objets nous permet de retracer l'histoire précoce du système solaire, de voir l'importance des collisions lors de la formation planétaire et de l'évolution planétaire précoce, et de comparer l'évolution géologique de deux planètes a priori très semblables. A tous ces objets extra-terrestres, s'ajoute ce qui vient d'être rapporté sur Terre par deux missions récentes de la NASA qui ont échantillonné le vent solaire (la mission Genesis) et une comète (la mission Stardust). Les enjeux scientifiques et les résultats de ces deux dernières missions donnent une idée du futur de la recherche en cosmochimie et donnent accès à la fois aux premiers instants et aux confins du système solaire.

Les météorites des roches extraterrestres

L'essentiel de ce que l'on connaît des premiers temps de la formation et de l'évolution de notre système solaire provient de

Nicolas Dauphas
(ENSG, 1998)
Assistant Professor Department of the Geophysical Sciences, Université de Chicago

Les chondrites, vestiges et témoins de la formation du système solaire, représentent un instantané dans l'évolution chimique de notre galaxie. Cette caractéristique permet d'utiliser le rapport U/Th de ces échantillons afin d'estimer l'âge de la voie lactée et le rapport de production U/Th dans les étoiles. L'âge obtenu de 14,5+2,8/-2,2 milliards d'années est très proche de l'âge de l'Univers estimé à partir de la constante de Hubble et d'autres mesures cosmologiques. Notre galaxie s'est donc formée peu de temps après le Big-Bang.

Les météorites sont divisées en trois catégories :
- *Les météorites silicatées (92% des météorites).*
- *Les météorites métalliques nommées également "sidérites" (6% des météorites).*
- *Les météorites ferro-silicatées nommées "mixtes" ou "sidérolithes" (2% des météorites).*

Les météorites nous enseignent que le système solaire s'est formé très vite, il y a 4 568 MA. Il a fallu de l'ordre de quelques MA au Soleil pour atteindre l'essentiel de sa masse définitive

l'étude des roches extraterrestres que sont les météorites. Les météorites fournissent en fait un échantillonnage assez extraordinaire de notre système solaire et certaines d'entre elles contiennent même des grains qui sont plus vieux que le système solaire, grains qui ont été formés autour d'autres étoiles que le Soleil. De même que l'on peut lire toute l'histoire géologique d'une région dans une carte géologique, on peut lire dans les météorites l'histoire du système solaire depuis le mélange de gaz et de poussières parent (la nébuleuse protosolaire), en passant par le disque d'accrétion à partir duquel le Soleil se forme jusqu'à la formation, à partir de ce disque de gaz et de poussières, des premières petites planètes et enfin l'accrétion de ces embryons planétaires en planètes.

Les chutes de météorites de petite taille (dizaine de centimètres) sont assez fréquentes et le nombre de trouvailles de météorites a explosé ces dernières années grâce à la prospection plus ou moins systématique des déserts et des pôles où les chutes se sont accumulées à la surface du sol depuis plusieurs milliers d'années. La plus ancienne chute de météorite relatée en détails dans de nombreux écrits et dessins est celle de la météorite qui tomba le 7 novembre 1492 vers midi à Ensisheim en Alsace. Cette chute eut de nombreux témoins. La météorite de 127 kg (la plus grosse chute observée jusqu'à présent en France) fut suspendue dans l'église d'Ensisheim où elle resta jusqu'à la révolution. Depuis cette chute environ 70 autres météorites ont été trouvées en France.

L'essentiel des météorites connues sont des fragments de petits corps qui se trouvent dans la ceinture d'astéroïdes entre Mars et Jupiter. Ces corps ont des formes irrégulières et des tailles pour l'essentiel d'entre eux allant du km à la dizaine de km mais pouvant aller pour le plus gros d'entre eux (Ceres) jusqu'à 933 km. Les fragments produits lors de collisions entre astéroïdes sont déviés de leur orbite initiale par le jeu des forces d'attraction exercées par le Soleil et les planètes. Certains d'entre eux sont capturés par l'attraction gravitationnelle de la Terre et entrent en collision avec la Terre en formant lors de leur traversée de l'atmosphère les météores ou étoiles filantes. Ce "voyage" depuis la ceinture d'astéroïdes vers la Terre peut durer selon les cas de quelques centaines de milliers d'années à plus d'un milliard d'années.

Les études pétrographiques, minéralogiques et isotopiques de ces météorites ont montré qu'il existait dans la ceinture des astéroïdes une grande variété de petits corps,

Météorite de Sikhote-Alin tombée à 10h 38 heure locale le 12 février 1947 en Extrême-Orient russe. La météorite a une masse estimée d'environ 100 tonnes et a pénétré l'atmosphère de la terre à plus de 16 000 km/heure. La météorite se compose de 2,94% de fer, 5,90% de nickel, 0,42% de cobalt, 0,46% de phosphore, 0,28% de soufre et de traces de cuivre, de gallium, de germanium et d'iridium.

allant d'objets très primitifs (c'est-à-dire n'ayant subi que peu ou pas d'évolution géologique) à des objets différenciés composés d'une croûte silicatée, d'un manteau et d'un noyau métallique. Les météorites appelées achondrites (qui sont en fait des laves ou des cumulats tels que l'on peut en trouver dans des volcans sur Terre), les météorites ferro-silicatées (comme les pallasites par exemple qui sont constituées des cristaux d'olivine entourés de métal et les météorites métalliques (alliages de fer-nickel) sont respectivement des fragments de la croûte et du manteau, de la limite entre le manteau et le noyau métallique et du noyau métallique de petits corps différenciés. Aucun équivalent naturel des météorites ferro-silicatées ou des météorites de fer n'existe bien sûr à la surface de la Terre. Les datations isotopiques les plus récentes montrent que les processus de différenciation qui produisirent les croûtes et les noyaux métalliques furent très précoces : des petites planètes se sont formées et se sont différenciées en quelques millions d'années après le début de la formation du système solaire. D'autres météorites, et ce sont sans doute les plus précieuses sur le plan scientifique même si ce ne sont pas les plus rares, nous renseignent sur les étapes encore plus précoces de la formation du système solaire : ce sont les chondrites. Les chondrites sont constituées de l'assemblage de billes millimétriques à centimétriques de silicates, les chondres. Les compositions chimique et minéralogique (essentiellement olivine, pyroxène et verre) des chondres impliquent qu'ils ont été fondus à haute température et trempés très rapidement, très probablement dans le gaz de la nébuleuse solaire. La formation d'une chondrite par agglomération de chondres entre eux semble donc correspondre aux premiers stades d'accrétion de matière dans le disque d'accrétion. En plus des chondres, certaines chondrites contiennent des fragments centimétriques appelés les inclusions réfractaires : ce sont des assemblages de minéraux stables à très haute température (des oxydes et des silicates de calcium et d'aluminium ou CAIs pour Ca-Al-rich inclusions). Les datations isotopiques les plus récentes par le système uranium/plomb de ces inclusions réfractaires indiquent que ce sont les roches les plus vieilles du système solaire avec un âge de 4 568,5 ±0,5 millions d'années (MA). Elles contiennent en outre des enrichissements en isotopes provenant de la désintégration radioactive in situ d'isotopes radioactifs à courte période, les radioactivités éteintes comme le ^{26}Al (T1/2=0,73 MA) ou le ^{10}Be (T1/2=1,5 MA). Ces isotopes à courte période ont été produits soit juste avant la formation du système solaire dans une explosion d'une étoile massive en fin de vie, soit lors de processus d'irradiation autour du Soleil jeune en formation. Les inclusions réfractaires sont donc probablement les premiers minéraux condensés à haute température dans le disque d'accrétion, peut-être à forte proximité du Soleil en formation (à moins de 0,1 UA de distance). Ce sont les témoins des processus qui sont à l'œuvre lors du passage du gaz aux premiers grains, les chondres et les chondrites étant les témoins de certains des processus qui ont permis de passer de grains millimétriques à des petites planètes.

Le développement de nouveaux systèmes isotopiques de datation ces dernières années, comme le système hafnium/tungstène et leur couplage avec le système uranium/plomb et les radioactivités éteintes donnent une image très nouvelle de la chronologie de ces processus. Des premières planètes auraient pu être formées et différenciées à proximité du Soleil en quelques millions d'années, alors que le Soleil n'avait peut-être pas encore atteint sa taille définitive. Certaines météorites de

Meteor Crater, aussi appelé Cratère Barringer, en souvenir de l'ingénieur des mines Daniel Moreau Barringer, qui acheta le site en 1903.
Le cratère mesure 1 200 mètres de diamètre pour 180 mètres de profondeur. Il se serait formé il y a environ 50 000 ans, suite à l'impact d'une météorite d'environ 45 mètres de diamètre et d'une masse de 300 000 tonnes, composé de fer et de nickel. L'énergie générée par le choc est estimée à l'équivalent de 150 bombes d'Hiroshima.

Cécile Engrand et Jean Duprat du CSNSM d'Orsay collectent de la neige à Dôme C en 2002 (Station Concordia), neige qu'ils feront fondre pour récupérer des micrométéorites de quelques dizaines de micromètres.

Les chondrites sont constituées de l'assemblage de billes millimétriques à centimétriques de silicates, les chondres.

"Les micrométéorites"

En plus des météorites de taille macroscopique (entre quelques cm et quelques dizaines de m), il existe un nombre incalculable de micrométéorites de taille millimétrique.
Environ une quinzaine de tonnes de poussière météoritique tombe par jour sur Terre. Ces micrométéorites sont collectées depuis quelques années de manière systématique dans les glaces de l'Antarctique.
Parmi ces micrométéorites, il est possible qu'existent des fragments microscopiques de comètes. Les comètes, qui sont connues depuis l'Antiquité de par leurs trajectoires allant vers le Soleil, leur brillance variable et leurs queues spectaculaires, sont de petits corps célestes constitués de roche et de glace qui proviennent des confins du système solaire, au-delà des planètes géantes.
Au cours de leur approche du Soleil ces objets perdent une grande partie de leur masse sous forme de gaz et de poussières, ces poussières pouvant être une des sources des micrométéorites. Le géologue a donc probablement sous la main au laboratoire des fragments de comètes, encore faut-il être capable de les reconnaître à coup sûr !

fer sont peut-être des fragments du noyau de petites planètes formées et différenciées avant l'accrétion des chondrites. Les planètes telluriques se sont accrétées ensuite très vite et la Lune résulte très probablement d'une collision majeure entre la proto-Terre et un objet de la taille de Mars, 30 MA environ après le début de la formation du système solaire.

Enfin, le panorama ne serait pas complet si l'on ne mentionnait pas la présence dans certaines météorites primitives de grains ayant des anomalies isotopiques de très grande ampleur. Aucun processus connu ne peut expliquer la production de telles anomalies isotopiques dans le système solaire et il est donc vraisemblable que ces grains se soient formés plusieurs millions, voire milliards d'années, avant la formation du système solaire dans les enveloppes d'autres étoiles que le Soleil. Ces grains, de taille nanométrique à micrométrique, sont des phases très réfractaires (c'est-à-dire formées à très haute température) telles que le carbure de silicium, le diamant, la graphite ou le corindon. Leur étude minéralogique et pétrographique est une fenêtre sur l'évolution chimique de la galaxie et sur le fonctionnement des étoiles.

Les météorites nous enseignent donc que le système solaire s'est formé très vite, il y a 4 568 MA. Il a fallu de l'ordre de quelques MA au Soleil pour atteindre l'essentiel de sa masse définitive. Les planètes sont des sous-produits de la formation du Soleil, 1% seulement de la masse du gaz et des poussières du disque d'accrétion échappant à l'accrétion du Soleil. Ces planètes se sont formées très tôt et très vite : entre 1 et 30 MA après la formation du Soleil presque tout était joué. La suite de l'histoire c'est l'évolution planétaire précoce et là c'est l'étude de la Lune et de Mars qui prennent le relais mais les météorites ne sont pas loin car il tombe de temps en temps sur Terre des météorites qui sont des fragments de la Lune ou de Mars.

La Lune une planète jumelle

La Lune a toujours fasciné l'humanité, qui y voyait une jumelle de notre monde, avec des océans, des montagnes, et des habitants que rencontra par exemple Cyrano de Bergerac. La Lune est devenue pour une grande partie de l'humanité un symbole de spiritualité, de connaissance et de fraternité, et son croissant illustre la terre d'islam. L'invention de la lunette astronomique a permis des observations de plus en plus précises qui ont peu à peu dissipé nombre de ces hypothèses et ont révélé un monde minéral étrange, sans atmosphère ni hydrosphère, avec des montagnes aux reliefs tourmentés, des plaines sombres (les mers lunaires), circonscrites dans des cratères géants.

La Lune a toujours fasciné l'humanité...

N.B. : Les planètes ne sont pas à la même échelle.

Les missions Apollo furent véritablement des camps de terrain géologiques et géophysiques.

La nature même des cratères lunaires volcanique ou d'impact, a été sujette à discussions. Les surfaces accidentées comportent beaucoup plus de cratères que les plaines, laissant penser qu'elles sont plus anciennes. Une cratérisation intensive pouvait être l'indice d'une activité volcanique intense passée, ou indiquer au contraire un taux d'impact par des objets extraterrestres plus important dans le passé. Durant la deuxième moitié du XXème siècle, l'hypothèse volcanique a été délaissée au profit du modèle d'impact, ce dernier étant plus compatible avec la morphologie des cratères et avec leur distribution. L'origine de la Lune a été très longtemps mystérieuse. Notre satellite, bien que plus petit que la Terre, possède une taille comparable à notre planète, alors que pratiquement tous les satellites planétaires du système solaire sont très petits par rapport à la taille de leur planète (par exemple, Saturne et Titan) et que, parmi les planètes internes du système solaire (celles qui sont principalement rocheuses et situées les plus près du Soleil, c'est à dire, Mercure, Vénus, la Terre et Mars), seule la Terre a un satellite de la taille de la Lune. Cette caractéristique, ajoutée au mouvement de rotation Terre-Lune, était compatible avec les scénarios suivants pour l'origine de la Lune : la capture gravitationnelle d'une petite planète, l'individualisation, sous l'effet de la force centrifuge, d'un corps fondu en rotation très rapide, et la collision entre la proto-Terre et une planète de la taille de Mars. Enfin, tout géologue digne de ce nom souhaitait connaître le fonctionnement géodynamique de notre satellite, notamment la présence, ou non, de volcanisme actif, d'une dynamo et d'un champ magnétique, d'eau et/ou de vie.

Bernard Bourdon
(ENSG, 1987)
Professeur ETH Zürich,
Inst. Isotopengeologie/Mineral.

"Nous avons étudié la formation de la première croûte terrestre et nous avons montré l'existence d'une croûte dès 4,4 Ga sur Terre. La formation de cette croûte, aujourd'hui disparue, pourrait être liée à la cristallisation d'un océan de magma terrestre. Dans une étude récente de la Lune avec les isotopes du W nous montrons que la différenciation de l'océan de magma lunaire a pu durer plus longtemps que ce qui avait été anticipé auparavant."

Neil Armstrong

Buzz Aldrin

Michael Collins

Pour répondre à ces questions, il fallait des mesures géophysiques (magnétisme, sismologie notamment), pétrologiques (composition des roches lunaires et comparaison avec celle des roches terrestres) et géochimiques (notamment l'âge des roches lunaires). Il fallait donc aller sur la Lune.

Les années 60 ont vu une course à l'espace effrénée entre les deux superpuissances du moment et, comme les premiers grands succès spatiaux étaient largement du ressort soviétique (premier engin en orbite terrestre, premier homme dans l'espace), le but de la conquête spatiale américaine devint l'exploration lunaire par l'homme, tel qu'il fut exprimé par le Président Kennedy en 1961. Le programme Apollo constitua un effort national sans précédent depuis la fin de la IIème Guerre mondiale. Malgré des échecs douloureux (dont la mort de 3 astronautes sur le pas de tir d' Apollo 1) il permit ainsi de survoler la face cachée de notre satellite dès la fin de 1968 et culmina le 20 Juillet 1969 avec le premier pas de Neil Armstrong, un pilote d'essai civil, à la surface lunaire. En tout 6 missions Apollo et 3 missions automatiques russes Luna permirent de ramener sur Terre 382 kg de sol, croûte et lave lunaires. Au début, la priorité de ces programmes était stratégique, et la science était clairement secondaire. Rapidement cependant, des scientifiques comme Hans Suess et Gerald Wasserburg organisèrent la communauté scientifique autour de quelques grandes questions à résoudre et exigèrent de la part de la NASA d'être moteur dans la définition des missions Apollo (site, durée, type d'échantillon) et dans le traitement et l'analyse des roches. Ces pionniers inventèrent des méthodes analytiques nouvelles et fabriquèrent les instruments qui permirent avec une précision inégalée de décrypter l'histoire lunaire inscrite dans ces roches. Ces développements analytiques, notamment la spectrométrie de masse haute précision, furent ensuite appliqués avec succès aux roches terrestres et sont désormais routiniers en géologie.

L'exploration de la Lune fut un des plus grand succès de la géologie moderne. Elle fut faite selon des méthodes de terrain directement issues du travail du géologue. Dès Apollo 11 qui devait emmener pour la première fois un homme sur la Lune, les astronautes furent intensivement formés à la géologie. Ils suivirent des stages de terrain pour les initier au prélèvement de roches et à la géophysique de terrain, notamment à "Meteor Crater" en Arizona et sur des terrains volcaniques et sédimentaires du Texas et du Nouveau Mexique. Cette formation leur permit de faire un vrai travail de géologue de terrain, en utilisant même un véhicule pour se déplacer.

L'échantillonnage de roches se faisait en concertation étroite avec les équipes sur la Terre, et les astronautes mirent en place des expériences destinées à collecter le vent solaire, à mesurer la sismicité, le champ magnétique et le champ de gravité de la Lune, expériences qui fonctionnèrent remarquablement bien. Au cours de ces missions, pendant que deux astronautes travaillaient à la surface lunaire, un troisième effectuait des rotations autour de la Lune dans un orbiteur pour dresser une carte géologique précise de la Lune. La dernière mission, Apollo 17, comportait dans l'équipage le premier "géologue extraterrestre", Harrison H. Schmitt, de l'US Geological Survey (les autres astronautes étaient issus du corps des pilotes d'essai ou militaires).

Apollo 17 fut la mission la plus riche en découvertes

Les échantillons lunaires ramenés furent caractérisés par des équipes de pétrologues dans un bâtiment nouvellement créé au Johnson Space Center à Houston (USA), étiquetés et stockés sous gaz neutre. Des laboratoires du monde entier, sélectionnés selon leur projet scientifique et leur compétence, obtinrent des échantillons spécifiques. Une nouvelle conférence internationale fut créée à Houston où les chercheurs vinrent faire part de leurs découvertes dans un état d'excitation indescriptible. La science se faisait pratiquement en temps réel au gré des lancements des missions Apollo. Les scientifiques, dans cette période bénie, pouvaient demander de nouvelles expériences ou types d'échantillons quelques semaines avant le départ de la prochaine mission. Des échantillons lunaires furent ainsi alloués au Centre de Recherches Pétrographiques et Géochimiques, créé dix-huit ans plus tôt par Marcel Roubault, le directeur de l'Ecole Nationale Supérieure de Géologie. Cette tradition se perpétue puisque le CRPG est toujours laboratoire agréé par la NASA pour l'analyse des échantillons lunaires. L'échantillonnage lunaire constitue toujours une source de découvertes impressionnante. Depuis Apollo, l'évolution des techniques analytiques permet de voir mieux, à une échelle de plus en plus petite, la matière lunaire.

Que nous a appris l'exploration géologique de la Lune ? Tout d'abord, la Lune n'est pas un objet primitif, mais au contraire une planète évoluée qui possède un noyau, un manteau et une croûte. Les échantillons rapportés de la Lune sont en effet des laves, des roches de la croûte et des sols volcaniques. Les laves sont des basaltes du type de ceux émis par les volcans terrestres ; mais elles se caractérisent par l'absence d'éléments volatils (eau, CO_2, azote, espèces soufrées et chlorées). Cet appauvrissement est sans doute en relation avec une très haute température de formation pour la Lune. Le second type d'échantillons correspond à des roches plutoniques (qui ont cristallisé lentement en profondeur) très enrichies en anorthose, un minéral typique de cristallisation à faible profondeur sur Terre. Cependant, la masse réduite de la Lune par rapport à la Terre (1,2% de la masse terrestre seulement) fait que la pression dans le manteau lunaire est plus basse que celle du manteau terrestre. L'anorthose est donc le premier minéral à cristalliser lors du refroidissement d'un magma dans ces conditions. La faible densité de ce minéral par rapport à un magma basaltique fait qu'il va "flotter" sur le magma, et l'abondance d'anorthose dans la croûte lunaire représente donc l'écume d'océans de magma d'échelle planétaire. La datation de la croûte lunaire par des méthodes radioactives a permis d'établir pour ces anorthosites un âge de cristallisation très ancien, antérieur à 4 000 MA, le système solaire lui-même ayant 4 568 MA. Ainsi, la Lune a connu une période où l'essentiel de son manteau était fondu, et il est vraisemblable qu'il en a été de même pour les planètes internes dont la Terre. Ces épisodes d'océans de magma démontrent la naissance extrêmement violente des planètes internes et expliquent nombre de leurs caractéristiques, dont l'homogénéité de leur composition et leur faible teneur en éléments volatils.

Le retour d'échantillons de la Lune a permis également de dater le volcanisme de notre satellite. La Terre a toujours un volcanisme actif, car elle est suffisamment chaude dans son intérieur pour permettre la fusion du manteau sous certaines conditions. La question se posait de savoir si un corps plus petit comme la Lune, ayant moins d'éléments radioactifs, moins d'énergie acquise

La mission Apollo 11 est la première à avoir conduit des humains sur la Lune (le 21 juillet 1969).

Les missions Apollo furent véritablement des camps de terrain géologiques. La photographie montre Neil Armstrong et Edwin Aldrin, les premiers hommes à avoir marché sur la Lune, s'initiant à la géologie de terrain avant la mission Apollo 11.

Un échantillon de croûte lunaire, riche en feldspath anorthose, un minéral dont la présence traduit les conditions de formation de la croûte lunaire lors d'épisodes d'océans de magma.

lors de sa formation, et dissipant plus vite la chaleur du fait de sa taille moindre, pouvait conserver suffisamment de chaleur pour permettre une activité volcanique jusqu'à une époque récente. Les roches lunaires ont un aspect très frais car il n'existe pas de processus d'altération comme sur Terre, du fait de l'absence d'eau.

Cependant, leur datation a montré que tous les épisodes de volcanisme lunaire sont très anciens, l'essentiel des éruptions ayant eu lieu entre 3 800 et 3 000 MA. La raison pour laquelle le volcanisme lunaire n'a eu lieu que pendant cette période est pour l'instant inconnue. Depuis, la Lune est géologiquement inactive, à l'exception d'une activité sismique faible d'origine également inconnue. Les seuls processus modelant son relief sont les impacts de corps extraterrestres - météorites, comètes, poussière interplanétaire - bombardant sa surface. Ces impacts ont ainsi créé le troisième type de matériel trouvé à la surface de la Lune, les sols lunaires formant ce qu'on appelle le "régolithe". Cette couche fine (10 m en moyenne) qui recouvre la surface lunaire est constituée de roche pulvérisée ayant une granulométrie très variable. Ce régolithe constitue en fait une opportunité unique d'étudier la composition du Soleil, car la Lune est dépourvue d'atmosphère et le rayonnement solaire, constitué de lumière et de particules émises par notre étoile, vient directement s'implanter dans le régolite lunaire. Il n'est pas exagéré de dire que l'une des grandes retombées scientifiques du programme Apollo a été de mesurer avec une précision inégalée la composition du Soleil, et donc celle du gaz à partir duquel s'est formé le système solaire.

Le programme Apollo bénéficia du soutien de l'ensemble de la nation américaine. La photographie montre le commandant de la dernière mission Apollo 17, Eugene Cernan, essayant la voiture lunaire sous le regard des touristes visitant le Johnson Space Center.

L'exploration de la Lune nous a fait faire un pas de géant dans notre compréhension du système solaire. La Lune constitue en effet un environnement d'exception qui a été figé voici 3 000 à 4 000 MA, alors que sur Terre l'histoire du premier milliard d'années a été effacée par la tectonique des plaques. L'exploration de la Lune nous a permis de comprendre comment les planètes se sont formées par "accrétion" de corps plus petits, c'est-à-dire formation de petites planètes par condensation et agglutinement, qui ensuite sont entrées en collision pour former les planètes que nous connaissons. La datation des roches lunaires et des météorites provenant d'autres planètes a permis d'établir que cette formation a été rapide, quelques dizaines de millions d'années, alors que le système solaire est âgé de 4 568 MA. L'analyse des échantillons lunaires a montré que notre satellite n'est pas un corps primitif, mais bien une vraie planète comportant un noyau, un manteau et une croûte comme la Terre. L'étude chimique fine des roches lunaires a montré que la Terre et la Lune sont génétiquement liées et proviennent d'un réservoir commun de matière. Ces études permettent également de proposer un scénario pour la formation du système Terre-Lune, dans lequel une planète de la taille de Mars est entrée en collision avec la proto-Terre. La Lune n'héberge aucune activité biologique et n'en a vraisemblablement jamais vu, étant donné l'hostilité de son environnement (radiations, température, absence d'eau). Au début de son histoire, la Lune a subi des épisodes de volcanisme géant qui ont formé des océans de magma de plusieurs centaines de km de profondeur. Il est fort vraisemblable que les planètes internes du système solaire comme la Terre aient également subi de tels épisodes.

La Lune a également enregistré à sa surface un dernier pic de bombardement tardif, il y a 3 800 MA, alors que des océans, une croûte terrestre, et peut-être la vie existaient sur Terre. Ce bombardement, résultant peut-être d'un réarrangement global du système solaire lointain, a certainement eu des effets considérables sur Terre, apportant en moyenne 200 tonnes de matière par m^2 de surface terrestre. Ces effets sur la biosphère, l'environnement et la géodynamique de l'époque sont largement inexplorés. Pour autant, tout n'est pas compris sur la Lune, loin de là. Par exemple, un choc gigantesque entre proto-Terre et Lune ne permet pas d'expliquer le degré extraordinaire d'homogénéité entre matière terrestre et matière lunaire. Autre exemple, la Lune est asymétrique, la croûte étant plus épaisse côté face cachée et la plupart des bassins volcaniques étant situés sur la face visible, sans qu'aucune explication satisfaisante n'ait été fournie. Enfin, il n'est pas totalement irréaliste d'imaginer que la Lune contienne dans son sol des atomes de l'atmosphère terrestre ancienne qui s'échappait lorsque le champ magnétique terrestre n'était pas encore actif, ou qu'elle contienne des météorites terrestres, c'est-à-dire des fragments de Terre arrachés lors d'impacts sur Terre et envoyés sur la Lune. Ainsi, l'exploration lunaire future nous permettra peut-être de mieux comprendre l'évolution précoce de la Terre en donnant accès à des échantillons terrestres anciens préservés à la surface de la Lune.

La Lune est le monde extraterrestre le plus facile à visiter pour l'homme. Situé à trois jours de voyage, contre six mois au mieux pour Mars, notre satellite constitue un laboratoire fantastique pour l'exploration humaine de l'espace et la survie en environnement hostile. Il est par contre peu vraisemblable que la Lune puisse constituer une source d'énergie ou de matières premières rentable. Des espoirs avaient été mis dans l'exploitation de l'hélium-3, un isotope de l'hélium rare sur Terre mais abondant dans le soleil qui est indispensable à la fusion nucléaire et qui est implanté dans les sols lunaires. Cependant, un simple calcul de bilan montre que la quantité récupérable sera très faible par rapport aux besoins futurs et d'un coût littéralement astronomique. Compte tenu de la rudesse de l'environnement lunaire, il est peu vraisemblable que la Lune devienne dans un futur proche un lieu de villégiature. L'exploration lunaire a en effet été un exploit incroyable qui a nécessité des prises de risques sans doute inconcevables actuellement et qui n'ont pu avoir lieu que dans le contexte conflictuel de l'époque. Il fait cependant peu de doute que l'humanité reviendra sur la Lune, dans le cadre de la préparation de missions habitées vers d'autres planètes.

Une carte géologique traduit graphiquement la compréhension que le géologue a de la nature des terrains, de leur géométrie et de leurs âges respectifs. En l'occurence pour la Lune, il s'agit de l'histoire du volcanisme et des impacts. Une des premières régions cartographiées a été centrée sur Copernicus. L'éjecta correspondant (jaune) et ses rayonnements (gris clairs) couvrent la "mer" environnante (rose). Les cratères en vert (Eratosthenes et Reinohld) sont recouverts par les éjectas de Copernicus, mais leurs éjectas recouvrent la mer voisine. Ces cratères sont donc antérieurs à Copernicus et postérieurs à la "mer".

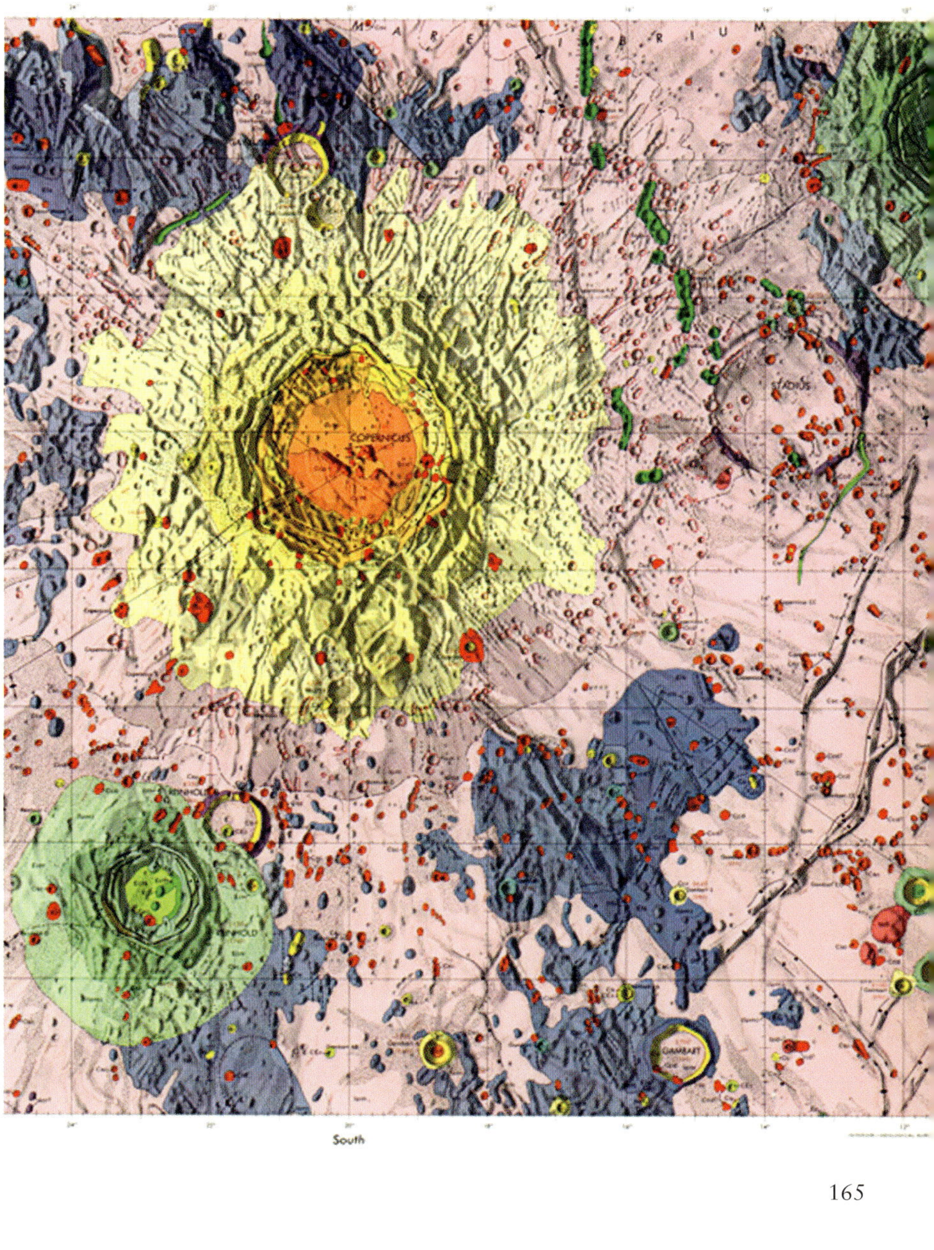

Photo mosaïque globale de Mars faite en associant environ mille photos prises avec une résolution de 1km/pixel par les deux orbiters Viking en 1977. La calotte polaire nord, le grand canyon de Valles Marineris (au centre de l'hémisphère sud), les volcans (dont Olympus Mons) du dôme de Tharsis (à l'ouest de Valles Marineris) et les terrains plus cratérisés de l'hémisphère sud sont bien visibles.

Mars, la planète la mieux connue du système solaire

Mars est sans nul doute, après la Terre, la planète tellurique la mieux connue du système solaire. Mars rappelle la Terre par certains aspects mais est aussi très différente de la Terre : la longueur du jour est par exemple d'à peine plus que 24 heures (alors qu'une année martienne vaut presque deux années terrestres) et la température de surface peut atteindre 20°C le jour en été (alors qu'elle tombe à -100°C la nuit). L'étude de Mars est donc non seulement un objectif scientifique en soi mais aussi un élément extraordinaire de comparaison pour mieux comprendre l'histoire et l'évolution de la Terre. Ces dernières dix années ont vu une explosion de nos connaissances sur la géologie de Mars grâce d'une part à l'étude en laboratoire de roches particulières (la famille des météorites SNC, voir page 168) qui selon toute probabilité proviennent de la surface de Mars et d'autre part au succès, après de nombreux échecs, de plusieurs missions spatiales martiennes.

L'exploration spatiale de Mars remonte aux années 1960 avec les sondes russe Mars 1 en 1962 et américaine Mariner 4 en 1965. Alors qu'Apollo 11 se pose sur la Lune, la même année les sondes Mariner 6 et 7 photographient la surface de Mars et mesurent une pression atmosphérique de 7 mbar. La dernière des sondes Mariner (Mariner 9) photographie en grands détails la surface de Mars et révèle une planète ayant une géologie complexe faite de cratères d'impacts, de volcans éteints, de canyons, de lits de rivières asséchés, de dunes de sable, une planète qui a des calottes polaires qui changent de taille au gré des saisons, une planète enfin qui a une dynamique atmosphérique particulière avec notamment des tempêtes de poussières violentes qui peuvent totalement cacher la surface pendant plusieurs jours. Les deux sondes Viking se posent en 1976 à la surface de Mars et envoient sur Terre les premières photos panoramiques du paysage de la surface de Mars. Elles étudient la météorologie, la structure interne, la composition de l'atmosphère et du sol et ne trouvent pas de traces de vie (la recherche de traces de vie actuelle ou passée sur Mars reste cependant un des objectifs fondamentaux de l'exploration martienne à venir). Elles montrent que le sol contient entre 15 et 20% d'oxyde de fer, expliquant ainsi la couleur de la planète rouge. Il faudra ensuite attendre exactement vingt ans pour que l'exploration de Mars soit relancée avec de nombreuses missions très spectaculaires : le robot Sojourner de la mission Mars Pathfinder lancée en 1996 roule à la surface de Mars et analyse les roches en 1997 et la sonde Mars Global Surveyor continue depuis 1997 d'analyser la surface et la profondeur de Mars grâce à ses instruments d'imagerie et de spectrométrie. Depuis, Mars Odyssey (2001) et Mars Reconnaissance Orbiter (2006) sont arrivés en orbite et continuent l'exploration de Mars et les célèbres rovers Spirit et Opportunity (entrés en action en 2004 et fonctionnant toujours en 2007) effectuent une exploration systématique des roches sur des distances de plusieurs kilomètres. A côté de ces missions de la NASA, la mission européenne Mars Express lancée en 2003 et conduite par l'ESA se taille un franc succès en étudiant en orbite l'atmosphère, la structure et la géologie de Mars.

Mars, avec un rayon de 3 390 km, est environ deux fois plus petite que la Terre. Une grande dichotomie existe entre l'hémisphère nord et l'hémisphère sud qui est très cratérisé et qui est plus élevé en moyenne de l'ordre de 5 km. L'hémisphère nord

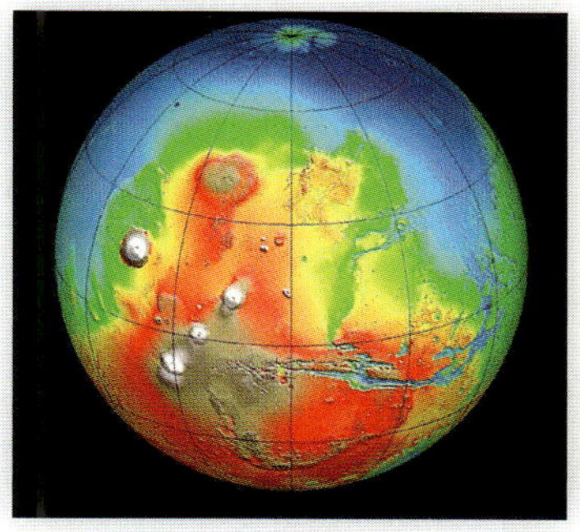

Topographie de la surface de Mars obtenue à partir des mesures faites par l'équipe de l'altimètre laser MOLA sur Mars Global Surveyor.

Mars Exploration Rover (MER) est une mission spatiale initiée par la NASA sur la planète Mars. Elle a pour but une exploration géologique de la planète à la recherche d'une présence ancienne et prolongée d'eau qui aurait permis l'apparition de traces de vie, grâce à deux sondes automatiques lancées depuis Cap Canaveral par une fusée Delta II.

est beaucoup moins cratérisé que l'hémisphère sud et a donc longtemps été considéré comme beaucoup plus jeune. Les observations radar très récentes faites par la sonde Mars Express viennent cependant de révéler qu'en fait, de nombreux gros cratères ayant entre 100 et 500 km de diamètre étaient présents dans l'hémisphère nord mais qu'ils avaient été recouverts, probablement par des coulées de lave. Mars a donc bien une croûte très ancienne qui couvre a priori toute la surface de la planète. L'âge qui peut être estimé pour cette croûte à partir de la densité de cratères observés et de la calibration du taux de cratérisation faite sur la Lune est d'environ 4 milliards d'années. Ce n'est donc certainement pas une coïncidence si les datations isotopiques (système uranium/plomb) les plus récentes des météorites martiennes montrent que toutes ces roches ont enregistré un événement magmatique daté à 4,05 milliards d'années. Mars est donc très différente de la Terre dont les continents sont tous plus jeunes (seulement quelques pour-cent des continents terrestres ont des âges plus vieux que 3,5 milliards d'années), les fonds océaniques ayant quant à eux des âges maximum de quelques centaines de millions d'années. Même si Mars a sans doute encore eu dans les dernières dizaines ou centaines de millions d'années une activité volcanique, il n'y a pas sur Mars de tectonique des plaques. Pourquoi une évolution géologique si différente entre Mars et la Terre ? L'explication est sans doute à chercher dans les conditions initiales de l'évolution des deux planètes. Mars étant deux fois plus petite que la Terre, sa masse est environ un dixième de celle de la Terre de sorte qu'elle contient beaucoup moins d'éléments radioactifs (tels que le potassium, le thorium et l'uranium) qui sont à l'origine de la chaleur interne de ces planètes. Après la période appelée "océan magmatique" pendant laquelle, comme la Lune et la Terre, toute la planète a été fondue, Mars s'est sans doute refroidie plus vite que la Terre formant une croûte très épaisse qui empêcha l'apparition d'une

Photo mosaïque de Mars, mission Mars Exploration Rover (MER).

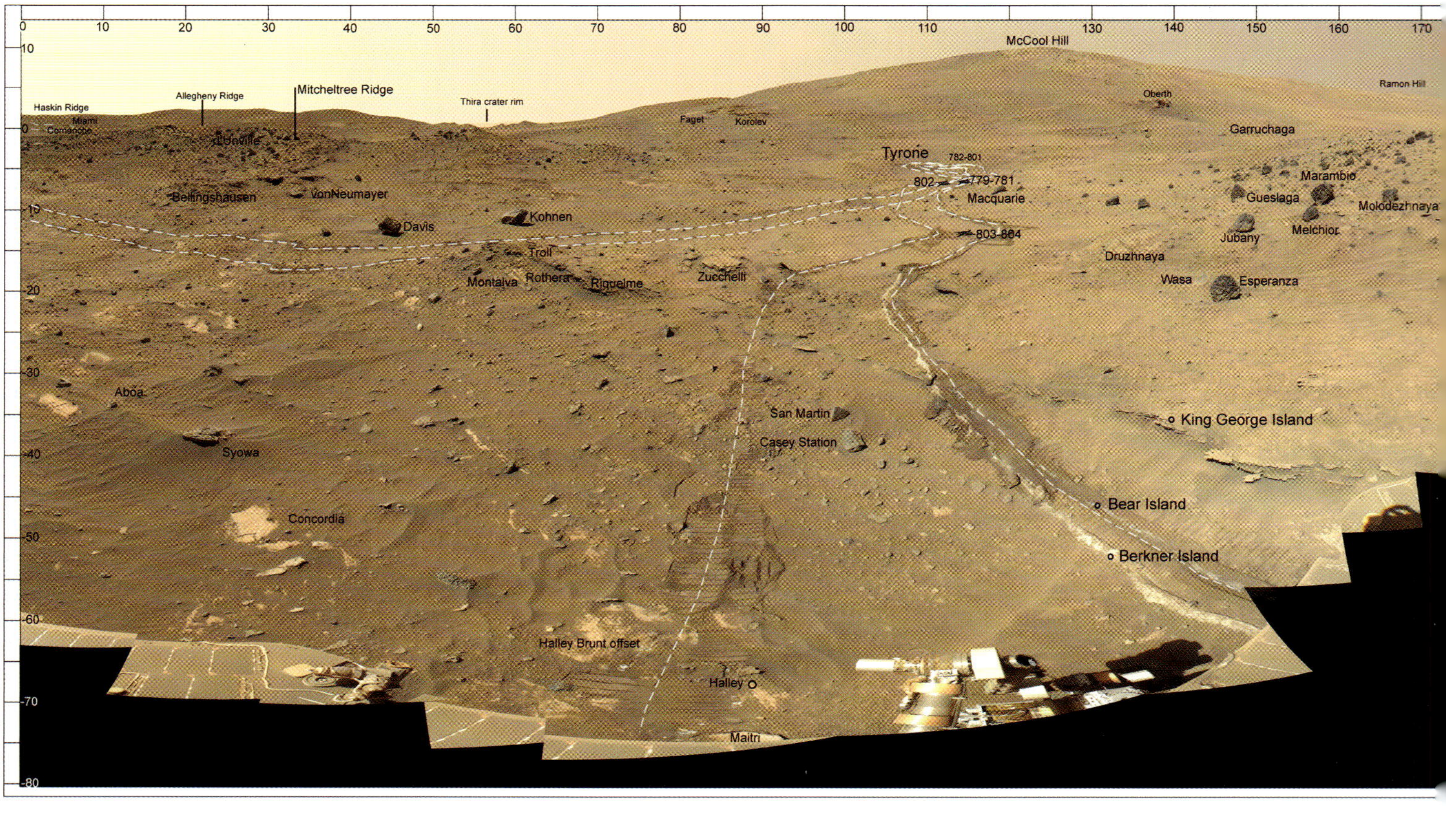

tectonique des plaques. La chaleur interne fût donc évacuée lentement vers la surface, ce qui laisse penser que du volcanisme pourrait peut-être encore se produire aujourd'hui sur Mars. Le volcanisme sur Mars a pris la forme de volcans de taille gigantesque : un exemple en est le plateau de Tharsis où se trouve le volcan Olympus Mons qui avec ses 20 km de haut et ses 600 km de diamètre est le plus grand volcan du système solaire (le plus haut volcan sur Terre se situe à Hawaii et ne mesure que 7 km de haut au dessus du plancher océanique). La mise en place de volcans boucliers d'une telle taille entraîne des mouvements très importants dans la croûte martienne comme le montre la formation, en réponse au bombement du dôme de Tharsis, de l'énorme canyon de Valles Marineris (7 km de profondeur, 300 km de large et 3 500 km de long !). Le volcanisme sur Mars a sans doute aussi été la cause d'autres phénomènes catastrophiques tels que les vallées de débâcle (le robot Sojourner de la sonde Pathfinder a étudié la vallée de débâcle d'Arès Vallis) provoquées par la fonte rapide de sols gelés riches en eau.

On est effectivement maintenant sûr que de grandes quantités d'eau sont présentes sous forme de glace en surface et subsurface sur Mars. Dès le milieu du XVIIème siècle, Huygens et Cassini observent avec leurs télescopes ce qui est sans doute une des ressemblances les plus évidentes entre la Terre et Mars, la présence de calottes de glace aux pôles nord et sud. Là s'arrête la ressemblance avec la Terre car ces calottes ne flottent pas sur des océans d'eau liquide mais proviennent très probablement de la condensation des gaz atmosphériques. Depuis les analyses précises de l'atmosphère de Mars par les sondes Viking en 1976, qui ont révélé une atmosphère très différente de celle de la Terre car constituée principalement de gaz carbonique (95,3% de CO_2, 2,7% de N_2, 1,6% d'Ar et 0,13% d'O_2 avec seulement 0,03% d'eau), on pensait que ces calottes étaient constituées essentiellement de glace de gaz carbonique (en hiver la température aux pôles sur Mars tombe sous la température de condensation du gaz carbonique qui est de l'ordre de -120°C). Les données obtenues par les missions spatiales récentes viennent de montrer qu'il n'en était rien et que les calottes de Mars étaient bien constituées à environ 90% d'eau et seulement 10% de CO_2 qui se sublime ou se condense de manière saisonnière. Les données du radar Marsis de la sonde Mars Express permettent d'estimer que la glace stockée dans la calotte du pôle sud (la plus petite des deux) couvre une superficie voisine de celle de l'Europe et équivaudrait à elle seule, si elle fondait, à recouvrir toute la planète Mars d'environ 11 m

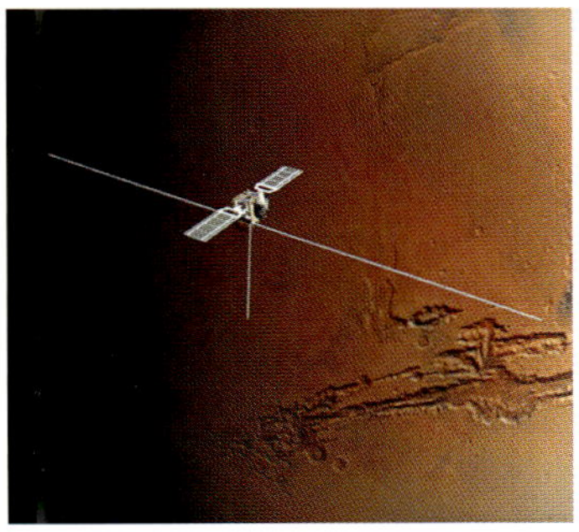

Marsis est un radar de sondage de subsurface mis au point conjointement pour l'étude de la structure interne de Mars jusqu'à quelques kilomètres de profondeur. Il sera possible d'établir notamment une carte de répartition de l'eau liquide et gelée se trouvant sous la surface de Mars.

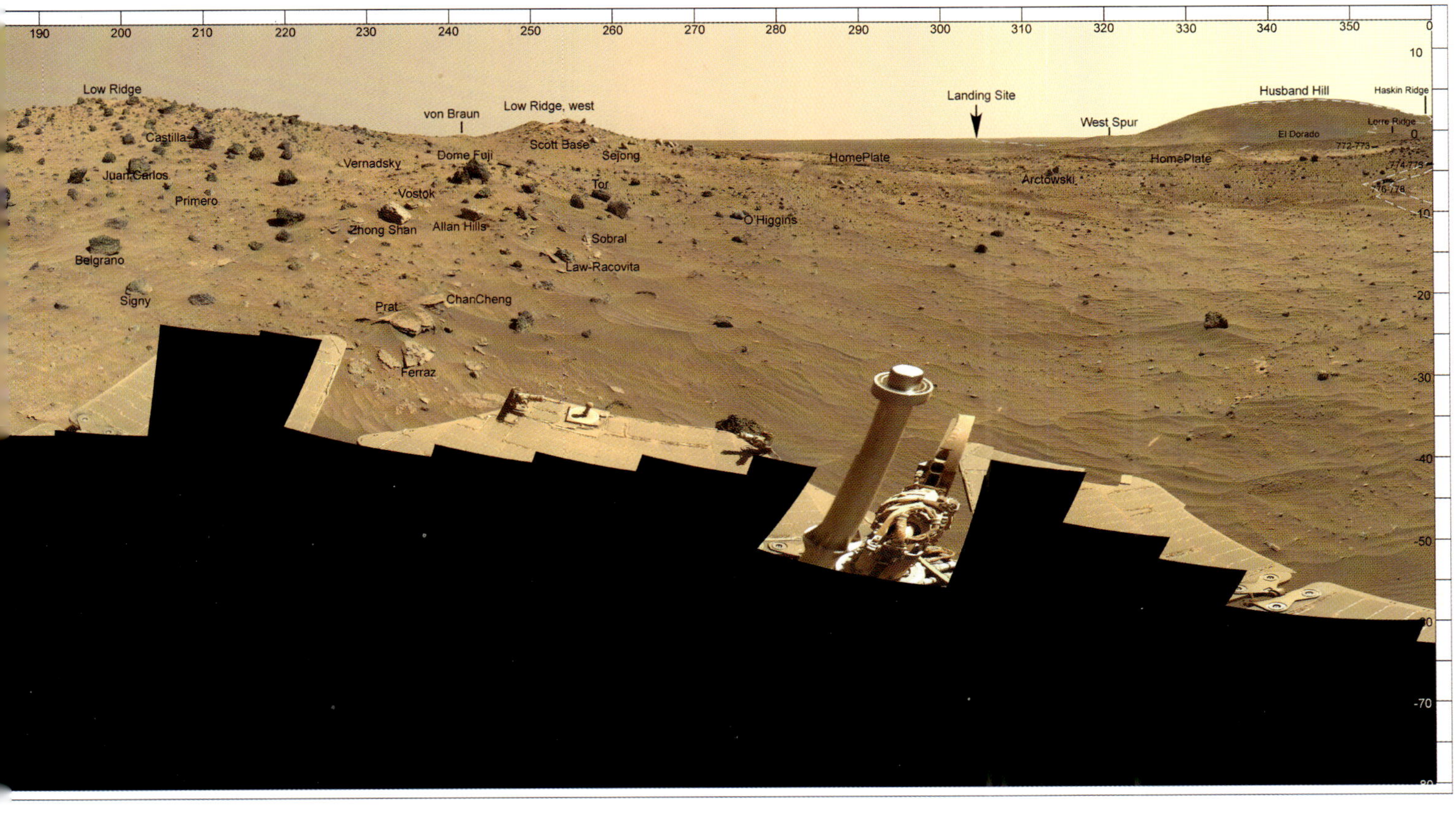

Photo de dunes de sable produites par l'érosion éolienne dans le bassin d'impact de 300 km de diamètre du cratère Herschel (mars 2001, caméra haute résolution de l'orbiter de Mars Global Surveyor).

d'épaisseur d'eau. Mars est donc bien une planète riche en eau, comme la Terre, mais à la différence de la Terre, il n'y a pas d'eau liquide pérenne à sa surface. Les observations radar de Mars Express et les observations par spectrométrie de rayons gamma et de neutrons de la sonde Mars Odyssey indiquent que de grandes quantités d'eau sont présentes en profondeur sous forme de glace, pas seulement au niveau des pôles. Des fontes saisonnières du pergélisol martien sont peut-être la cause des écoulements récents (inférieurs à une dizaine de millions d'années) observés par la caméra haute résolution de la sonde Mars Global Surveyor. Avec de telles quantités d'eau, la question se pose vraiment de savoir si Mars a pu être dans le passé partiellement recouverte par des océans. Les régions cratérisées de l'hémisphère sud contiennent des réseaux de vallées, aujourd'hui asséchées, dont l'interprétation est encore un sujet de débat, mais qui indiquent très probablement qu'une activité hydrologique très importante a eu lieu. Les études de géomorphologie suggèrent que les quantités d'eau qui ont façonné ces vallées pourraient correspondre à un océan global de 500 m à 1 km de profondeur. Ces vallées sont absentes dans les terrains plus jeunes, ce qui montre que cette eau liquide a disparu très vite, vers 3,5 ou 4 milliards d'années. Les observations récentes de la minéralogie de la surface de Mars par le spectromètre OMEGA de la mission Mars Express vont exactement dans le même sens en montrant qu'il y a à la surface de Mars très peu de minéraux argileux provenant d'une altération des roches par de l'eau liquide : l'eau liquide n'était sans doute présente qu'à l'époque Naochienne (supérieure à 3,8 milliards d'années) et a ensuite disparu très vite.

Pourquoi Mars a-t-elle connu une évolution climatique si rapide et si différente de celle de la Terre ? L'eau liquide présente il y a plus de 3,8 milliards d'années implique une température de surface plus élevée et donc un effet de serre produit par une atmosphère dense (plusieurs bars) de CO_2. Comment une telle pression de CO_2 a-t-elle pu être entretenue pendant 500 millions d'années ? Quand, comment et pourquoi l'atmosphère et les océans ont-t-ils disparu ? Où sont aujourd'hui l'eau et le CO_2 ? Toutes ces questions motivent les études actuelles sur Mars. Les premiers 500 millions

Photo du Delta d'Eberswalde prise en novembre 2003 par la caméra haute résolution de l'orbiter de Mars Global Surveyor. La formation de deltas prouve la présence durable d'eau liquide et de rivières à la surface de Mars.

Les météorites martiennes

Parmi les météorites différenciées trouvées sur Terre certaines sont très vraisemblablement des fragments de la surface de Mars. S' il est indiscutable dans le cas de la Lune, grâce à la comparaison avec les roches ramenées par les missions Apollo, que certaines des météorites qui tombent sur Terre sont bien des fragments de la surface de la Lune, il y a des arguments assez forts pour que les météorites appartenant à la famille des SNC viennent bien de Mars.

En premier lieu ces météorites contiennent des veines ou des poches de verre dans lesquelles les gaz dissous ont exactement la même composition que celle de l'atmosphère de Mars mesurée par les sondes Viking en 1976. Ce verre aurait été produit lors de l'impact d'un gros astéroïde sur Mars. Lors de l'impact des fragments de la surface de Mars sont arrachés et partiellement fondus et piègent lors de leur extraction de Mars des gaz de l'atmosphère de Mars. En second lieu, certaines de ces météorites sont des laves qui ont des âges récents ce qui suggère qu'elles proviennent d'une planète assez grosse pour avoir conservé une activité volcanique il y a encore quelques centaines de millions d'années. Seul Mars remplit ces conditions.

Enfin les météorites SNC ont toutes la même composition isotopique de l'oxygène, composition différente de celle des roches terrestres, ce qui montre bien qu'elles proviennent d'une même planète. La famille des SNC (pour Shergotty, Nakhla et Chassigny) correspond donc probablement à des laves et des roches du manteau martien.

d'années de l'histoire d'une planète sont sans doute une époque clé pour son évolution future. Sur Terre nous n'avons que très peu de roches qui permettent de remonter à cette époque mais certains sédiments siliceux datés à 3,8 milliards d'années contiennent (même si c'est encore très discuté) des traces de vie. Pourquoi la vie ne se serait-elle pas développée à cette époque sur Mars, de même que sur la Terre ? Des roches sédimentaires très anciennes ont peut-être été préservées à la surface de Mars et ce sera un des enjeux majeurs des futurs robots et du premier géologue qui foulera le sol de Mars dans quelques dizaines d'années que de les chercher !

Genesis : un rayon de soleil sur terre

La matière extra-terrestre peut prendre d'autres formes que des fragments de métal ou de roche. Genesis en est l'illustration. Le premier retour d'échantillons extra-terrestres sur Terre depuis Apollo voici trente ans fut celui de matière solaire implantée dans de l'or et d'autres matériaux ultrapurs et précieux.

Cette mission NASA du programme Dis-covery (missions "peu" coûteuses dans la lignée "faster and cheaper" développée par la NASA dans les années 1990, 270 millions de dollars quand même) était destinée à comprendre l'origine du système solaire et des planètes, en mesurant avec la précision que seule permet l'analyse en laboratoire, la composition isotopique des particules émises par le Soleil. L'idée de base était la suivante.

Le système solaire s'est formé à partir d'un nuage de gaz et de poussière qui s'est effondré sur lui-même et la formation des planètes internes a résulté de phénomènes très énergétiques, dans une région de l'espace où la température était très élevée. Ainsi, les planètes sont les résidus de recettes très élaborées, pour lesquelles le cuisinier en titre aurait laissé brûler les plats à un degré tel que l'identification des ingrédients de base soit complètement impossible. Si l'on est capable de trouver un plat ayant échappé aux talents funestes de ce cuisinier, on pourra alors connaître les ingrédients de départ et en déduire la recette de la formation planétaire.

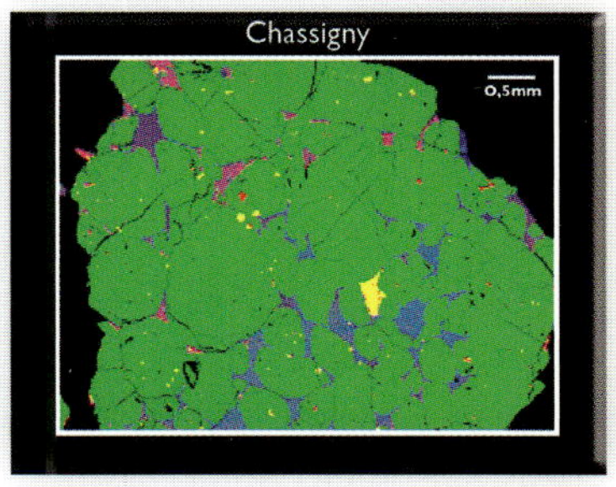

La météorite martienne de Chassigny

La météorite tomba le 3 octobre 1815 à Chassigny en Haute Marne. Elle pesait environ 4 kg et est conservée au Museum d'Histoire Naturelle de Paris. Cette météorite est une roche constituée majoritairement de cristaux d'olivine, comme le montre la photo d'une section en lame mince, et est très probablement un fragment du manteau de Mars.

Les cibles hexagonales de Genesis.

L'échantillonnage du Soleil : la mission Genesis avait pour but de déterminer la composition du nuage originel dont est issu le système solaire.
Le Soleil concentre plus de 99% de la masse totale du système solaire actuel et représente le mieux cette composition. Comme on ne peut l'échantillonner directement, la mission Genesis consista à irradier par le vent solaire des cibles ultrapures en or, saphir, diamant, aluminium. Malgré une panne de parachute à l'atterrissage qui provoqua l'écrasement de la capsule, les fragments de cible furent récupérés et analysés dans plusieurs laboratoires mondiaux, en pelant la surface des cibles contenant les atomes du Soleil, avec des lasers ou des faisceaux de particule sous vide. L'insert représente un fragment de cible d'or après ablation par laser de sa surface.

L'essentiel de la masse du système solaire actuel (plus de 99%) est contenu dans le Soleil. Sa composition est donc ce que l'on a de plus proche de la composition du nuage initial de gaz et de poussières qui a donné naissance au système solaire. Cette composition a peu évolué depuis 4 568 MA, mis à part le cas de quelques éléments légers tels que l'hélium et l'hydrogène impliqués dans les réactions thermonucléaires produisant l'énergie solaire au centre de notre étoile.

On connaît la composition du Soleil grâce à l'analyse de sa lumière car les radiations émises, qui ont des longueurs d'onde caractérisant les éléments qui les émettent, peuvent être mesurées avec précision. Cependant, ces mesures ne permettent pas d'obtenir des informations clés sur l'origine de ces éléments telles que leurs abondances isotopiques relatives. Les rapports entre différents isotopes constituent en quelque sorte la mémoire de l'élément considéré car ils ont enregistré toute l'histoire de cet élément. Le soleil est bien sûr trop chaud pour pouvoir être échantillonné directement et une façon de le faire à distance est de collecter les atomes ionisés qu'il émet dans l'espace (le "vent solaire"). Ces ions sont présents dans les sols des surfaces planétaires tels ceux de la Lune, mais ils ont été altérés et mélangés lors d'impacts. La meilleure façon d'échantillonner le vent solaire consiste à exposer des cibles au rayonnement solaire, les éléments constituant le soleil étant ionisés dans la chromosphère et accélérés par le champ magnétique de l'étoile. Ces ions, qui voyagent à des vitesses de plusieurs centaines de km/s, vont s'implanter dans toute matière exposée au vent solaire, à une profondeur typique de quelques dizaines de nanomètres. Une fois implantées, ces particules sont solidement piégées dans la cible qui est ramenée sur Terre pour analyse. De telles expériences d'irradiation avaient été effectuées sur la Lune dès la première mission Apollo. Neil Armstrong avait exposé une feuille d'aluminium préparée par l'équipe de Johannes Geiss de l'Institut de Physique de Berne en Suisse, avant de la replier et de la ramener sur Terre. La durée d'exposition n'avait été que de quelques heures, ce qui n'avait permis l'accumulation et l'analyse quantitative que des éléments les plus abondants dans le vent solaire comme l'hydrogène, l'hélium et le néon. Genesis avait pour ambition d'exposer des cibles ultrapures durant plusieurs années de façon à piéger suffisamment d'ions du vent solaire pour permettre l'analyse très précise d'éléments clés tels que l'oxygène, l'azote, les gaz rares et l'essentiel du tableau périodique des éléments.

La mission proposée par Donald Burnett du California Institute of Technology (Pasadena, USA) a consisté à envoyer une sonde, le 8 Août 2001, durant 27 mois autour d'un point lagrangien où les effets de la gravité du Soleil et de la Terre s'an-

L'analyse des échantillons extra-terrestres à Nancy

L'analyse des échantillons extra-terrestres se distingue de l'analyse des "roches classiques" par un certain nombre de spécificités. Tout d'abord les échantillons extra-terrestres sont rares et la plupart du temps de très petite taille, ou tellement précieux, qu'il est impératif que les techniques d'analyse soient extrêmement sensibles. Les allocations par la NASA d'échantillons lunaires au CRPG concernent quelques milligrammes d'échantillon. De même les grains cométaires ramenés par la mission Stardust sont de l'ordre de quelques micromètres pour les plus gros d'entre eux : il faut être capable sur un tel grain de faire le travail classique que l'on peut faire sur une roche c'est-à-dire qu'il faut pouvoir le manipuler sans le perdre, le couper en tranches et analyser sa composition minéralogique, chimique et isotopique. C'est là l'autre spécificité de l'étude des échantillons extra-terrestres : leur complexité fait que l'information minéralogique à elle seule n'est pas suffisante pour en élucider l'origine et l'histoire. Leur étude passe donc obligatoirement par un couplage entre le plus grand nombre possible de techniques de micro-analyse.

Le CRPG a développé ces dix dernières années une expertise reconnue au niveau international dans le domaine de la micro-analyse isotopique.

L'allocation par la NASA d'échantillons des missions Apollo, Stardust ou Genesis est très compétitif et seuls les laboratoires offrant les meilleures performances sont choisis. De par leur origine, leur mode de formation et leur âge, les échantillons extra-terrestres sont caractérisés par des variations de leurs compositions isotopiques qui sont très souvent présentes à l'échelle du micromètre et qui sont de beaucoup plus grande ampleur que ce qui est observé dans les roches terrestres.

Ces variations isotopiques sont les témoins (i) de processus de nucléosynthèse qui se sont déroulés avant la formation du système solaire au cours de l'évolution de la galaxie ou dans des étoiles en fin de vie juste avant la formation du système solaire, (ii) de processus d'irradiation autour du Soleil en formation, (iii) de réactions dans la phase gazeuse encore largement inconnues et qui n'ont pas d'équivalent sur Terre, (iv) de fractionnements lors de la formation des planétésimaux et des planètes et (v) des processus de désintégration radioactive. Toutes ces variations isotopiques peuvent être étudiées à l'échelle du micromètre au CRPG grâce au développement de la spectrométrie de masse, source gazeuse sous bombardement laser, ou au développement des techniques d'analyse par sonde ionique.

Depuis le 7 février 1999, le voyage de la sonde cométaire Stardust (384 kg) à travers le Système solaire s'est presque déroulé dans l'indifférence. Elle a pourtant accompli le vendredi 2 janvier 2004 un acte historique : recueillir un échantillon d'un autre corps céleste et le ramener sur Terre. Du jamais vu depuis les explorations lunaires du programme Apollo.

La capsule de récupération de Genesis s'est écrasée au sol à une vitesse estimée à 325 km/h dans le désert de l'Utah après l'échec du déploiement de ses parachutes. Les analyses prévues sont quand même en cours, mais nécessitent le développement de nouvelles techniques de décontamination.

Les échantillons sont classés et conservés au Johnson Space Center à Houston dans des salles blanches où l'air est filtré pour les particules. La masse totale de la matière récoltée et ramenée sur Terre est estimée à 30 ou 40 µg, soit l'équivalent d'environ cinq grains de sel.

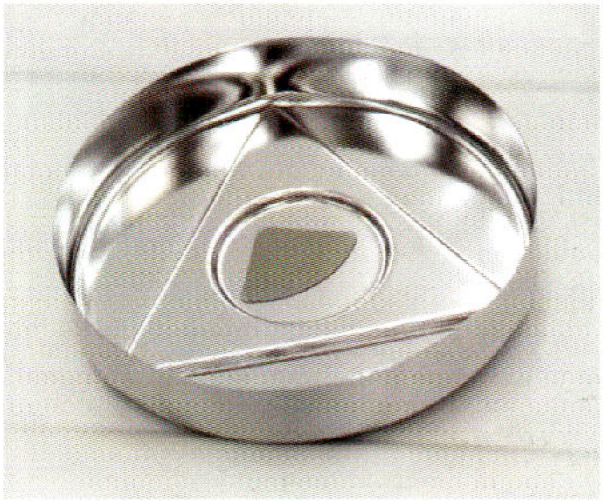

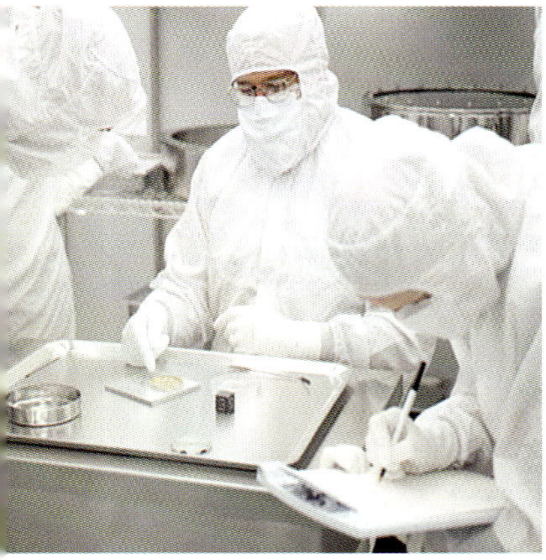

nulent, ce qui permet un maintien de la sonde très économe en énergie. Lors de la collecte du vent solaire, des panneaux portant plusieurs types de cible (or, saphir, diamant, aluminium) furent exposés en face du Soleil. Après cette étape d'exposition, la sonde revint vers la Terre et une capsule porte-échantillons s'en détacha et rentra dans l'atmosphère. Elle devait être récupérée par un hélicoptère lors de sa descente en parachute, afin de minimiser les chocs sur ces matériaux très purs et fragiles. Hélas, la toute dernière partie de la mission, l'ouverture du parachute, ne fonctionna pas à cause d'un défaut de qualité, un accéléromètre ayant été monté à l'envers. La capsule s'écrasa à 325 km/h dans le sol d'un terrain militaire du désert de l'Utah le 8 Septembre 2004. Le choc fut rude également pour la communauté scientifique réunie autour de ce projet, dont le CRPG qui avait été sélectionné pour l'analyse de l'azote du Soleil. Après une période brève de découragement, il apparut cependant que la mission n'était pas perdue, puisque, après tout, les échantillons étaient revenus sur Terre, et l'espoir revint dans les laboratoires impliqués. Les échantillons étaient cependant en piteux état, les cibles ultrapures étant brisées en une myriade de fragments, et pollués par l'atmosphère et la poussière du désert de l'Utah.

Les échantillons, ou ce qu'il en restait, furent transférés au Johnson Space Center dans des locaux dédiés ultra-propres, où de nouvelles méthodes de nettoyage à l'échelle atomique furent développées afin de nettoyer la pollution terrestre. Des équipes sélectionnées dans le monde entier se mirent au travail, inventant de nouvelles méthodes de nettoyage sous ultravide et d'extraction des ions du vent solaire. Ces méthodes consistent à creuser les surfaces des cibles en utilisant des particules comme des ions dans les sondes ioniques, ou des grains de lumière issus de lasers, et à récupérer ainsi la matière précieuse enfouie dans les cibles. Il s'agit en effet d'enlever d'abord une épaisseur de moins de 5 nanomètres, sur une surface de l'ordre du cm^2, afin d'éliminer la pollution due à l'arrivée brutale, puis de creuser la même surface à une profondeur de 50 nanomètres pour récupérer les ions du vent solaire, tout ceci sous ultravide. L'optimisme est revenu dans la communauté car les principaux buts scientifiques seront vraisemblablement atteints. Ainsi, les premiers résultats confirment le succès du prélèvement et ont permis de résoudre un problème important concernant la composition isotopique des gaz dans le Soleil. Ainsi, la composition isotopique de l'azote solaire semble très différente de celle de l'atmosphère de Jupiter, qui représente la composition du gaz piégé de la nébuleuse par cette planète, il y a 4 568 millions d'années. Il faut envisager soit des hétérogénéités chimiques à très grande échelle dans le système solaire en formation, soit une évolution chimique et nucléaire du Soleil qui n'était pas prévue par la physique de notre étoile. Ces deux hypothèses ont des implications très importantes pour l'évolution du système solaire. Les rebondissements de cette mission montrent qu'une expérience bien pensée et bien réalisée est capable de s'accommoder des problèmes les plus sérieux tels qu'une panne de parachute. Cette expérience montre également l'intérêt des missions non humaines en termes de prix, de retour scientifique et surtout de sécurité pour les personnes ! L'année 2008 (Année Internationale de la Planète Terre) devrait voir aussi de nouvelles avancées de la connaissance de la composition du Soleil grâce aux résultats encore à venir de Genesis.

Stardust et la composition des comètes

La deuxième mission, Stardust, a consisté à échantillonner des poussières dans la queue d'une comète, afin de connaître la composition minéralogique, chimique et isotopique, de ces corps mystérieux. Les comètes sont des objets très riches en glaces d'eau, de CO_2, d'ammoniac et d'hydrocarbures qui constituent plus de 50% de leur masse, alors que les météorites provenant de la ceinture d'astéroïdes contiennent moins de 10% d'éléments volatils. Cette caractéristique est attribuée à la formation des corps parents dont les comètes sont issues dans des régions très froides et éloignées du système solaire, au-delà des orbites des planètes géantes, voire aux confins du système solaire. Cet enrichissement en éléments volatils tels que l'eau et l'azote font de ces objets des contributeurs potentiels d'eau et de gaz aux atmosphères des planètes internes telles que la Terre et Mars. L'étude des mi-

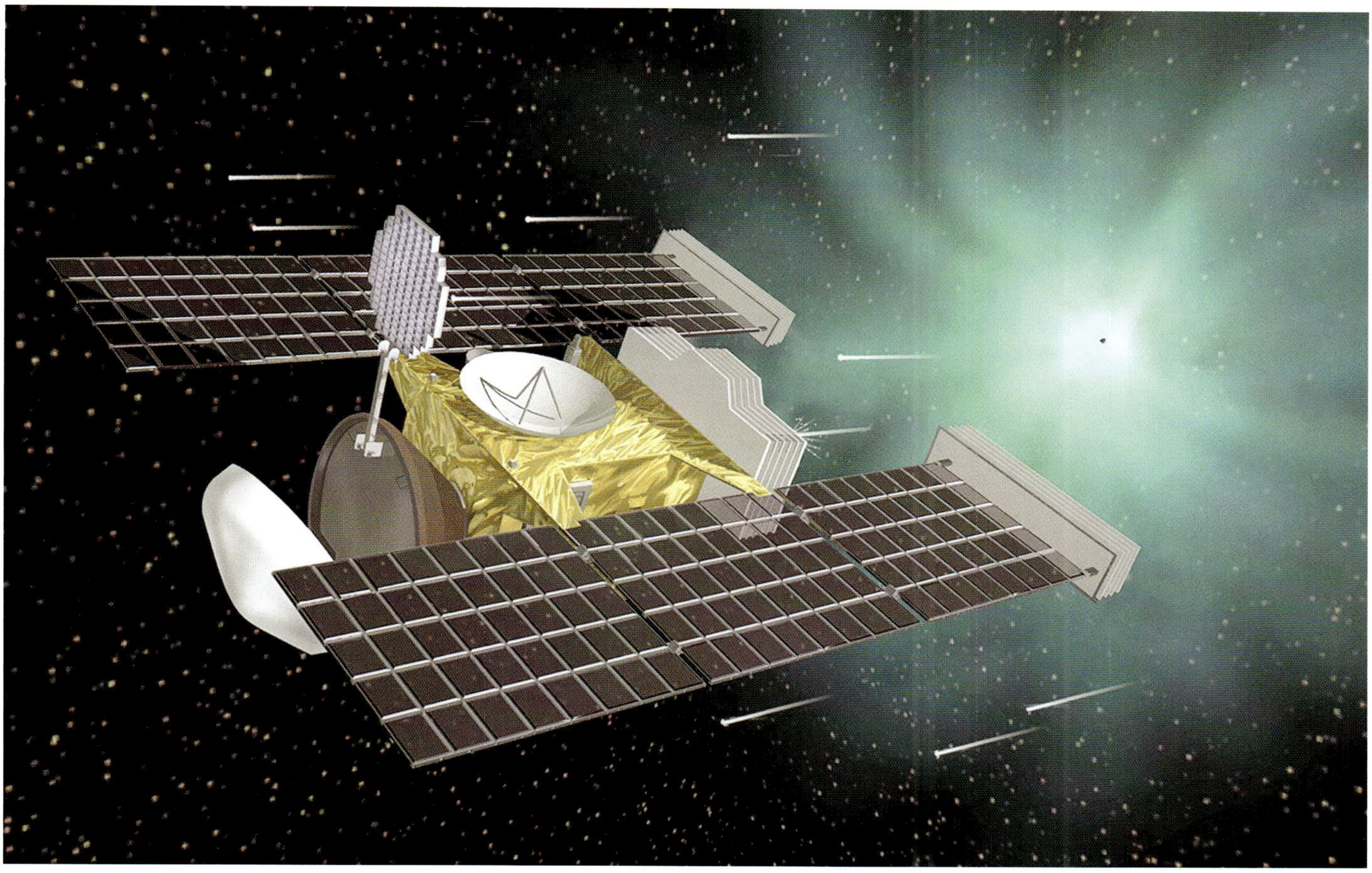

crométéorites (voir page 158) indique que les comètes sont une source potentielle des 30 000 tonnes de poussière interplanétaire arrivant sur Terre chaque année. La composition des comètes, mesurée à distance dans la lumière émise par la queue des comètes, suggère que ces objets sont des "boules de neige sale" formées de poussière et de glace. La mission Stardust de la NASA, programme Discovery, avait pour objectif de ramener des grains cométaires dans les laboratoires, pour y analyser les compositions minéralogique, chimique et isotopique. Le scénario retenu fut d'envoyer une sonde dans la queue de la comète Wild/P2, un objet de 4,5 km de diamètre découvert en 1978. Pour des raisons balistiques, un amarrage sur la comète était impossible et le prélèvement dût se faire à grande vitesse (6,1 km/s) lors du passage de la sonde dans la queue de la comète à 236 km du noyau cométaire (la queue des comètes est constituée de matière ionisée qui émet la lumière visible depuis la Terre et de grains émis lors de la sublimation de la glace cométaire). Afin de minimiser la détérioration des grains lors du prélèvement, la sonde était munie d'un panneau cible comprenant des alvéoles remplies d'aérogel, un matériau formé d'une émulsion de silice d'une densité mille fois plus faible que celle du verre (voir ci-contre). Les analyses montrèrent que ce matériau remplit parfaitement son rôle d'amortisseur, même si les grains ont été fragmentés, partiellement fondus et dégazés lors de leur capture. La sonde revint sur Terre sans encombre le 15 Janvier 2006 et les grains furent distribués rapidement à différents laboratoires mondiaux. Sept laboratoires français dont Nancy participèrent ainsi à la caractérisation préliminaire de ces grains.

L'une des découvertes les plus remarquables fut la présence d'olivine, un minéral magmatique formé à plus de 1 600°C, et d'autres phases de haute température telles qu'une inclusion réfractaire riche en calcium et aluminium. La présence de minéraux de très haute température dans des corps riches en glace nécessite des processus de mélange de la matière à l'échelle du système solaire naissant, et donc un brassage capable d'envoyer des grains formés près du Soleil aux confins glacés du système solaire. Le Soleil jeune a sans doute été moteur dans ce mélange car l'observation d'autres étoi-

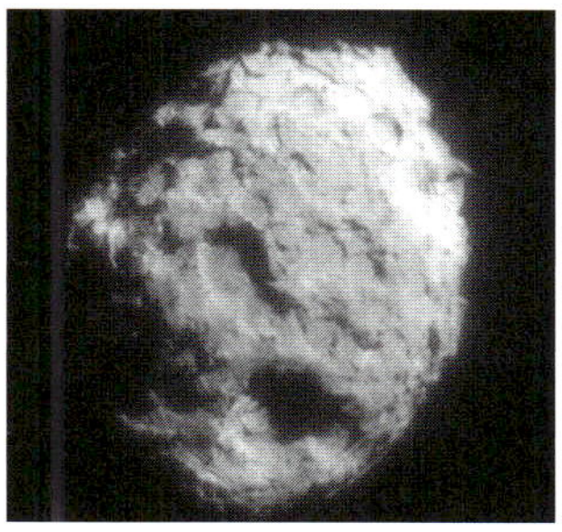

Stardust a réussi sa mission de collecte d'échantillons de poussières cométaires. Plusieurs centaines de milliers de particules ont été piégées, mais elle a également fourni aux scientifiques les images les plus claires jamais obtenues d'une comète. La comète Wild-2 apparait comme une boule de glace et de roc truffée de nombreux cratères.

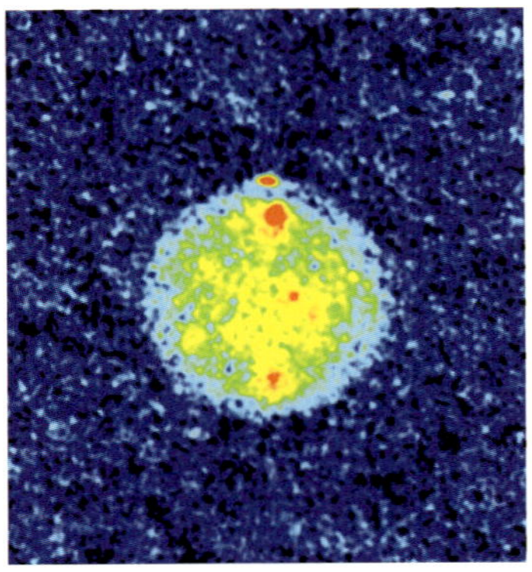

Image radar de Mercure.

Une partie de la sonde ionique CAMECA ims 1270 du CRPG qui fut la deuxième au monde dans cette configuration lors de son installation en 1996. Elle subira un "lifting" complet en 2008 et une sonde ionique de nouvelle génération aux performances améliorées devrait venir la compléter.

les indique qu'une étoile jeune évacue une partie de son énergie d'accrétion sous forme de jets de matière bipolaires, capables d'entraîner la poussière du disque planétaire. L'analyse des grains de Stardust a également confirmé la richesse en gaz des comètes, la présence de grains présolaires formés avant la naissance de notre système, et le lien probable entre matière cométaire, chondrites carbonées et poussière interplanétaire. Par contre, aucune relation génétique entre les océans terrestres et les comètes n'a été démontrée, suggérant d'autres sources extraterrestres pour l'eau que nous buvons. Comme pour Genesis, la quantité de matériel ramené (environ un millier de grains représentant quelques microgrammes) est telle que grâce à l'évolution technologique des moyens analytiques, les chercheurs auront accès à un échantillonnage unique qui leur permettra de faire des découvertes durant des décennies.

L'exploration de l'univers par l'homme en est à ses prémices

L'exploration spatiale a entrouvert les frontières de la Terra Incognita, et pour la première fois dans l'humanité, l'homme est allé sur une autre planète. Il en a ramené des échantillons géologiques en quantité, échantillons qui nous ont permis de comprendre comment le système solaire et les planètes se sont formés. Les missions de retour d'échantillons sont irremplaçables car elles donnent la possibilité d'appliquer en laboratoire les méthodes d'investigation les plus performantes, seules capables de permettre de comprendre l'âge et les relations génétiques des corps du système solaire, voire d'explorer les processus de formation des étoiles par l'analyse de grains présolaires. Cependant, l'exploration de la Lune fut facile de par sa proximité, en regard de celle des autres planètes du système solaire. Les missions suivantes de retour d'échantillon ne permirent le retour que de quelques microgrammes de matière, à comparer aux 382 kg ramenés par les missions Apollo. Heureusement, cette miniaturisation des échantillons fut autorisée par les développements de méthodes analytiques qui accrurent, entre la fin des années 60 et le XXIème siècle, la sensibilité analytique de plusieurs ordres de grandeur. Les microscopies et les sondes électroniques et ioniques permettent en effet de faire de la pétrologie et de la géochimie sur des phases micrométriques, voire nanométriques, mais la démarche est exactement la même que celle du géologue historique : observer, comprendre, prédire. Il existe une limite cependant à cette miniaturisation, et nous en sommes proches : la taille des échantillons ne pourra être inférieure à celle nécessaire pour avoir assez d'atomes à analyser !

Nous avons peu évoqué dans ce chapitre les missions robotisées lointaines permettant l'acquisition de la connaissance à distance via des sondes munies de caméras et d'enregistreurs physiques et chimiques des environnements visités. Il s'agit bien sûr de la voie principale d'exploration du système solaire, qui nous permet de découvrir des mondes totalement nouveaux. Ce fut le cas récemment de la mission américano-européenne Cassini-Huygens d'exploration de Saturne et de son satellite Titan. Ce dernier, de dimensions comparables aux planètes terrestres, présente une densité plus faible, des lacs et des rivières d'hydrocarbures, une atmosphère riche en azote comme la Terre et, vraisemblablement, du volcanisme actif. Le volcanisme est également actif sur Io, un satellite de Jupiter : il y est caractérisé par des éruptions de soufre liquide. Un autre satellite de Jupiter, Europe, a sans doute des océans souterrains qu'il conviendra d'explorer car il s'agit peut-être de niches propices au développement d'une vie extraterrestre.

Le retour sur la Lune dans un avenir proche est certain et l'exploration humaine de Mars constitue une priorité pour la NASA et l'ESA. Il se passera au moins trois décennies avant que l'homme ne foule le sol martien, du fait de la complexité d'assurer la sécurité des astronautes dans l'espace durant plus d'un an, d'atterrir et de redécoller d'une planète plus grosse que la Lune et ayant une atmosphère, et de pouvoir financer le coût pharaonique de cette aventure. Cependant, cette exploration sera extrêmement riche en découvertes géologiques et, peut-être, biologiques. La surface de Vénus est un enfer où la pression est égale à 100 fois

la pression atmosphérique terrestre et où la température au sol avoisine les 450°C. Mercure est un monde désolé soumis à un fort rayonnement solaire. L'exploration humaine plus lointaine telle que celle des satellites si étranges de Jupiter et de Saturne nécessitera de vaincre des difficultés formidables telles que l'éloignement et le temps de voyage pour des astronautes et les environnements extrêmement hostiles des planètes géantes. L'exploration humaine d'autres systèmes solaires est pour l'instant du ressort de la science-fiction car les distances sont telles que les temps de voyage excéderaient largement la durée de vie des astronautes. Cependant, Newton et Einstein ont découvert de nouveaux chemins qui ont révolutionné la physique, et leurs successeurs sauront sans doute trouver les clés de l'univers qui permettront peut-être à l'humanité de trouver son double. Cela se fera peut être sur une planète ayant des conditions de pression et de température permettant le développement d'une chimie complexe, vraisemblablement en milieu aqueux. Depuis la découverte de la première planète dans un système solaire différent du notre voici douze ans, les progrès de l'astronomie ont permis d'en reconnaître des centaines d'autres, qui nous disent que notre système solaire qui semble pour l'instant atypique, n'est peut-être pas unique. Ces progrès permettent de voir des planètes de plus en plus petites, et très récemment la découverte d'une planète ayant une masse égale à 5 fois celle de la Terre, et une température de surface sans doute comprise entre 0 et 40 °C montre que des mondes comparables au nôtre existent, et qu'une vie pourrait y être présente.

Le télescope spatial Hubble est un télescope en orbite à environ 600 kilomètres d'altitude, il effectue un tour complet de la Terre toutes les 100 minutes. Il est nommé en l'honneur de l'astronome Edwin Hubble. Son lancement, effectué le 24 avril 1990 par une navette spatiale, est le fruit d'un long travail de recherche de la NASA. Ce télescope a une résolution optique meilleure que 0,1 seconde d'arc. Il est prévu de le remplacer en 2013 par le James Webb Space Telescope. Travailler en dehors de l'atmosphère présente d'importants avantages parce que l'atmosphère obscurcit les images et absorbe le rayonnement électromagnétique à certaines longueurs d'onde, principalement dans l'infrarouge.

Les variations climatiques du passé et de l'avenir

Edouard Bard

Qu'est-ce que le climat ? Il faut tout d'abord s'entendre sur l'étendue de la zone géographique étudiée car on peut parler de climat mondial, régional ou local. Le climat se définit d'abord par la succession des conditions atmosphériques que l'on caractérise par la mesure de nombreux paramètres comme la température, les précipitations, la direction et la vitesse des vents, la nébulosité, la pression atmosphérique, l'humidité de l'air, la chimie de l'air et des poussières... Par opposition aux turbulences rapides, d'un jour à l'autre, qui sont du ressort de la météorologie, la climatologie vise à étudier les conditions atmosphériques sur des périodes plus longues de quelques mois à plusieurs millions d'années.

La séparation entre ces deux domaines correspond à une différence dans la possibilité de prévision des phénomènes. La météorologie s'occupe notamment de prévoir l'état de l'atmosphère de façon déterministe. Néanmoins, cette prévision "exacte" est limitée à quelques jours, ce qui est dû non seulement à nos lacunes scientifiques et techniques, mais aussi au comportement chaotique de la circulation atmosphérique. La climatologie rend compte de l'état moyen de l'atmosphère, permettant aussi de prévoir le temps qu'il fera, mais sans avoir de certitude sur une situation précise pour un jour donné. Par exemple, la climatologie permet de dire que le 14 juillet à Nancy il fera chaud et que le ciel sera limpide et bleu. Cette prévision se réalisera statistiquement en considérant les situations atmosphériques sur une trentaine d'années. Savoir si l'on peut vraiment compter sur le beau temps pour le 14 juillet prochain n'est plus du ressort de la climatologie. Nous ne le saurons que quelques jours avant cette date grâce à l'analyse des données des jours précédents et à la modélisation mathématique de la circulation atmosphérique.

Même si l'état de l'atmosphère est une composante fondamentale du climat, il est clair que le système climatique ne se réduit pas à cette enveloppe gazeuse. Il comprend aussi tous les compartiments qui interagissent les uns avec les autres comme l'océan, la banquise, les glaces continentales, la végétation, les sols... Les échelles de temps des échanges d'énergie et de matière entre compartiments sont généralement plus longues que l'horizon à quelques jours des prévisions météorologiques. Les météorologues peuvent donc se contenter de ne prendre en considération que les mouvements atmosphériques, en supposant que les compartiments "lents" ne varient pas. On rejoint donc l'étymologie du mot météorologie, la science des météores, c'est-à-dire les phénomènes observés dans le ciel. Le climat vient quant à lui du grec klima qui désigne une pente, celle de l'angle que font les rayons du Soleil avec la surface terrestre. En d'autres termes, le climat fait référence aux différentes zones de latitude, de l'équateur jusqu'aux pôles, régions caractérisées par des régimes de temps très contrastés.

La teneur en dioxyde de carbone des gaz à effet de serre a augmenté de 36% depuis le début de l'ère industrielle selon les dernières mesures publiées par la NOAA, l'agence fédérale américaine océanographique et atmosphérique.

Comprendre l'évolution du climat

Cela nécessite de considérer le système climatique dans sa globalité. Ce système comprend des compartiments très divers comme l'atmosphère, l'hydrosphère, notamment les océans, la cryosphère, en particulier les calottes de glace polaires, la biosphère et enfin la lithosphère. Ces différents compartiments échangent entre eux de la matière et surtout de l'énergie. Le soleil, par son flux lumineux, est un moteur qui met en mouvement les enveloppes fluides comme l'atmosphère et l'océan. Comme nous l'avons dit, les turbulences rapides et incessantes de la basse atmosphère font l'objet d'études du météorologue. Elles ne doivent cependant pas faire oublier que le climat mondial a atteint un équilibre dynamique dicté par l'éclairement solaire et la teneur en gaz à effet de serre (voir encart plus bas). Les conditions hospitalières que nous connaissons sur Terre dépendent d'une combinaison fortuite de la distance par rapport au Soleil, de la présence de la Lune et de la composition chimique de l'atmosphère, paramètres qui conditionnent l'état physique de l'eau sur notre planète.

Reconstituer les variations du climat

Pour connaître l'état de l'atmosphère en un point donné et à un moment précis, le climatologue réalise des observations à l'aide d'appareils fondés sur des principes de physico-chimie. Les postes d'observation les plus nombreux relèvent la température de l'air, la nature et la hauteur des précipitations, la nébulosité, la force et la direction du vent, la pression atmosphérique, l'humidité de l'air et la chimie de l'air et des poussières.

Pour remonter plus loin que les deux derniers siècles de mesures modernes (dites instrumentales), les spécialistes du climat ont recherché d'autres sources documentaires, ou archives climatiques, dans lesquelles ils peuvent lire les fluctuations de paramètres

comme la température, le niveau marin ou la pluviosité. Ces archives sont de nature géologique au sens large du terme. L'information climatique y est enregistrée par de nombreux paramètres physico-chimiques ou même biologiques qui sont liés aux conditions environnementales lors du dépôt de ces archives. La paléoclimatologie permet d'obtenir des données sur les variations des compartiments du système climatique dont les constantes de temps sont longues par rapport à celles des processus atmosphériques. L'apport fondamental de ce domaine est donc d'élargir considérablement le spectre d'étude de la variabilité climatique en échantillonnant des périodes pendant lesquelles on peut être sûr que cette variabilité est naturelle.

Pour les sédiments marins, on peut faire une liste des principaux outils du paléoclimatologue, fondés sur les fossiles, des rapports isotopiques ou certaines molécules et atomes disséminés à l'état de traces dans les roches sédimentaires. On peut faire de même pour les glaces polaires avec une mention particulière pour les bulles d'air qu'elles contiennent et qui permettent de remonter aux teneurs passées des gaz à effet de serre. Les récifs coralliens et les sédiments des marges continentales donnent un accès privilégié aux variations du niveau marin. Ces listes ne sont évidemment pas exhaustives et l'on pourrait en détailler d'autres pour le bois fossile, les dépôts de lacs, les stalagmites dans les grottes et même les documents historiques pour les périodes les plus récentes (des informations archivées comme le début des vendanges, les rendements agricoles ou bien encore l'englacement des fleuves).

Le paléoclimatologue se situe à l'interface de la climatologie, de l'océanographie et de la géologie, utilisant la rigueur du climatologue "actualiste" tout en gardant l'œil du naturaliste. Un aspect fondamental du domaine est de réussir à dater précisément les événements observés. Ceci est évidemment crucial pour tenter de comprendre l'enchaî-

Carotte de glace en lumière polarisée, bulles d'air fossile.

Pour les glaces polaires, les principaux outils du paléoclimatologue sont des mesures isotopiques et chimiques, ainsi que les bulles d'air contenues par la glace qui permettent de remonter aux teneurs passées des gaz à effet de serre.

La fonte des glaces des calottes glaciaires ou des glaciers de montagne crée des figures semblables à celles de la dissolution par l'eau des roches calcaires.

Le réchauffement mondial influencerait déjà plusieurs espèces de mammifères vivant dans les régions nordiques, environnements particulièrement sensibles aux variations climatiques. Des changements ont été observés pour certaines populations animales adaptées à ces conditions extrêmes, notamment pour l'ours polaire, le caribou et le renard arctique.

nement des causes et les effets rétroactifs nombreux dans le système climatique. Les méthodes géochronologiques les plus fiables se fondent sur des comptages des couches annuelles, comme les cernes d'arbres, ou encore sur la décroissance régulière d'isotopes radioactifs.

Malheureusement, plus on recule dans le temps, moins les archives géologiques sont nombreuses et bien préservées. Ceci limite fortement la fiabilité des informations sur les périodes les plus anciennes dont les datations sont aussi les moins précises. Ces difficultés sont inhérentes au domaine de la paléoclimatologie qui a néanmoins permis de mettre en évidence des variations climatiques majeures pendant l'histoire de notre planète.

Exemples de variations climatiques

Le climat fluctue depuis les premiers âges de la Terre et les géologues ont pu reconstituer certains paramètres climatiques qui prévalaient au cours du Précambrien, des ères primaire et secondaire (i.e. périodes de l'Archéen, du Paléozoïque et du Mésozoïque). Le climat de la Terre a évolué entre des régimes très contrastés, allant du froid extrême lors de glaciations généralisées jusqu'à l'équateur à une atmosphère surchauffée par l'effet de serre au temps des dinosaures. Il faudrait plusieurs chapitres pour décrire, même brièvement, l'état des recherches sur ces variations climatiques anciennes étudiées dans les rares roches peu perturbées que la nature a bien voulu laisser à l'affleurement. Il est en effet fort difficile d'obtenir des données paléoclimatiques bien datées et donnant une couverture spatiale suffisante pour étudier les causes de ces fluctuations très anciennes.

Néanmoins, les paléoclimatologues ont une vue assez précise du climat depuis 60 millions d'années grâce aux forages océaniques. Pendant cette période, le climat a subi un lent refroidissement à toutes les latitudes, aussi bien à terre que dans les océans. Des mesures géochimiques réalisées sur les sédiments marins permettent aux scientifiques de reconstituer des paléotempératures. En une cinquantaine de millions d'années, les océans se sont globalement refroidis d'environ une quinzaine de degrés et les premières calottes de glace se sont installées vers 30 à 40 millions d'années avant nos jours.

Plusieurs hypothèses ont été proposées pour expliquer cette longue transition entre une Terre globalement chaude et une situation proche de l'actuelle. Une augmentation importante du relief (en particulier l'Himalaya) a eu comme conséquence d'augmenter l'érosion mécanique et l'altération des roches. Ces processus sont accompagnés par des réactions chimiques qui dégradent les minéraux, en particulier sous l'effet de l'acide carbonique issu de la dissolution du gaz carbonique atmosphérique. Un relief accru aurait donc progressivement fait chuter l'effet de serre de la Terre. Une diminution du volcanisme et un ralentissement de l'expansion des océans et de la dérive des continents aurait aussi contribué à la chute progressive de la teneur en gaz carbonique de l'atmosphère. Sur les mêmes échelles de temps, on doit aussi tenir compte de la disposition des continents qui a modifié la circulation océanique en surface et en profondeur.

A l'échelle des quelques derniers millions d'années, l'évolution du climat se caractérise par des cycles glaciaires-interglaciaires. La cause principale en est la cyclicité de la répartition géographique de l'insolation due à des changements des paramètres de l'orbite terrestre. Les trois cycles majeurs sont liés aux variations de l'excentricité de cette orbite, de l'obliquité de l'axe de rotation de la Terre et enfin de la précession des équinoxes.

En étudiant en parallèle des forages réalisés dans les sédiments océaniques profonds, les récifs coralliens et les glaces de l'Antarctique, les paléoclimatologues ont pu reconstituer les variations de paramètres comme le niveau marin mondial, la température des océans en surface et en profondeur, la température de l'air en Antarctique, et la teneur atmosphérique en gaz carbonique et en méthane. Toutes ces évolutions sont globalement en phase et indiquent que la répartition de l'insolation exerce un contrôle majeur sur la cryosphère, le cycle du carbone, l'atmosphère et l'océan. Les changements astronomiques induisent en fait de petites perturbations, qui sont amplifiées et génèrent ensuite des variations du cycle de carbone. Le CO_2 est à la fois une réponse du système climatique et un élément amplificateur des fluctuations.

Dissolution des carbonnates Lapiaz, Le Belvédère d'Aujon (Flaine Haute-Savoie).

Chaque transition glaciaire-interglaciaire, marquée par la fonte des calottes continentales et la remontée du niveau marin, est prévue par la théorie astronomique, mais sa vitesse et son amplitude sont amplifiées par des interactions complexes entre l'océan, l'atmosphère et les calottes de glace. En particulier, la dernière déglaciation, entre 20 000 ans et 6 000 ans avant nos jours, a entraîné une formidable remontée du niveau marin mondial d'environ 130 mètres. La chronologie précise de cette période tourmentée a pu être reconstituée grâce à des forages de récifs coralliens et des mesures géochronologiques précises. Durant cette période, de nombreux autres paramètres climatiques et océanographiques ont subi des variations de premier ordre : réchauffement mondial de l'ordre de 5°C, augmentation d'environ 40 % des teneurs atmosphériques en gaz à effet de serre (gaz carbonique et méthane), diminution de la vitesse des vents, réorganisation de la circulation océanique... Un des résultats majeurs est aussi la découverte de variations brusques du niveau marin qui correspondent à des périodes de débâcle glaciaire. Par exemple, un tel événement a eu lieu vers 14 000 ans avant

Squelette calcaire d'une algue unicellulaire (coccolithophoridé) "Emiliania huxleyi".

La calotte Laurentide qui couvrait le Canada pendant les périodes de glaciation rabotait littéralement les roches du socle nord-américain. Ces débris finement broyés étaient ensuite transportés par les icebergs qui les ont disséminés en Atlantique Nord.

nos jours et a été marqué par une hausse rapide du niveau mondial des océans à un taux supérieur au mètre par siècle.

Les géologues ont aussi découvert que le climat était particulièrement instable pendant les périodes de glaciation. Les événements les plus spectaculaires étaient des périodes d'intense débâcle des énormes calottes de glace installées sur les continents de l'hémisphère nord. La calotte Laurentide qui couvrait alors le Canada rabotait littéralement les roches du socle nord-américain. Ces débris finement broyés étaient ensuite transportés par les icebergs qui les ont disséminés en Atlantique Nord. Ces débris détritiques glaciaires sont concentrés dans les sédiments marins sous la forme de couches dont l'épaisseur s'amenuise à mesure que l'on s'éloigne de la baie d'Hudson. Les séries paléoclimatiques montrent que les refroidissements correspondent précisément aux injections de sédiments détritiques transportés par les icebergs.

Ces fréquentes débâcles d'icebergs se sont conjuguées à d'autres modifications du cycle de l'eau, pour générer des fluctuations climatiques extrêmement brusques et de grande ampleur. Lors des transitions, la température de l'air au niveau du Grœnland changeait environ d'une quinzaine de degrés en moins d'un siècle. Les fluctuations de la température de l'océan de surface sont plus limitées, mais atteignaient plus de 5°C sur la même échelle de temps. Sur le continent européen, les variations thermiques étaient très importantes, jusqu'à environ une dizaine de degrés, s'accompagnant de grandes fluctuations de la pluviosité.

L'injection d'énormes quantités de glace continentale pendant les débâcles a diminué la densité de l'eau de mer, freinant ainsi considérablement le renouvellement des eaux profondes. La conséquence directe de ces variations de la circulation océanique a été un refroidissement généralisé en Atlantique Nord et sur les continents limitrophes. A l'aide de marqueurs chimiques, il est possible de suivre l'intensité de la circulation profonde atlantique. Les enregistrements montrent clairement que les variations de la température sont intimement liées à celles de la formation d'eau profonde.

Pour les dix derniers millénaires (l'Holocène), la variabilité climatique est relativement faible avec des changements thermiques limités en amplitude et en vitesse. La gamme de variation est d'environ un à deux degrés, ce qui pose même quelques problèmes de détection du signal. Il n'y a pas vraiment de cyclicité évidente et générale à tous les enregistrements. Certains scientifiques pensent qu'un cycle de 1 000 à 2 000 ans serait présent, mais la démonstration ne fait pas l'unanimité chez les statisticiens du climat. Par ailleurs, ce cycle millénaire n'a été détecté que dans quelques séries paléoclimatiques mesurées dans des sédiments de l'Atlantique Nord.

Les spécialistes travaillant sur les paléoclimats tropicaux ont aussi mis en évidence des fluctuations du cycle de l'eau au cours de l'Holocène. A partir de mesures effec-

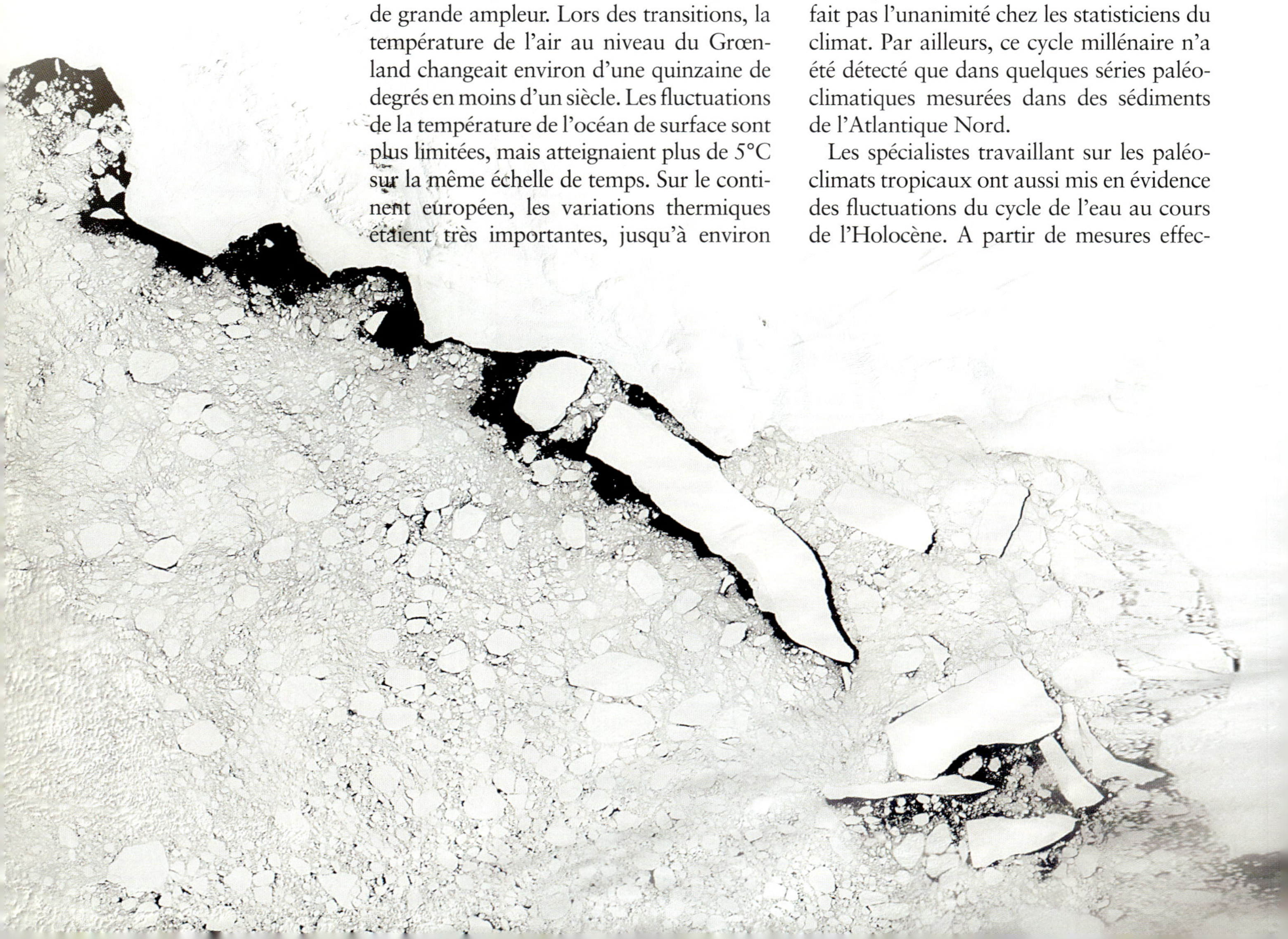

tuées sur des stalagmites, il est par exemple possible de reconstituer les variations de l'intensité de la mousson asiatique. L'analyse des séries temporelles montre une lente décroissance de l'intensité de la mousson depuis 9 000 ans (liée à l'orbite terrestre), mais aussi des brèves périodes d'affaiblissement marqué de la mousson. Ces événements qui durent quelques siècles semblent synchrones avec d'autres variations climatiques observées pour les hautes latitudes (ex. phases d'expansion des glaciers).

Vue thermographique du recul d'un glacier.

Les variations des températures

Pour le dernier millénaire, les paléoclimatologues ont estimé les variations de la température moyenne. L'incertitude est assez grande, tandis que l'amplitude totale de variation est d'environ 1°C. Il semble que la période la plus froide du millénaire a eu lieu à partir de 1450 pour se poursuivre jusqu'à la fin du XIXème siècle. Cette phase froide, communément appelée le Petit Age Glaciaire, a été particulièrement intense en Europe et a succédé à une période médiévale généralement plus clémente.

Pour le dernier siècle, les climatologues disposent d'une foule de mesures directes des températures grâce aux nombreuses stations météorologiques réparties à toutes les latitudes. Il a donc été possible de compiler ces données instrumentales sous la forme d'une courbe moyenne représentative de l'atmosphère au niveau du sol. Cette courbe mondiale présente des variations significatives depuis la fin du XIXème siècle. Le fait majeur est que l'atmosphère s'est globalement réchauffée d'environ huit dixièmes de degré depuis 1860. En y regardant de plus près, on remarque que ce réchauffement mondial n'a pas été régulier et l'on distingue clairement deux périodes: la première ayant duré deux décennies de 1920 à 1940 et la seconde commençant vers 1975. Celle-ci perdure encore car les quinze années les plus chaudes enregistrées par les stations météorologiques ont toutes eu lieu après 1985.

Il ne faut cependant pas oublier que ces estimations de la moyenne de la température mondiale masquent une réalité géographiquement contrastée. En cartographiant les anomalies de température pour le dernier demi-siècle, on constate que le réchauffement est assez variable suivant la zone considérée et que certaines régions se sont même un peu refroidies. Le bilan mondial est cependant clairement au réchauffement, en particulier sur les continents des hautes latitudes de l'hémisphère nord. La France n'échappe évidemment pas à cette tendance climatique. Environ 70 séries de températures réparties sur le territoire ont permis de calculer une augmentation d'environ un degré pour le dernier siècle. Encore une fois, il ne s'agit que d'une moyenne, le réchauffement français ayant été un peu supérieur à un degré dans le Bassin Aquitain et un peu inférieur en Alsace-Lorraine.

Les climatologues suivent également d'autres paramètres comme la pluviosité, les tempêtes et les cyclones qui varient aussi

Recul du glacier MacCarthy, Kennicott en Alaska.

Quelles seront les conséquences écologiques, économiques, voire géostratégiques, du recul, de la banquise arctique et de la fusion du pergélisol, sol gelé présent dans les immensités canadiennes et sibériennes ?

A partir de mesures effectuées sur des stalagmites, il est par exemple possible de reconstituer les variations de l'intensité de la mousson asiatique. L'analyse des séries temporelles montre une lente décroissance de l'intensité de la mousson depuis 9 000 ans (liée à l'orbite terrestre).

Stalagmites de l'Aven Armand.

à l'échelle du dernier siècle. Le réchauffement mondial actuel s'accompagne encore de phénomènes qui en sont les conséquences probables. Par exemple, la plupart des glaciers de montagne ont régressé d'environ un kilomètre au cours du dernier siècle. Ceci est vrai dans les Alpes mais aussi dans les autres chaînes de montagnes du Globe. De nombreuses observations de terrain et de mesures par les satellites, indiquent une accélération récente de la fonte de la calotte de glace du Grœnland. Une autre conséquence directe du réchauffement est une dilatation des couches superficielles de l'océan. Ces fluctuations ont pu être suivies pendant la dernière décennie à l'aide de satellites qui permettent de mesurer la hauteur de la mer à quelques centimètres près. Les estimations récentes indiquent un taux actuel de remontée du niveau marin d'environ 3 mm par an. L'expansion thermique de l'océan est responsable d'environ la moitié de cette augmentation, le reste étant lié à d'autres phénomènes comme la fonte des glaciers (environ 0,3 mm/an pour le Grœnland alors que la calotte Antarctique est encore globalement stable).

Causes de la variabilité climatique

Ce qui caractérise notre climat, c'est d'abord sa surprenante stabilité. Celle-ci est liée à la présence de nombreux mécanismes stabilisateurs qui ont tendance à ramener toute perturbation (cyclique ou irrégulière) vers un état d'équilibre. Il est donc nécessaire d'introduire la notion de rétroaction (feedback) climatique. Les différents compartiments du système climatique étant couplés les uns aux autres, l'action du compartiment A sur B va être aussi suivie d'une réaction de B sur A. Dans certains cas, cette rétroaction de B sur A amplifiera l'action de A sur B. On parlera de rétroaction positive. Au contraire, celle-ci sera qualifiée de négative si la rétroaction atténue l'action de A sur B. Pour clarifier cette notion fondamentale, mais un peu abstraite, il est utile de mentionner quelques exemples :

A l'échelle des millions d'années, l'effet de serre est régulé par un équilibre entre le flux volcanique et le pompage du CO_2 atmosphérique par l'altération chimique des roches silicatées. Si la concentration atmosphérique en gaz carbonique s'élève à la suite, par exemple, d'une augmentation de l'activité volcanique, l'effet de serre qui s'ensuit va accroître la température et les précipitations. Ces deux conséquences accentuent l'altération chimique des roches par l'acide carbonique (CO_2 + H_2O). Cette érosion chimique induit une consommation et donc une diminution du gaz carbonique atmosphérique. Il s'agit en fait du mécanisme principal de rétroaction négative, qui a permis de contenir les variations de l'effet de serre à très long terme.

Il existe aussi des rétroactions climatiques positives qui induisent donc une aggravation du phénomène perturbateur. Un exemple typique est celui du recul de la banquise sur l'océan ou de la couverture neigeuse sur le continent. Plus les températures augmentent, plus la neige et la glace reculent ; moins le rayonnement solaire est réfléchi vers l'espace et plus les températures augmentent.

Agissant sur des échelles de temps très courtes, l'eau de l'atmosphère est aussi à l'origine de rétroactions multiples. Si l'océan de surface se réchauffe, la teneur en vapeur d'eau de l'atmosphère augmente rapidement, ce qui induit une augmentation de l'effet de serre. Il s'agit d'une rétroaction positive qui a tendance à réchauffer encore plus l'océan de surface. Néanmoins, le système climatique ainsi perturbé réagit aussi avec d'autres mécanismes, en particulier une augmentation de la couverture nuageuse. Les nuages bas augmentent fortement la réflexion de la lumière solaire, ce qui a tendance à refroidir l'océan sous-jacent (rétroaction négative).

Un dernier exemple de rétroaction positive et d'amplification est associé au bilan hydrique des régions continentales aux basses latitudes. Dans les climats humides, les précipitations régionales sont captées par les racines, absorbées par les plantes, pour être ensuite réinjectées vers l'atmosphère. On observe donc une augmentation significative des précipitations. Au contraire, pour les climats secs, les précipitations alimentent directement les nappes phréatiques, les rivières et les océans, réduisant encore ces faibles précipitations.

Ces exemples ne décrivent pas de façon exhaustive tous les changements qui auraient lieu si de telles variations se produisaient. Néanmoins, ils illustrent déjà la complexité du problème car, par un effet de dominos, chaque variation climatique va se propager dans le système et générer une cascade d'événements qui auront tendance à amplifier ou à diminuer la perturbation de départ. En fait, l'analogie avec les dominos est simpliste et inappropriée car il faudrait imaginer un système avec des dominos qui pourraient se relever !

En plus de ces mécanismes de rétroactions internes au système climatique, celui-ci peut être perturbé par des facteurs externes de nature astronomique ou géologique. Ceci est vrai à toutes les échelles de temps et en particulier pour les derniers millénaires.

On sait maintenant que le flux énergétique du Soleil n'est pas constant dans le temps. Grâce aux mesures réalisées par les sondes spatiales depuis les années 80, il apparaît que l'éclairement du Soleil fluctue à court terme. Par exemple, le cycle solaire de 11 ans est accompagné par une variation d'éclairement total d'environ

Le Klyuchevskaya Sopka, aussi appelé Klyuchevskoy (ou Klyuchevskoi) est le plus haut sommet, mais aussi le volcan le plus actif de la péninsule du Kamchatka, en Russie. C'est un strato-volcan de 4 835 m d'altitude apparu il y a environ 6 000 ans. Il fait partie de la Ceinture de feu du Pacifique.

A l'échelle des millions d'années, l'effet de serre est régulé par un équilibre entre le flux volcanique et le pompage du CO_2 atmosphérique par l'altération chimique des roches silicatées. Si la concentration atmosphérique en gaz carbonique s'élève à la suite, par exemple, d'une augmentation de l'activité volcanique, l'effet de serre qui s'ensuit va accroître la température et les précipitations.

L'Augustine est un stratovolcan et une île située en Alaska, au nord-est de la péninsule d'Alaska, dans la baie de Cook, à 290 kilomètres au Sud-Ouest d'Anchorage.

Le volcanisme fait aussi partie des causes externes ayant pesé sur la variabilité climatique de l'Holocène. Une éruption majeure peut propulser dans la haute atmosphère des gaz soufrés qui se transforment rapidement en aérosols sulfatés.

0,1 %. Plusieurs équipes d'astrophysiciens ont développé des modèles pour convertir les observations de l'activité solaire en termes d'éclairement pour les quelques derniers siècles. Ces enregistrements montrent que l'éclairement solaire varie aussi à long terme avec des périodes de faible valeur correspondant aux baisses d'activité du Soleil. La plus connue de ces phases de calme solaire a eu lieu entre 1645 et 1715, période pendant laquelle les taches solaires étaient pratiquement absentes. A plus long terme, il est possible d'utiliser des marqueurs isotopiques afin d'estimer approximativement les variations de l'éclairement solaire. Un résultat majeur de ces études est que le minimum du XVIIème siècle n'est qu'un minimum parmi de nombreux autres et que le Soleil a passé une partie importante des derniers millénaires en phase calme avec un éclairement généralement un peu plus faible que la valeur actuelle. L'impact climatique de ces fluctuations solaires est encore l'objet de beaucoup d'incertitudes. Néanmoins, de nombreux chercheurs pensent que ces variations irrégulières sont en partie responsables des variations climatiques à l'échelle des derniers millénaires.

Le volcanisme fait aussi partie des causes externes ayant pesé sur la variabilité climatique de l'Holocène. Une éruption majeure peut propulser dans la haute atmosphère des gaz soufrés qui se transforment rapidement en aérosols sulfatés. Ces particules ont tendance à refroidir le climat en réfléchissant les rayons solaires. Un impact à l'échelle mondiale, d'environ un demi-degré au niveau du sol, a été particulièrement bien étudié à la suite de l'éruption du volcan Pinatubo dans les Philippines (juin 1991). Néanmoins, l'influence climatique d'une unique éruption ne dure pas plus de deux ou trois ans car les aérosols retombent assez rapidement et ne changent donc pas durablement le climat. Cependant, des fluctuations de la fréquence et de l'intensité des grandes éruptions volcaniques ont effectivement eu lieu au cours du dernier millénaire, ce qui a donc pu contribuer aux faibles variations climatiques observées.

Ci-dessous. L'éruption majeure la mieux étudiée, celle du Mont Pinatubo en juin 1991 sur l'île de Luzon, aux Phillipines.

L'éruption du Boquerón en1952 (Mexique).

Les hommes face au climat

Les variations climatiques sont probablement à l'origine de l'apparition du genre humain. Cette affirmation pourrait sembler simpliste compte tenu de la complexité de l'évolution des primates depuis plusieurs dizaines de millions d'années et de l'existence de nombreux facteurs biologiques qui régissent l'évolution des espèces. En effet, des débats animent encore les paléontologues pour comprendre l'apparition de la bipédie, la libération de la main, la conversion au régime alimentaire omnivore, le développement du cerveau et des capacités intellectuelles, la fabrication d'outils complexes... et bien d'autres spécificités qui caractérisent le rameau humain.

Depuis les travaux de Darwin, nous savons que le moteur de l'évolution est la sélection naturelle des populations sous l'influence des conditions environnementales. Le climat change le milieu écologique, ce qui crée une pression d'adaptation parmi les espèces animales. La sélection génétique fait le reste en optimisant les espèces à leur environnement. Les grands changements climatiques à long terme sont donc susceptibles de faire varier les espèces. De façon un peu plus subtile, le caractère stable ou variable du milieu peut favoriser une espèce plutôt qu'une autre et même être à l'origine d'une nouvelle espèce. Il reste encore beaucoup à comprendre sur les mécanismes de cette influence environnementale sur l'évolution de l'homme. Les enregistrements paléoclimatiques montrent bien les conséquences mondiales de l'installation des grandes calottes glaciaires de l'hémisphère nord pendant les dix derniers millions d'années.

Au cours de cette longue période, le continent africain a subi des variations de température mais aussi et surtout des variations du cycle de l'eau. En refroidissant le Globe, les glaciations ont progressivement asséché ce continent en faisant apparaître de grandes savanes. L'aridifica-

Totalement adapté à son environnement, l'Homme de Néandertal a régné sur le continent européen pendant l'essentiel du dernier cycle glaciaire. Cette population a d'abord vécu lors de la longue phase chaude qui a précédé la dernière glaciation et a duré environ vingt millénaires. En développant une anatomie particulièrement robuste, les néandertaliens ont ensuite pu coloniser un continent partiellement englacé et affronter une faune sauvage impressionnante dont le mammouth et l'ours.
Une silhouette trapue et musclée, un visage caractérisé par un front fuyant, une absence de menton et des arcades sourcilières énormes, l'ont souvent fait prendre pour une brute sans intelligence. Tout au contraire, les préhistoriens ont trouvé de nombreuses preuves du développement de ses facultés mentales. D'ailleurs son cerveau était au moins aussi volumineux que le nôtre. Même les outils confectionnés par les néandertaliens témoignent d'un indéniable sens artistique.
Vers 40 000 ans avant nos jours, les néandertaliens ont dû faire face à l'arrivée d'hommes modernes dont l'origine peut être retracée au Proche-Orient. Au point de vue anatomique cet homme de Cro-Magnon nous ressemble complètement. Deux populations distinctes ont donc occupé l'Europe vers la fin de la dernière période glaciaire. Les préhistoriens ne savent pas encore pourquoi l'homme de Neandertal a disparu. Certains penchent pour une assimilation génétique, c'est-à-dire une fusion avec les populations modernes. D'autres pensent que les deux populations n'étaient pas interfécondes et que les néandertaliens ont disparu de façon dramatique. Le climat a-t-il eu un rôle dans ce remplacement ? Certains le pensent en effet, mais la preuve est difficile à apporter.

Crâne de l'Homme de Rhodésie, Mine de "Broken Hill" en Zambie. Agé probablement de 125 000 à 300 000 ans, il serait l'ancêtre de "l'Homo sapiens" et descendant de "l'Homo antecessor".

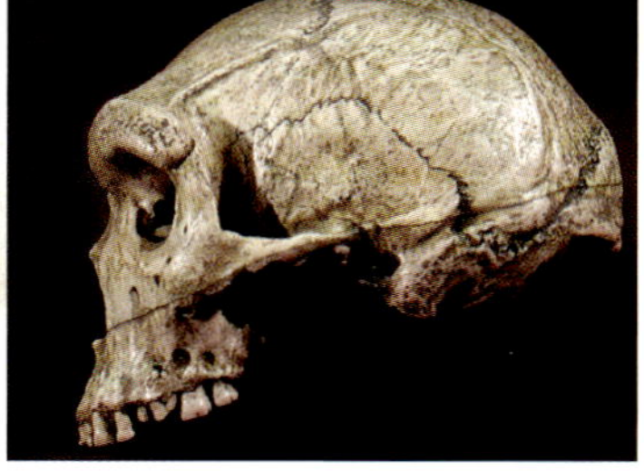

tion du milieu s'est accélérée en différentes étapes dont la chronologie commence à devenir précise. De plus, les variations de la géométrie de l'orbite terrestre à l'origine des glaciations ont aussi créé des conditions hydrologiques beaucoup plus variables. En particulier, l'intensité du phénomène de mousson africaine est intimement liée à la saisonnalité de l'insolation et donc très sensible aux cycles astronomiques.

Comme les paléontologues l'ont constaté, ces variations climatiques ont eu un impact indéniable sur la faune africaine, des éléphants aux ongulés herbivores, en passant, bien sûr, par les singes et les premiers hominidés. Ce n'est donc pas un hasard si les premiers représentants du genre Homo sont apparus pratiquement en même temps que les ruminants adaptés à la savane comme les gazelles et les antilopes.

L'homme fait face à des changements radicaux

Pendant les glaciations, l'homme a fait face à des changements de premier ordre de son environnement. L'exemple de la colonisation des Amériques permet d'illustrer l'influence d'une variation climatique de grande ampleur. La voie d'accès depuis le continent eurasiatique est un passage au niveau du détroit de Béring, bras de mer peu profond qui sépare la Sibérie de l'Alaska. Pendant les glaciations, les calottes de glace continentales étaient suffisamment volumineuses pour faire baisser le niveau marin global d'environ 130 mètres. La région de Béringie, actuellement immergée, s'étendait sur une largeur d'environ deux mille kilomètres joignant la Sibérie à l'Alaska. Même s'il était possible de traverser la Béringie à pied sec, le passage vers l'Amérique plus méridionale était obstrué par l'énorme calotte canadienne qui s'étendait d'est en ouest, des montagnes Rocheuses au Québec. Il a fallu attendre qu'une partie de la calotte fonde lors de la dernière phase de déglaciation, ouvrant ainsi un corridor entre deux calottes résiduelles: la Laurentide à l'est et la calotte de la Cordillère des Rocheuses à l'ouest. Cette période de transition, avec une Béringie émergée et un corridor sans glace, a eu lieu entre 18 000 et 15 000 ans avant nos jours.

L'amélioration climatique de la dernière déglaciation a aussi profondément modifié la faune et la végétation aux moyennes et hautes latitudes. Tout autour de la Mer Méditerranée, le climat est devenu de plus en plus humide, un phénomène qui a culminé vers 9000 ans avant nos jours en liaison directe avec les cycles d'insolation causés par les variations de l'orbite terrestre. Au Proche-Orient, les céréales sauvages sont devenues abondantes vers le milieu de la déglaciation, époque à laquelle certaines populations ont commencé à se sédentariser et à construire les premiers hameaux. Ce n'est donc pas un hasard si les premières civilisations sont nées au début de l'Holocène.

Des premiers hameaux aux premiers états-royaumes

Les dernières périodes de la préhistoire se caractérisent par une complexification progressive des sociétés humaines. La région qui a vu naître le néolithique connaît une lente dégradation de l'environnement causée par une diminution régulière des précipitations. Ce changement climatique qui a débuté vers 7000 ans avant nos jours est encore une conséquence des cycles astronomiques qui contrôlent l'insolation sur Terre. Des conditions de plus en plus arides ont forcé les sociétés agro-pastorales à mieux s'organiser pour optimiser l'utilisation des ressources naturelles, en particulier l'eau douce. Une pression démographique accrue dans un environnement redevenant hostile a aussi poussé les communautés à se regrouper afin de se défendre contre les agressions venant des sociétés voisines. Ces transformations complexes sont à l'origine des premières grandes civilisations qui ont fleuri en Mésopotamie et dans les vallées de l'Indus et du Nil. La civilisation de l'Egypte pharaonique était extrêmement complexe et raffinée. Elle restait néanmoins totalement tributaire du fleuve Nil et de ses fluctuations de débit.

Sur un autre continent et pour un passé plus récent, il semble que des périodes d'assèchement ont eu raison de certaines civilisations d'Amérique Centrale. L'histoire maya est particulièrement complexe, rythmée par le déclin des différentes capitales qui, à la suite de conflits armés, se remplaçaient successivement pour contrôler les richesses du pays. Pour certains spécialistes, les variations du climat ont été à

La civilisation de l'Egypte pharaonique était extrêmement complexe et raffinée. Elle était néanmoins totalement tributaire du Nil et de ses fluctuations de débit que les Egyptiens mesuraient soigneusement grâce aux "nilomètres". Nilomètres de l'île d'Elephantine.

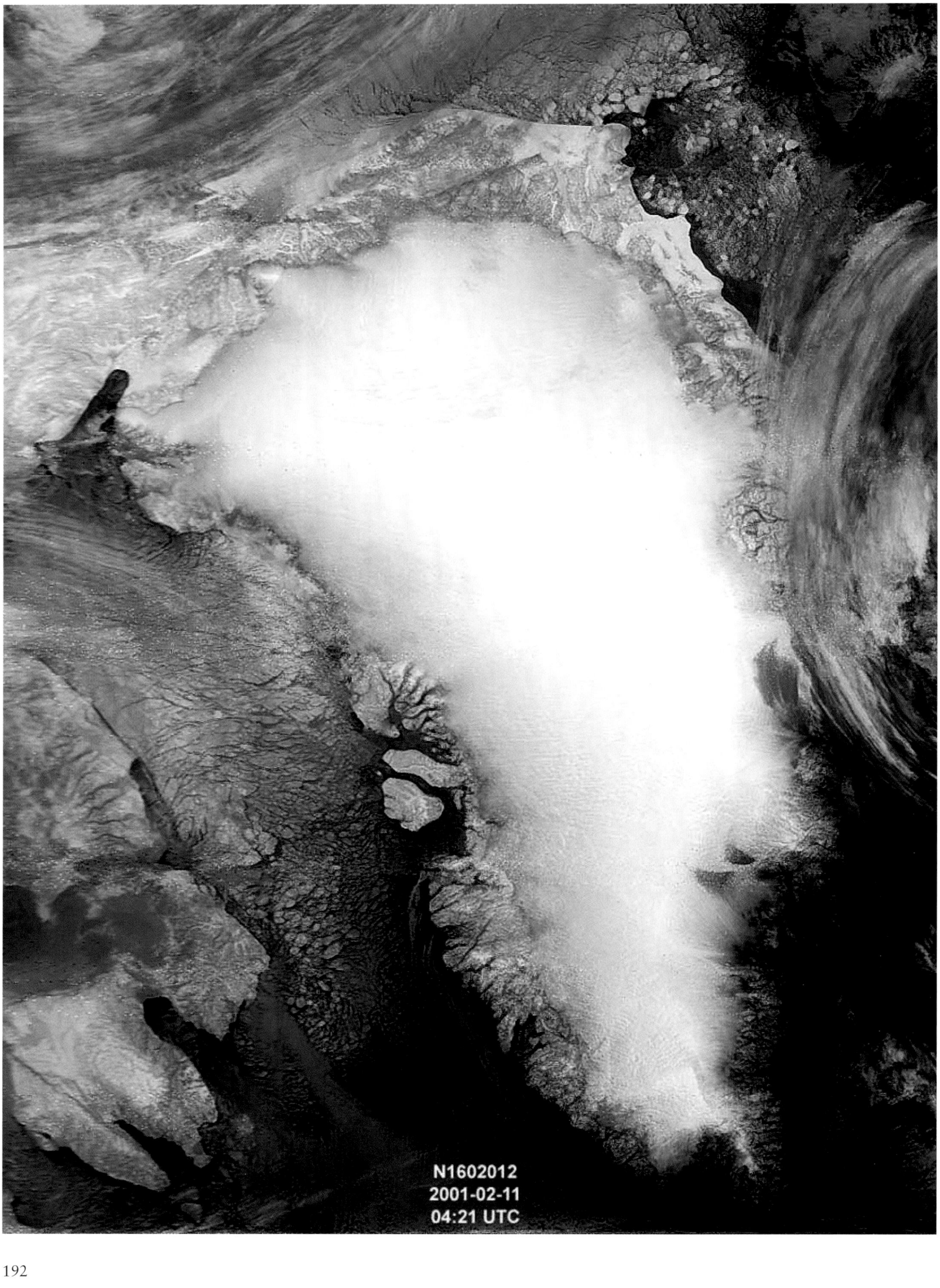
N1602012
2001-02-11
04:21 UTC

l'origine de certaines de ces périodes troublées. Les Mayas n'ont pas laissé d'information écrite à ce sujet, mais il est possible de retracer les périodes de sécheresse en étudiant par exemple les sédiments des lacs de la région. Les grandes ruptures historiques, et en particulier l'effondrement vers l'an 800, semblent correspondre à des périodes de sécheresse intense et prolongée.

Au début de l'"Optimum Médiéval", le développement des sociétés scandinaves a poussé certains petits groupes à vouloir conquérir d'autres terres. C'est dans ce contexte de réchauffement climatique et de désir de conquérir de nouvelles terres, qu'a eu lieu la colonisation du Grœnland (étymologiquement "pays vert" ou "pays terre" selon d'autres). Quatre siècles après, le climat de cette région est redevenu plus rude marquant les débuts du "Petit Age Glaciaire". Les conditions de vie des Vikings devenues plus difficiles ont conduit à l'abandon total des colonies du Grœnland.

Séparer les causes environnementales des causes démographiques et culturelles devient encore plus délicat pour les derniers siècles. L'histoire de l'Europe se résume souvent à l'énumération de règnes, de guerres et de conquêtes, ces événements politiques venant se superposer à l'histoire du progrès des arts et des techniques. Ceci pourrait laisser croire que nos sociétés se sont affranchies de leur lien avec l'environnement. C'est une impression fausse, mais le problème est que les événements historiques récents sont souvent complexes. Il est donc souvent illusoire de vouloir en isoler une composante purement climatique.

Ce qui a changé depuis un siècle

Les activités humaines ont clairement perturbé l'équilibre naturel qui prévalait avant l'ère industrielle. L'augmentation des gaz à effet de serre est équivalente à environ 1% du flux solaire, ce qui est tout à fait significatif. Pour l'essentiel, cette augmentation est liée à la combustion de carbones fossiles et à leur transformation en gaz carbonique. L'amplitude, et surtout la rapidité de l'augmentation des teneurs en gaz à effet de serre sont tout à fait inédites sur le plan géologique.

Néanmoins, il faut noter que les courbes d'augmentation des gaz à effet de serre due aux activités humaines, sont de forme exponentielle et ne semblent pas être responsables de la première partie du réchauffement observée avant 1950. Des causes naturelles comme l'augmentation de l'éclairement solaire ou la diminution de la fréquence des éruptions volcaniques ont contribué à cette phase initiale du réchauffement mondial.

Pendant les trente dernières années, l'accélération du réchauffement observée semble dépasser la variabilité naturelle. Cette augmentation ne semble visiblement pas pouvoir être reliée quantitativement aux changements naturels du Soleil et des volcans. En outre, de nombreux travaux de modélisation numérique du climat indiquent que l'augmentation récente de la teneur atmosphérique en gaz à effet de serre est probablement la cause principale du réchauffement des dernières décennies.

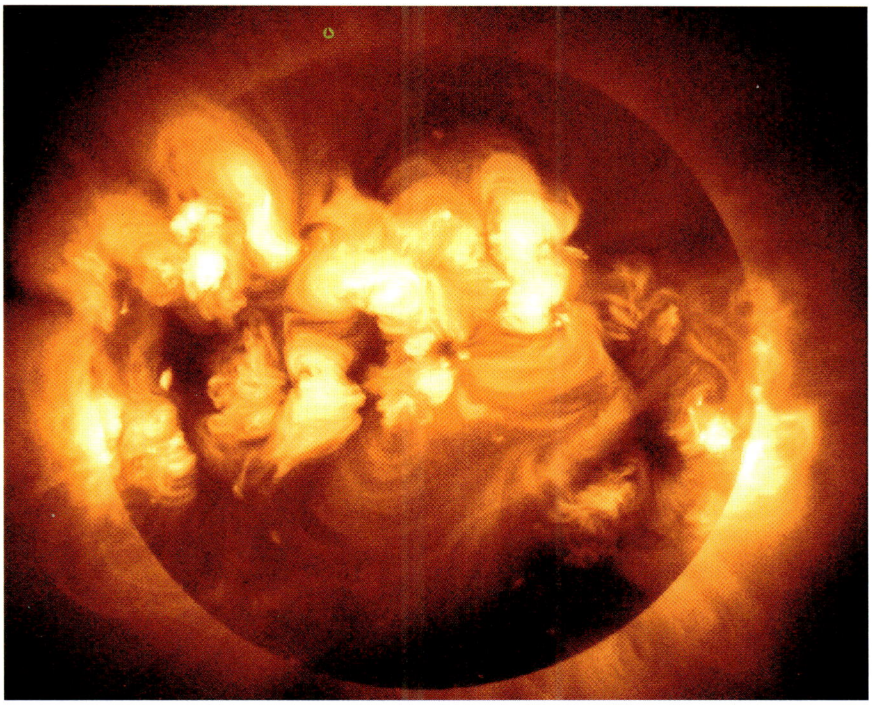

Pendant les trente dernières années, l'accélération du réchauffement observée semble dépasser la variabilité naturelle. Cette augmentation ne semble visiblement pas pouvoir être reliée quantitativement aux changements naturels du Soleil et des volcans elle s'explique par l'accroissement d'origine anthropique de l'effet de serre.

Page de gauche. C'est dans un contexte de réchauffement climatique de l'Optimum Médiéval qu'a eu lieu l'établissement de colonies viking au Grœnland. Quatre siècle, plus tard, le Petit Age Glaciaire conduisit à l'abandon total de ces colonies.

Dans l'œil du cyclone Katrina

La fréquence des ouragans intenses en Atlantique pourrait être liée aux conditions météorologiques spécifiques à long terme du bassin Atlantique, d'après des scientifiques américains.

Ceux-ci ont fait cette corrélation en analysant les sédiments d'une île des Caraïbes très vulnérable aux ouragans. Ils ont pu déterminer ainsi la chronologie des ouragans dans la région sur une période de 5 000 ans.

Le climat du futur

La prévision climatique n'est pas fondée sur de simples considérations historiques car les nombreux paramètres du système climatique ne se reproduisent jamais à l'identique. L'approche la plus fructueuse est de comprendre quantitativement les variations observées, en les simulant à l'aide de modèles numériques incluant toute la compréhension physique, chimique et biologique dont on dispose actuellement. Les échanges entre les paléoclimatologues et les modélisateurs de l'atmosphère ont progressivement conduit à la prise en compte des autres compartiments du système climatique comme l'océan, les glaces, la biosphère, les sols et les cycles biogéochimiques fondamentaux. Après les avoir testés à l'aide des variations du passé, ces modèles couplés peuvent être utilisés pour prévoir le climat futur.

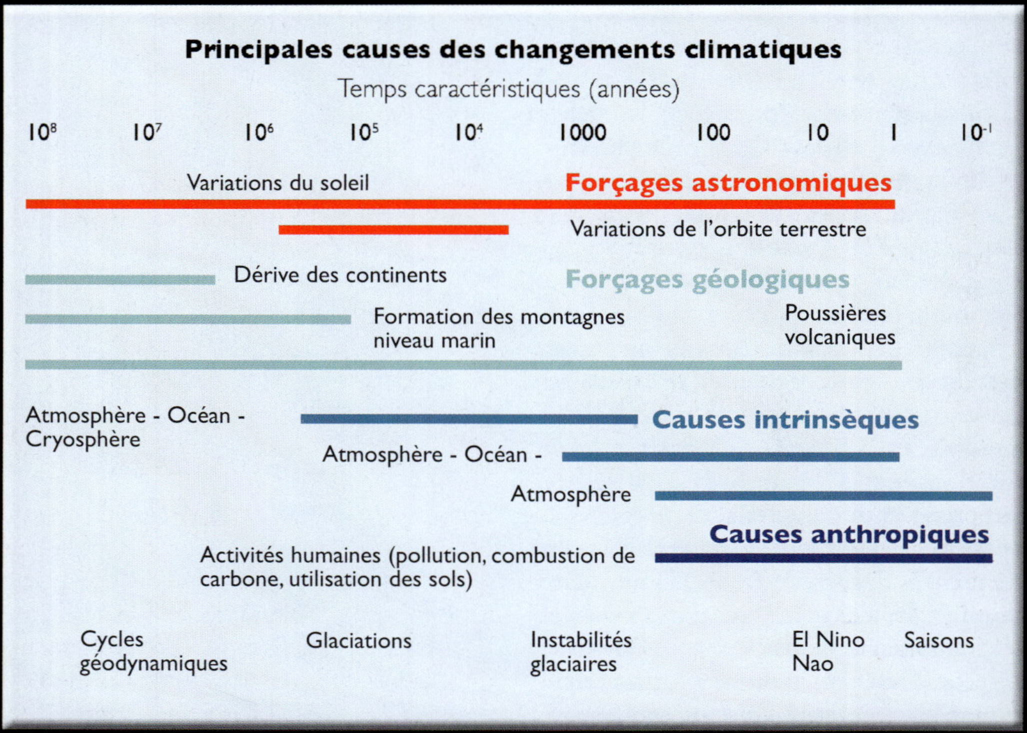

Mis en service en octobre 1990, le navire de recherche pluridisciplinaire l'Atalante est destiné à la géoscience marine, à l'océanographie physique et à la biologie marine. (Ifremer)

L'approche numérique peut sembler mystérieuse, mais il est impossible de faire autrement car il n'est pas possible de construire une Terre miniature, avec toutes ses interactions climatiques, sur laquelle on puisse tester les hypothèses. Les modèles mathématiques simplifient obligatoirement le fonctionnement de la machine climatique. C'est vrai en particulier pour tous les processus de petite échelle dont la dynamique ne peut pas être représentée de façon explicite. Par ailleurs, les phénomènes biologiques sont simulés par des lois empiriques et statistiques car il n'est évidemment pas possible de représenter chaque organisme individuellement. Néanmoins, ces différentes approximations ont fait l'objet d'améliorations récentes en comparant les calculs avec les observations de l'environnement actuel.

Prévoir le climat du prochain siècle est une tâche extrêmement ardue car, en plus de ces incertitudes scientifiques et techniques, il est nécessaire de tenir compte de l'évolution de la population mondiale et de sa consommation d'énergie. Ces facteurs sociologiques et économiques ne relèvent pas du domaine de la climatologie et compliquent notablement les prévisions. Pour simplifier les choses et pouvoir comparer les prévisions climatiques, les scientifiques ont donc bâti quelques scénarios différents, du plus pessimiste au plus favorable en ce qui concerne la gouvernance climatique mondiale. Ces scénarios reposent sur des hypothèses plausibles quant au développe-

Evolution du taux de CO_2 en 1 000 ans.

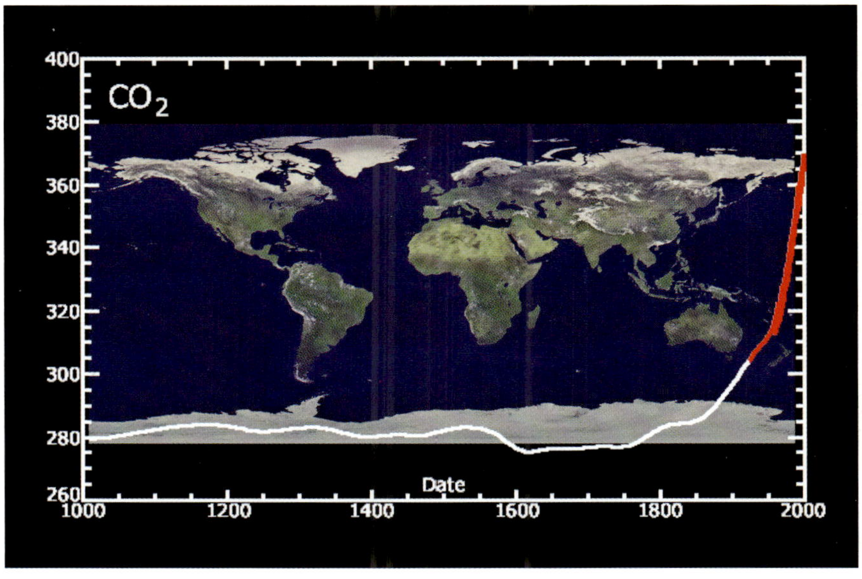

Le Gulf Stream au large de la Géorgie. (Nasa-Mobis).

Les changements climatiques ont deux grands types de conséquences sur les océans : d'une part, des changements de la circulation océanique et donc des transports de chaleur à l'échelle de la planète, d'autre part, une acidification de l'eau de mer, ce qui a tendance à diminuer la solubilisation du CO_2 anthropique et à freiner la formation des squelettes calcaires ($CaCO_3$) de certains organismes marins comme les coraux.

ment technologique, à l'évolution démographique, à la croissance économique et à la mondialisation. A titre d'illustration, la concentration en CO_2 pour l'année 2100 atteindrait 550 ppm pour le scénario vertueux et 950 ppm dans le cas d'une croissance économique débridée fondée sur l'utilisation des carbones fossiles comme principale source d'énergie. Cette concentration est aujourd'hui de 385 ppm.

Suite à sa mise en place par l'ONU à la fin des années 80, le comité appelé le GIEC (Groupe d'experts Intergouvernemental sur l'Evolution du Climat) établit régulièrement un rapport de synthèse des résultats scientifiques acquis sur les changements climatiques récents et les prévisions pour le climat futur. Dans son dernier rapport daté de 2007, les projections futures sont fondées sur une vingtaine de modèles climatiques construits par de nombreux laboratoires dans le monde. Il en ressort que la température moyenne mondiale augmenterait de 1,1 à 6,4°C vers 2100. Cette large fourchette indique que des progrès doivent être réalisés pour mieux modéliser l'influence anthropique sur le système climatique. Il faut souligner que la première source d'incertitude ne réside pas dans la science du climat, mais dans les scénarios d'émission de gaz à effet de serre, dépendant des hypothèses démo-

Les gaz à effet de serre

Ils ont la particularité d'être transparents à la lumière visible mais opaques pour la majeure partie du rayonnement infrarouge émis par la Terre. La conséquence est un réchauffement de la surface terrestre, de l'atmosphère et des océans. Le taux d'absorption dépend de la structure électronique des molécules du gaz considéré.
Les infrarouges induisent des vibrations ou des rotations des liaisons chimiques, phénomènes variant avec la nature des liaisons, la géométrie des molécules et les masses relatives de leurs atomes.

Les principaux gaz à effet de serre naturel de l'atmosphère sont, dans l'ordre d'importance, la vapeur d'eau (H_2O), le gaz carbonique (CO_2), l'ozone (O_3), le méthane (CH_4) et le protoxyde d'azote (N_2O).
Les concentrations atmosphériques naturelles (préindustrielles) de ces gaz sont faibles : 0,3% en moyenne pour la vapeur d'eau, 0,03% pour le CO_2 et plus faibles que le ppm pour les autres gaz. Par contre, les principaux constituants de l'atmosphère comme l'azote (N_2) et l'oxygène (O_2) ne contribuent pas à l'effet de serre.

Les prochaines années et même les prochaines décennies vont être l'objet d'un très grand effort scientifique à l'échelle mondiale consacré à la question du changement climatique, et à ses principaux remèdes potentiels comme la séquestration du gaz carbonique.

graphiques, économiques et technologiques. Lorsque les simulations climatiques perpétuent l'usage intensif des combustibles fossiles, la fourchette des prévisions est plus haute et resserrée: entre 2,4°C et 6,4°C de plus à l'horizon 2100. C'est en tenant compte du scénario où l'usage des énergies fossiles est modéré que le réchauffement, de 1,1 à 2,9°C, reste dans des limites moins inquiétantes.

Ces estimations d'un réchauffement mondial moyen masquent le fait que les changements climatiques seront certainement très différents suivant les régions. En fait, l'augmentation de la température serait particulièrement marquée sur les continents et aux hautes latitudes de l'hémisphère Nord. Les précipitations augmenteraient aux moyennes et hautes latitudes et dans la zone équatoriale et diminueraient au niveau des zones subtropicales, déjà assez sèches. Les événements extrêmes comme les cyclones tropicaux et les épisodes très pluvieux pourraient augmenter en intensité et en fréquence. Le réchauffement mondial continuera de se propager aux couches superficielles de l'océan qui se dilateront en conséquence. L'élévation du niveau moyen mondial des mers se situerait entre 50 et 120 cm d'ici à l'année 2100. L'inquiétude vient aussi des nombreuses conséquences sur l'océan, la banquise, les calottes polaires, la végétation et les sols. Les interactions entre ces autres compartiments du système climatique se caractérisent par des phénomènes non-linéaires, pouvant aller jusqu'à des seuils irréversibles. Ces processus complexes pourraient donc venir amplifier les perturbations futures. Une autre source d'inquiétude vient de l'effet d'inertie du système climatique : certaines composantes de ce système répondent à très court terme quand d'autres le font à plus long terme. Le changement climatique ne s'arrêtera donc pas, malheureusement, avec la fin des émissions de gaz carbonique et pourrait aller bien au-delà du XXIème siècle.

Les satellites permettent de suivre en permanence la surface des océans, ci-dessous une vision thermographique du Gulf Stream.

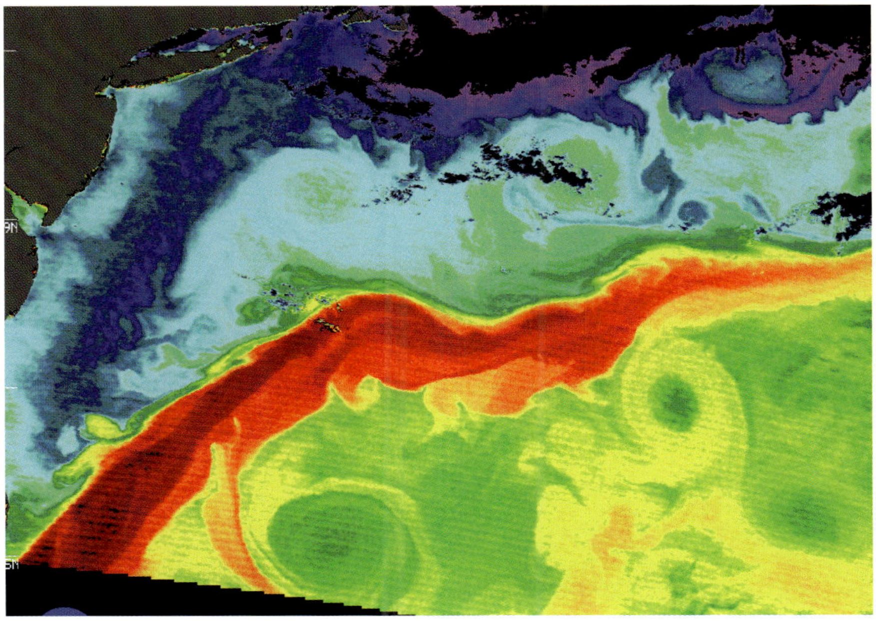

Quelques repères dans l'histoire de l'école de géologie de Nancy

E.N.S. GÉOLOGIE
1908 - 2008

En 1908, René Nicklès, ingénieur civil des mines, fonde l'Institut de Géologie Appliquée de Nancy. Cette création, actée par l'Université de Nancy, est très activement soutenue par les industriels régionaux, qui ont reconnus tant la qualité scientifique et l'intérêt économique des travaux de Nicklès, que tous les apports potentiels de cette nouvelle formation.

De 1938 à 1973, Marcel Roubault dirige cette école, lui donne son statut de Grande Ecole et un nouveau nom : Ecole Nationale Supérieure de Géologie Appliquée et de Prospection Minière. Il définit les principes de formation de ses ingénieurs, crée la majeure partie des laboratoires existants encore aujourd'hui et donne à cet ensemble les moyens du développement grâce à un effort considérable de construction.

Puis l'école continue à évoluer, simplifie son nom en Ecole Nationale Supérieure de Géologie et se trouve de nouveau, à l'étroit dans ses locaux ; une nouvelle phase de construction et de développement devient indispensable.

René Nicklès

Marcel Roubault

En 1998, ceci se traduit par l'inauguration des locaux actuels, construits à proximité des centres de recherches sur le campus de Brabois. Dans ces nouveaux locaux, les efforts fournis par l'ensemble des personnels permettent de répondre aux besoins croissants de l'industrie et de la société, en formant plus de cent ingénieurs par an depuis 2003, ce qui fait de cette école un des plus importants - si ce n'est le premier - centres de formation au niveau master pour toute l'Europe dans le domaine des géosciences.

Dans ses domaines d'excellence, l'école est au cœur d'un pôle de recherche de haut niveau, constitué de plusieurs laboratoires regroupés dans la fédération de recherche Eau-Sol-Terre.

Les activités de recherches conduites dans les laboratoires sont très variées. On peut citer par exemple, la modélisation des objets géologiques, la cosmochimie, la séquestration des gaz à effet de serre, la protection de l'eau et de l'environnement, l'éventuel stockage souterrain des déchets radioactifs, la métallogénie et la valorisation des minerais, les problèmes liés à l'après-mine, la stabilité des ouvrages de génie civil, les risques naturels, les transferts en milieux poreux...

L'école est placée dans un environnement remarquable. En effet elle fait partie de l'Institut National Polytechnique de Lorraine : fédération de sept écoles d'ingénieurs. Cet Institut ayant lui-même choisi de renforcer sa coopération avec les deux autres universités du site, au sein de Nancy-Université.

Crédit photographique

Andra
Areva
Antea
Apollo NASA
BP British Petroleum
BRGM
Burgeap
Luc Berujeau
Roy M. Burroughs
Carrière de Quessoy
Carrière de Talc de Trimouns
Cedre
CGGVeritas
Corbis
John Carnemolla
Anna Clopet
Dilligen Hutte
Craig Lovell
Lester Lefkowitz
Charles Rotkin
Jose Fuste Raga
Roger Ressmeyer
Pete Saloutos
Weldon Schloneger
Paul A. Souders
Miroslav ZajÌc
EDF
ENSG
Emc
Enerflex
Esa
Escondida Mine Chile
Esso France
Exxon Mobil
Fotolia
Gocad
Laura Blake
Philippe Leridon
Earl Robbins
HBL de Lorraine
Hergé / Casterman
Lionel Hirlé
Ronald Hirlé
Ifremer
Johnson Space Center Houston
Mars Exploration Rover (MER)
Max Factor
Musée de Pechelbron
Philippe Nast
NasaVisible earth
Perrier
Schlumberger
Solétanche Bachy
V. Fayolle, E. Gaffard
Revue Energies Total
Unocal
US Coastguards
Ville de Paris

Photos X
Tous droits réservés

ISBN 978-2-914729-55-0

EDITIONS HIRLÉ®
131, rue Boecklin
67 000 Strasbourg
Tél. +33 3 88 41 85 01
9, rue Saint Yves
75 014 Paris

www.editions-hirle.com
editionhirle@wanadoo.fr

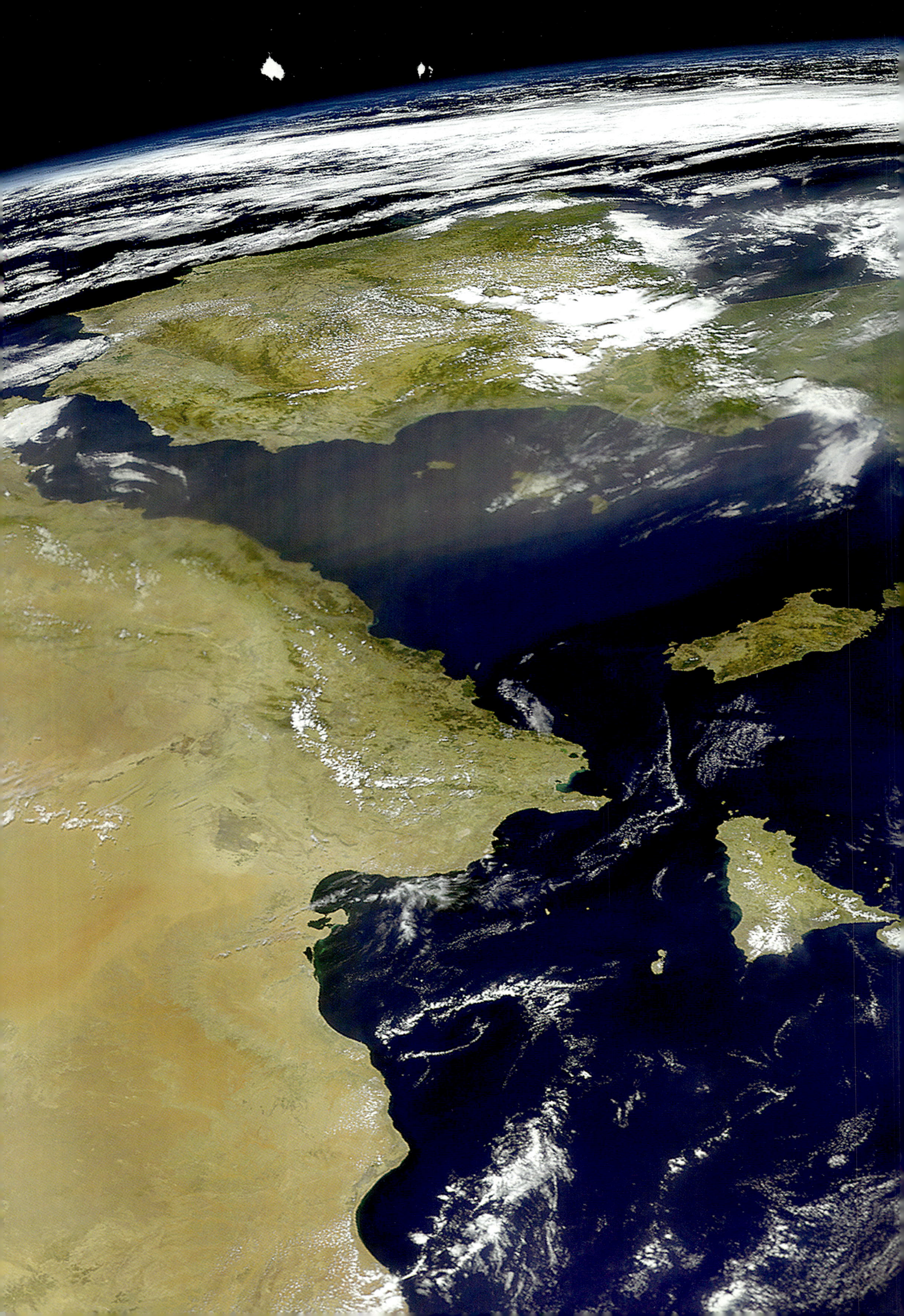